Cahiers de Logique et d'Épistémologie

Volume 19

L'émergence de la Presse
Mathématique en Europe au
19ème Siècle

Cahiers de Logique et d'Épistémologie Series Editors
Dov Gabbay   dov.gabbay@kcl.ac.uk
Shahid Rahman   shahid.rahman@univ-lille3.fr

Assistance Technique
Juan Redmond   juanredmond@yahoo.fr

L'émergence de la Presse Mathématique en Europe au 19ème Siècle

Formes éditoriales et études de cas

(France, Espagne, Italie et Portugal)

Edited by

Christian Gerini

and

Norbert Verdier

Christian Gerini and Norbert Verdier are professors in Mathematics and researchers in History and Philosophy of Science, the first one at the University of Toulon (France) and at the GHDSO (Groupe d'Histoire et de Diffusion des Sciences d'Orsay, University Paris Sud 11), the second one at the University Paris Sud 11 and at the GHDSO.

ISBN 978-1-84890-145-2

College Publications
Scientific Director: Dov Gabbay
Managing Director: Jane Spurr

http://www.collegepublications.co.uk

Printed by Lightning Source, Milton Keynes, UK
printondemandworldwide.com, Peterborough, UK

TABLE DES MATIÈRES / TABLE OF CONTENTS

CHAPTER 5 129
The *"Rivista di Giornali"* (1859-1879) within the Italian and European Mathematical culture of the 19th century
(Giuseppe CANEPA, Giuseppina FENROLI & Ivana GAMBARO)

CHAPTER 6 155
The *Annali di Matematica* and the *Rendiconti del Circolo Matematico di Palremo:* Two Different Steps in the Dissemination and Progress of Mathematics in Italy)
(Aldo BRIGAGLIA*)*

PART 3 / ÉTUDES DE CAS GÉOMÉTRIQUES 179

Présentation 181

CONCLUSION GENERAL

INDEX DE JOURNEAUX CITES / INDEX OF QUOTED JOURNALS

AVANT PROPOS

A partir de la seconde moitié du XVIIIème siècle, mais encore davantage depuis l'édition des *Annales de mathématiques pures et appliquées*[1] de Gergonne en 1810, les journaux spécifiquement dédiés aux mathématiques (au sens où on les définissait à leur époque) ont certainement participé à l'autonomisation de la discipline et à la constitution de communautés de spécialistes comme des règles qui régissent aujourd'hui la reconnaissance scientifique des travaux via leur publication. Ils ont en outre instauré une nouvelle forme d'échanges entre mathématiciens de tous niveaux : élèves et professeurs, membres d'instituts et académies, universitaires, militaires formés aux mathématiques dans les différentes écoles qui les recrutaient, ingénieurs, mais aussi simples autodidactes. Ces publications périodiques ont en effet permis une plus large diffusion des travaux novateurs de mathématiciens qui n'avaient auparavant que peu de moyens de les faire reconnaître, ont touché un public de plus en plus nombreux et dispersé sur le continent européen puis plus tard aux Amériques, et ont permis une émulation génératrice d'innovations et de progrès théoriques fondamentaux.

Comme l'écrit Mariano Hormigón dans l'introduction du premier ouvrage de référence sur ces publications, *Messengers of Mathematics : European Mathematical Journals (1800 – 1946)*[2] :

> No seria difícil buscar un generalizado consenso sobre la importancia de las publicaciones periódicas en lo que se ha venido en llamar mundo moderno. Prácticamente hay actividades humanas que si no se ven reflejadas en las páginas impresas de un periódico o revista se podría considerar que no existen.[3]

Nous ne citons pas par hasard Mariano Hormigón et *Messengers of Mathematics* car nous voudrions insister ici sur le fait que les journaux de mathématiques ont depuis quelques décennies intéressé les historiens des sciences, ce qui se traduisit en particulier au début des années 1990 par un symposium international à l'occasion d'un hommage au directeur d'*El*

---

[1] Voir le chapitre 1 de cet ouvrage.

[2] Elena Ausejo & Mariano Hormigón (Eds.), Siglo XIX de España Editores, Madrid, 1993.

[3] Trad. : « Il ne serait pas difficile de trouver un large consensus sur l'importance des publications périodiques dans ce que l'on appellera par la suite le « monde moderne ». Dans les faits existent des activités humaines qui, si elles ne sont pas visibles dans un journal ou une revue, peuvent être considérées comme n'existant pas. »

Progresso Matemático Zoel García de Galdeano (1846 – 1924), symposium à l'origine de cet ouvrage d'Elena Azusejo et Mariano Hormigón.

Depuis lors, de nombreux travaux (thèses, ouvrages, articles) ont été effectués sur cette presse mathématique et l'opus que nous présentons ici en mentionnera un grand nombre. Le sujet a aussi fait l'objet de programmes de recherche. Citons en particulier en France, de 2008 à 2012, celui habilité par l'Agence Nationale de la Recherche auquel ont participé certains auteurs de ce l ivre : « Les sources du s avoir mathématique au début du X Xème siècle » dont un s ous-programme était consacré aux *Nouvelles annales de mathématiques* (1842–1927)[4]. Mais la thématique est aussi largement abordée dans d'autres groupes d'études, comme par exemple, toujours en France, à ceux dirigés par Evelyne Barbin (mémoires universitaires, séminaire sur la circulation et la réception des savoirs scientifiques au XIXe siècle & travaux de la commission inter-IREM « Histoire et Epistémologie des mathématiques ») et celui du programme « « Les sciences mathématiques 1750–1850 : continuités et ruptures » dirigé par Christian Gilain et Alexandre Guilbaud.

Si, à l'image de l'ouvrage dirigé par Elena Azusejo et Mariano Hormigón, le livre que nous présentons a eu pour point de départ un symposium sur les journaux de mathématiques dans un c ongrès d'histoire des sciences[5], il n'est pas pour autant une édition des actes de ce colloque. Lors de celui-ci en effet, et lors d'échanges fructueux et enrichissants entre les intervenants, huit d'entre eux décidèrent de poursuivre le travail d'investigation dont ils étaient venus exposer les premiers résultats pour en faire un ouvrage collectif à part entière, avec des textes originaux différents des exposés oraux même s'ils en sont souvent un pr olongement : c'est l'ensemble de ces travaux qui est présenté ici.

C'est pour cette raison qu'on ne trouvera dans ce qui suit qu'une approche partielle des journaux : seuls des périodiques français, italiens, espagnols et portugais sont en effet présentés, les journaux des autres pays n'ayant pas été représentés lors de ce symposium même s'il en est souvent question dans les différents chapitres (cf. l'index des journaux cités en fin d'ouvrage).

Lorsqu'il est question d'études sur la presse mathématique, le champ d'investigation est de toute manière beaucoup trop vaste pour espérer pouvoir réunir dans un m ême livre tous les spécialistes du do maine et d'y

---

[4] Dirigé par Scott Walter (LPHS-Archives Henri Poincaré, Université Nancy-2).
[5] 4th International Conference of the European Society for the History of Science, 18-20 novembre 2010, Barcelone. Le symposium portait sur l'émergence des journaux de mathématiques, en hommage au mathématicien français Joseph-Diez Gergonne (1871-1859), l'année 2010 marquant le bicentenaire du l ancement de ses *Annales de mathématiques pures et appliquées* (1810-1832).

présenter tous les journaux ou ne serait-ce même que ceux d'une période bien définie. À ce titre, cet opus de la collection « Cahiers de Logique et d'Epistémologie » des éditions College Publications – que nous remercions ici d'avoir accepté de nous accueillir – n'est qu'une contribution à l'histoire de cette presse qui, nous l'espérons, apportera d'utiles informations à tous les chercheurs et pas seulement aux historiens des sciences : l'actualité scientifique a montré encore récemment que la recherche redécouvre et réinvestit en permanence des travaux anciens et que la mise en avant de ceux-ci, par des publications telles que notre ouvrage ou c omme par exemple par leur numérisation et mise en ligne en open access[6], est un atout dans de nombreux domaines de la connaissance.

Lorsqu'il s'agit de faire connaître les travaux sur ces journaux historiques, de nombreuses questions se posent aux organisateurs de colloques comme aux éditeurs d'ouvrages collectifs.

Si l'on parle de « journaux de mathématiques », la première question concerne la définition même des deux termes qui composent cette expression.

Le mot « mathématiques » n'a pris son acception actuelle que tardivement et sur un a ssez long terme, à savoir à peu près tout le XIXè siècle qui a v u l'émancipation des mathématiques des autres champs du savoir (la philosophie en particulier) et leur spécialisation progressive : les journaux de cette période ont d'ailleurs grandement contribué à cette évolution. Il faut donc préciser pour chaque périodique étudié le sens que l'on donnait au moment de sa publication au terme « mathématiques » sous peine de faire une erreur de lecture historique. La tâche est plus facile au XIXème siècle car des documents de cette époque le précisent[7], de même que les classifications des sciences des académies ou, justement, les tables des matières des journaux eux-mêmes. Mais sur la transition XVIIIè – XIXè siècle cela est plus difficile : les mathématiques telles que nous les définissons aujourd'hui n'étaient qu'une partie des « sciences exactes » qui elles-mêmes relevaient de la « philosophie » et ne circulaient principalement que dans des périodiques qui traitaient majoritairement d'autres champs de la connaissance, ne s'en émancipant que sur des thèmes précis via des tentatives de création de journaux leur étant spécifiquement dédiés[8].

---

[6] La plupart des journaux français sont par exemple disponibles sur http://www.numdam.org/ ou sur http://gallica.bnf.fr/

[7] Par exemple en 1808 le *Rapport à l'Empereur sur le progrès des sciences, des lettres et des arts* de Jean-Baptiste Delambre, républié en 1989 pa r Jean Dhombres aux éditions Belin (Paris).

[8] Cf. par exemple les journaux d'Hindenburg et Bernouilli que rappelle l'auteur du ch. 1 de cet ouvrage.

Le terme « journal » pose lui aussi de nombreuses questions. Une fois précisé le sens du mot « mathématiques » à une époque définie, sur quels critères un périodique qui aborde la discipline peut-il être qualifié de « journal de mathématiques » ? Quid de sa périodicité, de sa longévité, de son autorat, de son lectorat, de sa zone d'influence ? Quid aussi de ses contenus ? Ici la définition demeure encore floue et les frontières poreuses entre journaux et journaux de mathématiques, y compris au XIXème siècle comme le montre par exemple le chapitre 5 sur la *Rivista di Giornali* de Bellavitis.

Une fois ces questions posées – mais pas nécessairement résolues – d'autres problématiques se présentent lorsque l'on veut approcher ces périodiques. Elles relèvent toutes de la grille de lecture et de l'angle d'attaque choisis pour les aborder. S'agit-il de considérer la politique éditoriale de leurs rédacteurs : choix des thématiques, sélection des articles, ouverture ou pas à des sujets relevant de la didactique davantage que des avancées théoriques, place laissée aux mathématiques appliquées, principe des « questions-réponses » ou « problèmes posés-problèmes résolus », modes de diffusion (abonnements, étendue géographique…), échanges avec les autres publications spécialisées, etc. ? S'agit-il d'y étudier une forme de sociologie des réseaux de mathématiciens de leur période d'édition ? S'agit-il plutôt d'en analyser les contenus mathématiques eux-mêmes, sur des thèmes choisis ou dans leur ensemble ?

Le lecteur verra ici que les auteurs des différents chapitres se sont positionnés soit sur une approche spécifique, par exemple sur une thématique transversale à plusieurs journaux consécutifs ou concomitants (les chapitres 7 et 8 de la troisième partie sur les géométries), soit sur une grille large regardant, sur un ou plusieurs journaux, les politiques éditoriales, les réseaux d'auteurs et la nature des contenus sans analyse spécifique (les chapitres 1 et 2 de la première partie, les chapitres 3, 4 et 6 de la deuxième partie), soit sur une vue d'ensemble agrémentée d'analyses détaillées de points mathématiques précis (le chapitre 5 de la deuxième partie). Dans chaque cas, les liens avec les autres périodiques européens sont soulignés, voire analysés en détail, comme en témoigne l'index des journaux cités placé en fin d'ouvrage. Si chaque contribution peut être lue de façon indépendante, les liens qui relient les différents sujets abordés dans ces huit chapitres, ne serait-ce que pas les intersections des corpus de journaux étudiés et cités, donnent une cohérence évidente à l'ensemble de l'ouvrage, même si chaque auteur est demeuré maître de son texte comme de sa façon d'indexer ses périodiques ou de référencer sa bibliographie.

Cette livraison des *Carnets de logique et d'épistémologie* n'a donc pas d'autre ambition que celle d'apporter une pierre de plus à l'édifice en construction de l'histoire des périodiques de mathématiques (voire *sur* les mathématiques) et de la contribution de ceux-ci à une nouvelle forme de circulation des savoirs et de leur reconnaissance au sens moderne du terme. Elle se veut être aussi une invitation à la réflexion sur les questions soulevées plus haut et qui n'ont pas encore de réponses unanimement reconnues. Enfin, souhaitons qu'elle encourage de jeunes chercheurs à étudier certains corpus encore non s uffisamment explorés (pensons au *Journal de l'École polytechnique* ou au *Journal de Crelle*, mais il y en a bien d'autres) : d'innombrables travaux restent à f aire autant sur les contenus mathématiques que sur les politiques éditoriales et les réseaux d'auteurs de grand nombre de journaux.

PARTIE I

La presse mathématique en France avec Gergonne (1771-1859), Liouville (1809-1882) et Terquem (1762-1862)

Présentation

Une lecture trop linéaire de l'histoire des sciences pourrait affirmer que le siècle des Lumières est celui de l'encyclopédisme alors que le suivant serait celui de la spécialisation sous les coups de boutoir de la professionnalisation des sciences. Cette affirmation schématique offre sa part de vérité mais est également porteuse de biais ainsi que le montrent Patrice Bret & Jean-Luc Chappey dans leur article intitulé « Spécialisation *vs* encyclopédisme ? »[9]. Il fut un temps – entre Lumières, Révolution et Terreur – où les journaux encyclopédiques ont permis différents types de circulations scientifiques. Ainsi, c'est toute une ré-interrogation des modalités de transformations institutionnelles, sociales et matérielles des savoirs scientifiques entre le XVIIIe et le dix-neuvième siècle qui est mise en avant. Les auteurs mettent précisent ainsi que :

> « Les limites entre les types de journaux apparaissent ainsi bien poreuses. La lecture d'une table des matières d'un journal encyclopédique comme la *Décade* ou le *Magasin [Encyclopédique]* montre clairement que les professeurs et les spécialistes ne dédaignent pas de collaborer à une telle entreprise, signe encore que la publication dans un tel périodique n'est pas contradictoire avec une position scientifique et institutionnelle dominante ». [*ibid.*]

Intéressons-nous à la circulation plus spécifique des mathématiques qui s'opérait via différents types de traités ou de manuels publiés par les libraires - dont certains se sont plus spécifiquement focalisés sur les mathématiques : pensons par exemple à la vingtaine de libraires et imprimeurs qui diffusaient au début du XIXème siècle dans Paris, dans les départements et à l'étranger les manuels de Bézout ou de Lacroix. Les savants géomètres ne dédaignaient pas de passer aussi par les journaux savants – comme les *Annales des sciences et des arts* (1809), le *Magasin encyclopédique ou journal des sciences, des lettres et des arts* (1792-1816) ou les bulletins de différentes sociétés savantes de province – pour faire

---

[9] Patrice Bret and Jean-Luc Chappey, « Spécialisation *vs* encyclopédisme ? », *La Révolution française* [Online], 2 | 2012, Online since 15 September 2012, Connection on 17 March 2014. URL : http://lrf.revues.org/515.

connaître leurs travaux. Mais ces possibilités restent marginales et ne couvrent pas les potentialités ; il manque un journal exclusivement dévolu aux mathématiques.

Le lancement, en 1810, des *Annales de mathématiques pures et appliquées* ouvre la presse aux mathématiques. Ces *Annales* (1810-1832) et les successeurs immédiats que sont le *Journal de mathématiques pures et appliquées* (1836 - ...) et les *Nouvelles annales de mathématiques* (1842-1927) constituent les trois pôles de la presse française spécialisée en mathématiques dans la première moitié du dix-neuvième siècle. Ils sont au cœur des questionnements et des problématiques des deux premiers chapitres.

CHAPTER 1

Les *Annales de mathématiques pures et appliquées* de Gergonne et l'émergence des journaux de mathématiques dans l'Europe du XIXème siècle

Christian GERINI

En 1810 furent lancées en France, depuis la ville de Nîmes, les *Annales de mathématiques pures et appliquées*[10], nommées quasiment dès leur lancement *Annales de Gergonne*, du nom de leur auteur-éditeur, Joseph-Diez Gergonne (1771-1859)[11] [Fig. 1 & 2].

ANNALES

DE

MATHÉMATIQUES

PURES ET APPLIQUÉES.

RECUEIL PÉRIODIQUE,

RÉDIGÉ

Par J. D. GERGONNE et J. E. THOMAS-LAVERNÈDE.

TOME PREMIER.

A NISMES,

DE L'IMPRIMERIE DE LA VEUVE BELLE.

Et se trouve à PARIS, chez COURCIER, Imprimeur-Libraire pour les Mathématiques, quai des Augustins, n.° 57.

1810 ET 1811.

| Fig. 1. Portrait de Gergonne | Fig. 2. Premier numéro des *Annales* |

---

[10] Que nous noterons par la suite AMPA dans les références bibliographiques.

[11] Nous renvoyons ici à notre bibliographie sur les *Annales de Gergonne* [Gerini, 2002 à 2014] en fin de chapitre. Il est évident que ce que nous exposons emprunte à cette bibliographie et plus particulièrement à son dernier élément dans l'ordre chronologique, qui est une sorte de bilan de quinze ans de recherches qui devait être publié en 2010 à l'occasion du bicentenaire des *Annales* mais qui paraît finalement en 2014 : « Les *Annales de mathématiques pures et appliquées* de Gergonne et l'émergence des journaux de mathématiques dans l'Europe du XIXème siècle : un bicentenaire » in : Daniel Ulbrich (éd.), *Jahrbuch für Europäische Wissenschaftskultur / Yearbook for European Culture of Science*, Stuttgart : Franz Steiner Verlag, 2014.

Peut-on les considérer comme le premier véritable journal de mathématiques de l'histoire de la discipline ? C'est la question que nous nous poserons dans la première partie de ce chapitre, non sans avoir précisé selon quels critères et sur la base de quelle définition du mot « mathématiques » à l'époque.

Publiées de 1810 à 1832, ces *Annales* virent leur population d'auteurs évoluer et s'élargir, leurs contenus se spécialiser et s'émanciper peu à peu de la philosophie, ce que nous montrerons dans la seconde partie.

Enfin, elles suscitèrent des initiatives ailleurs en Europe puis à nouveau en France : nous conclurons rapidement notre étude sur celles-ci, renvoyant évidemment aux autres chapitres de cet ouvrage qui détaillent parfois conséquemment ces filiations.

LE PREMIER JOURNAL DE MATHEMATIQUES ?

Quels critères et quelles définitions ?

La question que nous devons poser *a priori* avant de nous intéresser aux *Annales de Gergonne* elles-mêmes est donc celle de la définition du champ mathématique lui-même avant l'édition du premier numéro des *Annales de Gergonne* comme à l'époque de celles-ci. Cette question serait trop longue à développer ici mais un travail déjà effectué par Jean Dhombres sur la période concernée nous permet de fixer à peu près les limites de l'acception du terme « mathématiques » et des sciences qui les composaient au début du XIX° siècle (sciences aussi appelées, par exemple par Gergonne lui-même dans l'ensemble de ses écrits, « sciences exactes »).

Un document de référence, et concomitant à l'apparition des *Annales* (puisque publié en 1810, bien que remis à Napoléon 1er en 1808) permet de situer ce que l'on entendait officiellement par « mathématiques » depuis 1789 : il s'agit du *Rapport à l'Empereur sur le progrès des sciences, des lettres et des arts depuis 1789*, de Jean-Baptiste Delambre (1749-1822), et plus particulièrement de sa section I (mathématiques). Jean Dhombres a publié une édition critique de ce rapport en y adjoignant une comparaison de la classification des sciences mathématiques faites à l'Institut en 1808 avec celle établie par Delambre lui-même[12]. Nous lui empruntons la classification suivante, qui donne un aperçu de ce qui constituait la discipline à l'époque (et depuis au moins 1789) : Géométrie, Géodésie et tables, Algèbre,

---

[12] Jean Dhombres (1989), *Rapport à l'Empereur sur le progrès des sciences, des lettres et des arts depuis 1789 et leur état actuel,* Vol. 1 : *Sciences mathématiques*, édition critique du texte de 1810 de Jean-Baptiste Delambre, préface de Denis Woronoff, présentation et notes de Jean Dhombres, Paris : Belin.

Mécanique analytique, Astronomie, Géographie et voyages, Physique mathématique, Mécanique, Manufactures et arts.

Si nous nous en tenons à cette définition, nous possédons déjà un premier filtre pour déterminer, parmi les journaux savants de la fin du XVIIIème siècle et du début du XIXème siècle, quels étaient ceux qui en relevaient pleinement et ou seulement en partie.

Nous allons voir que sur les journaux antérieurs aux *Annales*, voire concomitants à c elles-ci, ce p remier critère n'est pas vérifié. L'étude de ceux-ci va nous permettre de mettre en évidence les autres filtres de définition de l'expression « journal de mathématiques ».

Les journaux non français avant 1794

On peut noter parmi les premiers journaux dédiés *a priori* aux mathématiques et publiés en Europe antérieurement aux *Annales de Gergonne* :

- Les *Beyträge zur Aufnahme der theoretischen Mathematik* publié en Allemagne de 1758 à 1761 par W. J. G. Karsten.

- Les cahiers du *Leipziger Magazin für reine und ange wandte Mathematik* publiés trimestriellement de 1786 à 1788 pa r Jean Bernoulli et Carl Friedrich Hindenburg.

- Les onze cahiers de l'*Archiv der reinen und angewandten Mathematik* publiés semestriellement par C. F. Hindenburg seul de 1795 à 1800. On y trouve une périodicité respectée sur la courte durée de publication : Hindenburg, qui souhaitait à la base un journal paraissant quatre fois par an, parvint à maintenir une publication semestrielle de son journal. La population d'auteurs s'élargit aussi, même si elle resta géographiquement située dans le nord de l'Allemagne. Elle était représentative d'une nouvelle génération de mathématiciens et pas seulement de ceux qui, jusque là, partageaient avec Hindenburg la passion de l'analyse combinatoire et avaient rédigé avec lui la majorité des articles du *Leipziger Magazin*.

- En Angleterre, à la fin du XVIIIe siècle, le *Leybourn's Mathematical Repository*, publié par Thomas Leybourn, professeur au Royal Military College de Great Marlow, fut aussi l'un des premiers journaux à installer durablement le principe de la publication périodique en mathématiques. Mais ses auteurs ét aient essentiellement Anglais, du moins sur la période qui précéda le lancement des *Annales de Gergonne*. En témoigne la liste des auteurs d'articles originaux du vol ume III publié en 1814 : Gough, Knight, Cunliffe, Barlow, J. F. W. Herschel (le découvreur de la planète Uranus), Bransby, White et le baron Maseres. Ce ne fut donc pas un j ournal largement diffusé et ouvert à l 'ensemble de la communauté mathématique européenne. En outre, seulement 14 numéros parurent dans la première série

(1795-1804) et 24 d ans la seconde (1804-1835)[13], ce q ui représente en moyenne environ un numéro par an : on e st donc loin d'une périodicité mensuelle comme celle des *Annales de Gergonne*.

Nous ne mentionnerons pas ici les journaux qui, bien que publiant dans leurs colonnes des textes de mathématiques ou plutôt plus souvent des textes *sur* les mathématiques, étaient très majoritairement consacrés à d 'autres informations. Citons seulement pour mémoire le *Journal des savants*, publié en France depuis 1665[14], le *Ladies diary* publié en Angleterre de 1704 à 1841[15], ou les périodiques généralistes ou populaires allemands qui ne publiaient que très peu d'informations sur les mathématiques (en général des comptes-rendus de lecture) et étaient diffusés dans des cercles restreints : p ar exemple les *Göttingische Anzeigen von gelehrten Sachen* (Göttingen, 1753-1801), l'*Allgemeine deutsche Bibliothek*, publiée à Berlin par Friedrich Nicolaï de 1765 à 1796, l a *Neue Bibliothek der Schönen Wissenschaften*, (Leipzig, 1765-1806) ou l'*Allgemeine Literatur-Zeitung* de Bertuch publiée à Yéna de 1785 à 1803[16].

Les journaux des académies ou de s universités avaient quant à eux une périodicité aléatoire (mais souvent seulement annuelle) et ne traitaient évidemment pas que des mathématiques, comme par exemple les *Acta Eruditorum* de Leipzig, et les *Mémoires de l'Académie de Berlin*.

Nous voyons donc déjà sur ce constat que, si l'on ajoute à la définition du champ mathématique au début du XIXème siècle les critères de stabilité et de périodicité rapprochée (pas d'interruption dans la publication, périodicité mensuelle), de durée (vingt et une années de parution), on pe ut déjà avancer l'hypothèse que ce sont donc les *Annales de Gergonne* qui inaugurèrent véritablement le principe de journal de spécialité dans ce

---

[13] Ces chiffres nous sont fournis par Joe Albry et Scott H. Brown dans: Joe Albree & Scott H. Brown (2009), "A valuable monument of mathematical genius: The Ladies' Diary (1704-1840) ", in: *Historia Mathematica*, 36, p. 10-47.

[14] Successivement orthographié « sçavans », « savans » et savants ».

[15] Voir par exemple: Shelley Costa (2002), "The Ladies Diary: Gender, mathematics, and civil society in early-eighteenth-century England", in: *The History of Science Society*, 17, p. 49-73.

[16] Maarten Bullynck a montré que l'on n'y trouvait qu'environ 2% d'articles consacrés à des comptes-rendus d'écrits mathématiques : Maarten Bullynck (s. a.), *Les interactions entre Rezensionszeitschriften, périodiques scientifiques et périodiques spécialisés. Le cas des mathématiques dans l'Allemagne des Lumières (1760-1800)* :
http://www.histnet.cnrs.fr/research/periodiques-savants/article.php3?id_article=75, site du programme de recherche « Les périodiques savants dans l'Europe des XVIIe et XVIIIe siècles », France, CNRS, avec le soutien de l'European Science Foundation.

champ disciplinaire. Si l'on ajoute l'adjectif « international » aux attendus d'une telle publication, nous verrons dans la suite de notre écrit que les *Annales* atteignirent à cette dimension, ce qui leur confère finalement à peu près l'ensemble des qualités de ce que nous entendons, au sens actuel du terme, d'un « journal de mathématiques ». Elles participèrent ainsi de façon essentielle à l'entrée des mathématiques dans la spécialisation et dans la modernité même si, comme nous le verrons, elles s'inscrivaient dans une période de transition qui voyait les mathématiques se constituer peu à peu en science autonome et structurée et se détacher progressivement de la philosophie.

A partir de 1794, l a création en France de l'École polytechnique, accompagnée de son *Journal* (que nous noterons par la suite JEP, pour « Journal de l'École polytechnique »), modifia le paysage éditorial mathématique. Jusque là, le seul *Journal des savans* n'abordait que de manière très mineure la discipline et il ne peut donc pas être considéré comme un organe de diffusion de cette science. Le JEP fut rapidement suivi par une autre initiative éditoriale, la *Correspondance sur l'École Polytechnique* de Jean Nicolas Pierre Hachette (1679-1834), mais nous allons voir dans ce qui suit que le constat que fit Gergonne en 1810 de l'absence de véritables journaux dédiés aux mathématiques était malgré tout pertinent.

Du *Journal de l'Ecole Polytechnique* aux *Annales de mathématiques pures et appliquées*

A la fin de la première décennie du XIX° siècle, Joseph Diez Gergonne, alors professeur de mathématiques transcendantes au lycée de Nîmes (sud de la France, département du Gard) et grand admirateur des « savants éclairés » de la Révolution (Monge, Bailly, Laplace, Lacroix, etc.), tenta de les convaincre de fonder un j ournal scientifique spécifiquement dédié aux mathématiques. Lacroix avait été son examinateur lors du concours d'entrée à l'Ecole d'Artillerie de Châlons en 1794 et le candidat Gergonne avait alors impressionné l'examinateur, ce qui lui valut plus tard, malgré son éloignement de Paris, d'être entendu par les grands noms de la science de son époque et plus particulièrement par les « géomètres » de l'École polytechnique (dont fit partie Lacroix) qui fut fondée la même année.

Gergonne put donc solliciter ces éminents savants comme il nous le dit lui-même dans son « Prospectus » d'introduction au premier numéro des *Annales*[17]. Il y déplore le fait que : « les Sciences exactes, cultivées

---

[17] Joseph-Diez Gergonne (1810), Prospectus, in : *Annales de Mathématiques Pures et Appliquées* (dorénavant : AMPA), 1, p. i–iv. D ans ce qui suit, une référence à un article

aujourd'hui si universellement et avec tant de succès, ne comptent pas encore un seul recueil périodique qui leur soit spécialement consacré ».

Il ajoute :

> On ne saurait, en effet, considérer comme tels, le Journal de l'école Polytechnique, non plus que la Correspondance que rédige M. Hachette: recueils très précieux sans doute, mais qui, outre qu'ils ne paraissaient qu'à des époques peu rapprochées, sont consacrés presque uniquement aux travaux d'un seul établissement.[18]

Ce constat est pertinent, comme nous l'avons dit et comme nous allons le démontrer dans ce qui suit, et c'est l'une des raisons de l'initiative de Gergonne en 1810.

En ce qui concerne le *Journal de l'École Polytechnique*, comme le note Loïc Lamy, « le rythme mensuel, ordonné par l'arrêté du 24 prairial an III, était sans doute bien adapté pour une exposition régulière des progrès provoqués par l'École. Malheureusement, cette périodicité n'a jamais été atteinte, loin s'en faut, de 1795 à 1831, puisque seuls vingt cahiers ont paru, soit une moyenne d'environ un tous les deux ans » [19]. A y regarder de plus près, on constate que cette moyenne est même une réalité sur la période de lancement des *Annales* puisque le cahier 15 parut en décembre 1809, le suivant, à savoir le cahier 10, en novembre 1810 (les *Annales* existaient donc déjà), et enfin le cahier 16 en mai 1813 : on comprend l'expression « peu rapprochée » utilisée par Gergonne.

En outre, à partir de 1802 (cahier 11), les mémoires académiques prirent le pas sur les articles dans le JEP et la communauté des élèves et anciens élèves de l'École polytechnique n'y était que très minoritairement représentée. De plus, le JEP « n'était initialement qu'un bulletin destiné à rendre compte de l'enseignement et du progrès des élèves aux trois comités »[20] et fut tout d'abord « résolument dirigé vers l'enseignement ».

---

des *Annales de Mathématiques Pures et Appliquées* de Gergonne sera notée : AMPA, Tome, Année, p.

[18] Ibid. Le « Prospectus », dont nous citerons souvent comme ici des extraits, fut en fait l'éditorial dans lequel Gergonne et son collaborateur Thomas Lavernède (professeur comme lui à Nîmes, il participa durant seulement deux ans à la rédaction des *Annales*) annonçaient leurs intentions, le champ couvert par le journal, et en fixaient en quelque sorte la ligne éditoriale.

[19] Loïc Lamy (1995), *Le* Journal de l'École Polytechnique *de 1795 à 1831, journal savant, journal institutionnel* (= Sciences et Techniques en Perspective, vol. 32), Nantes : Centre François Viète, p. 15-19.

[20] Les comités qui eurent en charge l'organisation et la surveillance de l'École à sa création sous la Convention : le comité de Salut public, d'Instruction publique et des Travaux publics. *Cf.* Pierre Miquel (1994), *Les polytechniciens*, Paris : Plon, p. 35-69.

Si l'on considère par exemple l'année qui précède le lancement des *Annales*, on constate que si neuf des onze articles (ou plutôt « mémoires ») du cahier 15 sont classés sous des appellations relevant des mathématiques au sens actuel du terme, à savoir « Analyse » et « Géométrie analytique » (les trois autres sont de la « Mécanique » et de la « Physique »), un seul est signé par un membre de cette communauté d'élèves ou anciens élèves : il s'agit d'un *Mémoire sur la méthode du pl us grand commun diviseur, appliquée à l'élimination* (p. 162-197, classé dans la rubrique « Analyse ») de « M. Bret, professeur de mathématiques transcendantes au lycée de Grenoble, et ancien élève de l'École polytechnique ». On retrouvera le même Bret dans les *Annales de Gergonne* où il publiera de nombreux articles avec les mêmes titres de noblesse.

Quand on sait qu'à cette époque trente élèves sortis de l'École faisaient carrière dans l'enseignement et au bureau des longitudes et que, parmi les centaines de militaires et ingénieurs issus aussi de polytechnique, nombreux furent ceux qui poursuivirent une activité scientifique, on pe ut estimer à quel point la présence du seul Bret dans ce cahier est signifiante sur la fermeture du JEP et sur son repli sur une élite[21]. Nous verrons plus loin que ces mêmes anciens polytechniciens qui ne publiaient pas dans le journal de leur ancienne école – ou ne pouvaient pas y publier – profitèrent grandement des *Annales de Gergonne* pour soigner leur frustration.

Repli sur une élite… Dans le même cahier, trois longs mémoires de Poisson sont en fait des reprises de communications qu'il avait faites à l'Institut, et tous trois sont classés dans la rubrique « Analyse » :
- *Mémoire sur les inégalités séculaires des moyens mouvements des planètes*, lu à l'Institut le 20 juin 1808, p. 1-56.
- *Mémoire sur le mouvement de rotation de la terre*, lu à l'Institut le 20 mars 1809. p. 198-218.
- *Mémoire sur la variation des constantes arbitraires dans les questions de mécanique*, lu à l'Institut le 16 octobre 1809, p. 266-344.
Les quatre autres articles sont des mémoires de personnalités de premier rang, enseignant ou ayant enseigné à l'Ecole :
- *Eclaircissement d'une difficulté singulière qui se rencontre dans le calcul de l'attraction des sphéroïdes très peu différents de la sphère*, par M. Lagrange, p. 57-67, classé « Analyse ».
- *Essai d'application de l'analyse à que lques parties de la géométrie élémentaire*, par M. Monge, p. 68-117, classé « géométrie analytique ».

---

[21] Cf. Jean-Jacques Bret (1809), Mémoire sur la méthode du plus grand commun diviseur, appliquée à l'élimination, in : *Journal de l'École polytechnique*, 8 : 15, p. 162–197.

- *Construction de l'équation des cordes vibrantes*, par M. Monge p. 118-145, classé « géométrie analytique ».
- *Mémoire sur divers points d'analyse*, par M. Laplace, p. 229-265, classé « Analyse »[22].

Le *Journal de l'École polytechnique* était donc devenu un recueil académique, les mémoires dont nous venons de donner l'exemple pour le cahier de 1809 y occupant une place largement majoritaire (pour ne pas dire exclusive) en nombre comme en volume (nombre de pages). Il était en fait l'unique tribune où l es mathématiciens reconnus (et au-delà même des mathématiques) pouvaient exposer leurs travaux à un publ ic relativement large ou du m oins averti. Ces savants communiquaient souvent d'abord à l'Académie des Sciences, mais celle-ci ne diffusait pas ces textes à l'époque.

La *Correspondance sur l'École Polytechnique de Hachette*

Gergonne cite aussi la *Correspondance sur l'École Polytechnique* de Jean Nicolas Pierre Hachette (1679-1834)[23]. Celle-ci était publiée pour combler une lacune déjà dénoncée dès le cahier 4 du JEP (1796) : il manquait aux anciens élèves un m oyen « d'entretenir une correspondance avec la mère Ecole »[24]. Mais là aussi cette publication fut très étalée dans le temps : le numéro 1 p arut en avril 1804, l e numéro 4 e n juillet 1805, l e numéro 10 en avril 1809. Elle était en grande partie composée de listes de noms (élèves admis, affectations, etc.), de lettres à caractère non nécessairement lié aux sciences enseignées à l'École, d'annonces de textes officiels et règlementaires, de plans de cours, etc. Les articles de mathématiques y occupaient donc une part très relative et étaient souvent soit des reprises de cours de l'École, soit des prolongements de ces cours. Sur l'ensemble des 10 premiers numéros, le nombre d'articles de mathématiques - lettres au rédacteur, solutions de problèmes et problèmes résolus compris - atteint tout juste la soixantaine comme le montre u ne étude exhaustive que nous avons réalisée à partir des tables de ces fascicules.

Ainsi, pour le N° 10 de la *Correspondance* de Hachette paru peu avant le lancement des *Annales*, on constate, outre les lacunes relevées ci-dessus, la fermeture de cette publication finalement réservée à la même élite que le

---

[22] Imposant mémoire où Laplace revient lui aussi sur les développements en séries des différentielles, mais traite en outre du cas complexe et des équations non linéaires aux différences finies.

[23] Nommé adjoint de Monge dès 1794 dans le département consacré à la géométrie descriptive de l'École Polytechnique, il a comme élèves célèbres Poisson, François Arago et Fresnel.

[24] Cité par Loïc Lamy (1995), *op. cit.*, p. 15.

JEP. Les contributeurs y sont Poisson, Hachette et Monge (professeurs à l'école), Livet (qui y est répétiteur), Lefebvre (qui y est adjoint), François et Brianchon (anciens élèves), et enfin Puissant : ingénieur géographe et futur académicien (en 1828, au siège de Laplace), c'est un proche de Monge et de l'École qui enseigne à cette époque à l'École militaire de Fontainebleau.

Relevons pour finir ce fait exceptionnel dans les dix premiers numéros de la *Correspondance* : on y voit apparaître deux élèves, Petit et Duleau, pour deux courtes solutions d'un problème sur les surfaces du second degré. Petit avait déjà rédigé pour son professeur Poisson une démonstration parue dans le n° 9. C e sont là les seules contributions d'élèves dans la *Correspondance* sur ces dix numéros.

Celles des anciens élèves ne sont pas si nombreuses non plus. Outre les deux articles de Français et Brianchon déjà signalés au N° 10, on n'en compte que 5 au total sur les 58 articles de mathématiques de la période 1804-1809.

Pour toutes ces raisons, la *Correspondance* de Hachette ne pouvait donc pas non pl us être considérée comme un pé riodique de diffusion en mathématiques. En outre, comme le JEP, elle laissait de côté toute une population de mathématiciens qui n'étaient pas passés sur les bancs de l'École, et ne donnait pas beaucoup la parole, on l'a vu, à ceux qui y étaient passés. Et évidemment, elle n'offrait aucun espace aux mathématiciens étrangers.

Mais un autre facteur d'importance explique aussi le fait que Gergonne ait lancé son journal depuis sa lointaine province nîmoise : l'isolement dans lequel il s e sentait, comme celui de nombre d'autres mathématiciens enseignant en province ou de militaires isolés dans leurs cantonnements ou écoles (et y enseignant parfois les mathématiques ou des techniques y faisant appel) et qui souhaitaient eux aussi enrichir leur science de leurs propres avancées (résolution de problèmes, démonstrations de théorèmes, etc.). C'est ce que nous allons à présent développer, tout en montrant l'évolution de l'autorat au fil des années de parution.

LES AUTEURS DES *ANNALES*

Gergonne ne parvint pas au départ à i ntéresser les élites parisiennes à son projet : son éloignement de la capitale et la concentration dans celle-ci de ces élites qui fréquentaient les mêmes cercles (Ecole polytechnique, Institut, Faculté des sciences de Paris) et se contentaient donc des organes de diffusion qu'elles partageaient, à savoir les deux publications que nous avons citées et les comptes-rendus des académies nationales européennes, expliquent le peu d'attention que suscita au départ son projet.

S'il s'obstina, c'est justement en raison de l'isolement où il se sentait et que partageaient avec lui tous les mathématiciens, professeurs, officiers, ingénieurs, - anciens élèves ou pas de l'École polytechnique - qui, dans leurs établissements de province ou dans leurs cantonnements, aspiraient comme lui à échanger leurs savoirs et leurs avancées.

Sa carrière avant 1810 explique sa connaissance des deux milieux (enseignant et militaire). Avant d'être recruté à Nîmes par concours en 1795 sur un poste de professeur de mathématiques à l'école centrale, puis de mathématiques transcendantes au lycée de la même ville (il y fut nommé par décret impérial en 1804[25]), il avait en effet effectué une courte mais riche carrière militaire sous la Révolution à partir de 1792. Il était alors âgé de vingt-deux ans et possédait déjà un solide niveau en mathématiques dû aux cours donné par les frères des écoles chrétiennes de sa ville natale (Nancy) et à ses prédispositions aux sciences exactes[26]. Sa brillante réussite au concours de l'école d'artillerie de Châlons en 1794 le vit sortir un mois plus tard de celle-ci avec le grade de lieutenant d'artillerie. Gergonne fait donc partie, comme nombre de ses correspondants[27], d'une génération qui connut successivement l'engagement militaire et l'enseignement.

A priori un journal « au service d'une communauté naissante de professeurs »[28]

Si son autorat s'élargit rapidement, l'initiative de Gergonne s'adressait initialement à la communauté des enseignants dont il faisait partie et qui, on l'a vu, n'avait pas sa place dans le JEP ni dans la *Correspondance* de Hachette. Du fait de sa carrière militaire antérieure à celle de professeur de mathématiques, il est clair que Gergonne visait aussi cette seconde catégorie constituée de militaires, anciens polytechniciens ou pas.

---

[25] Nous avons pu retracer l'ensemble de sa carrière grâce au volumineux dossier administratif que l'on trouve à son nom aux Archives Nationales Françaises (CARAN) sous la référence : F17 20829.

[26] Il donnait déjà des leçons de mathématiques à l'âge de dix-sept ans en qualité de précepteur. Sur l'ensemble de sa biographie, voir : Christian Gerini (2003), *Les Annales de Gergonne. Apport scientifique et épistémologique dans l'histoire des mathématiques*, Villeneuve d'Ascq : éditions du septentrion, p. 19-39.

[27] De nombreux professeurs de sciences, et plus particulièrement de mathématiques, furent recrutés après 1800 dans les rangs des militaires qui avaient participé aux différentes campagnes sous la Révolution et le Consulat, au point que Louis XVIII dut décréter en leur faveur, par ordonnance du 8 juillet 1818, le droit au cumul des retraites de militaire et d'enseignant.

[28] Expression empruntée à M. Otero dans : Mario Otero (1997), *Joseph-Diez Gergonne (1771-1859). Histoire et philosophie des sciences*, Collection « Sciences et techniques en perspective », Vol. 37, Nantes, Centre François Viète, p. 52.

On considère donc souvent les *Annales de Gergonne* comme « le journal d'un homme seul au profit d'une communauté enseignante » [29], ce qu'elles furent à leurs débuts avant d'atteindre une notoriété en France et à l'étranger qui attira dans leurs pages des personnalités de premier rang.

Gergonne a donc connu dès le début de sa carrière dans l'enseignement les nouveaux établissements et cadres institutionnels mis en place après la Révolution : lycées depuis 1802, académies depuis les lois napoléoniennes de mars 1808, etc. Il devint d'ailleurs lui-même recteur de l'académie de Montpellier sous la Monarchie de Juillet, de 1830 à 1844[30]. Cette nouvelle génération de professeurs, mieux identifiée et plus contrôlée que sous l'Ancien régime, devait se soumettre à des programmes plus précisément définis et était dorénavant inspectée sous l'autorité des recteurs et du ministère de l'instruction publique (ministère aussi appelé Université impériale lors de sa création sous le règne de Napoléon): les institutions françaises mettaient progressivement en place le corps professoral que nous connaissons aujourd'hui et qui se trouva donc devant le besoin d'une information plus précise sur les programmes et d'une communication que les journaux de mathématiques allaient lui fournir (et à laquelle il désirait participer). Gergonne, personnage représentatif de cette génération, répondit donc avec ses *Annales* à cette attente qu'il partageait avec ses condisciples, et c'est là la deuxième raison importante de son initiative.

Il était aussi, on l'a vu, conscient du défaut que représentait le manque de périodicité et de régularité qui touchait le JEP et la *Correspondance* de Hachette : il fallait donc créer un périodique aux éditions assez rapprochées et il choisit de faire des *Annales* un mensuel.

Il prit en outre la précaution d'en appeler à toutes les bonnes volontés dans son « Prospectus », annonçant :

> Un recueil qui permette aux Géomètres d'établir entre eux un commerce ou, pour mieux dire, une sorte de communauté de vues et d'idées; un recueil qui leur épargne les recherches dans lesquelles ils ne s'engagent que trop souvent en pure perte, faute de savoir que déjà elles ont été entreprises; un recueil qui garantisse à chacun la priorité des résultats nouveaux auxquels il parvient; un recueil enfin qui assure aux

---

[29] Jean Dhombres & Mario Otero (1993), « Les *Annales de mathématiques pures et appliquées* : le journal d'un homme seul au profit d'une communauté enseignante », in : Ausejo, Elena & Mariano Hormigon (Eds), *Messengers of Mathematics : European Mathematical Journals (1800-1946)*, Madrid : Siglo XXI de España Editores, p. 3-70.

[30] *Cf.* Christian Gerini (2008), « Le recteur de la Monarchie de juillet et la culture des élites. Joseph-Diez Gergonne (1771-1859). Le zèle d'un fonctionnaire et l'esprit critique d'un libre penseur », in : Jean-François Condette & Henri Legohérel (éds.), *Le recteur d'académie. Deux cents ans d'histoire*, Paris : Cujas, p. 53-74.

travaux de tous une publicité non moins honorable pour eux qu'utile au progrès de la sciences.[31]

En sa qualité de professeur, et soucieux d'intéresser les enseignants, il mit en avant dans son « Prospectus » le souci pédagogique :

> Ces Annales seront principalement consacrées aux Mathématiques pures, et surtout aux recherches qui auront pour objet d'en perfectionner et d'en simplifier l'enseignement.»[32].
> La référence à l'enseignement, et donc l'appel aux professeurs de toutes catégories, est explicite, mais Gergonne laissa largement la porte ouverte aux avancées théoriques et pas seulement utiles à la pédagogie. Le terme « surtout » de la citation précédente est en effet trompeur : il publia de fait en majorité des articles purement mathématiques souvent novateurs et importants pour la circulation des idées et concepts nouveaux, mais dont les retombées sur l'enseignement de la discipline étaient loin d'être évidentes à l'époque.

L'entreprise de Gergonne connut rapidement le succès et toucha effectivement d'abord le monde enseignant, comme le montre la liste des auteurs de l'année 1811-1812 qui rassemble pas moins de dix-huit mathématiciens de cette communauté, soit plus de 80% des contributeurs de ce numéro.

Cela se confirme sur l'ensemble des *Annales* et on voit bien là une première lacune comblée : les auteurs des provinces françaises représentent environ 37% de la population totale d'auteurs et ils écrivent environ 63% de la totalité des articles. Ils sont majoritairement professeurs dans des collèges et lycées, plus rarement dans des facultés, et signent au total 676 articles[33] sur les quelques 1000 que comptent les *Annales*[34]. Ce rapide impact auprès d'une population qui n'avait jusqu'alors que peu d'occasions de faire connaître ses travaux eut une première conséquence non négligeable. Alors qu'il était extrêmement difficile de se faire lire et publier et / ou reconnaître, par le canal très réservé du JEP et celui très fermé et sélectif de l'Académie des sciences, les *Annales* offrirent à des mathématiciens de qualité de faire

---

[31] AMPA, 1, 1810, p. i-iv.
[32] Ibid.
[33] D'après un recensement effectué par Mario Otero (1997), *op. cit.*, p. 25.
[34] Si l'on n'a malheureusement pas retrouvé d'archives personnelles de Gergonne permettant de chiffrer le nombre d'abonnés à son journal (ni d'archives de son éditeur Bachelier à Paris), ces chiffres, additionnés aux effectifs et nombre d'articles d'élèves, de professeurs des institutions parisiennes, de militaires et d'étrangers, laissent deviner une diffusion rapide et importante des *Annales* sur le territoire français puis en dehors de ses frontières.

connaître des travaux qui n'auraient peut-être pas trouvé sans elles l'écho qu'ils méritaient (certains de ces auteurs devinrent plus tard académiciens : Sturm, Poncelet, Chasles, Lamé, Liouville).

Notons que Gergonne lui-même est comptabilisé dans ces statistiques, et qu'il écrivit pas moins de 180 articles dans son journal, sans compter les innombrables notes de bas de pages et commentaires qu'il ajoutait aux textes de ses auteurs et les articles anonymes dont on peut penser qu'ils étaient de sa plume : Gergonne trouvait par ce subterfuge un moyen de polémiquer, d'apporter la contradiction, et on sait au moins, grâce à l'exemplaire de ses *Annales* annoté de sa main (et qui se trouve à la bibliothèque municipale de Nancy), que les articles signés « un abonné » sont de lui.

La participation massive d'anciens élèves de Polytechnique montra rapidement que leur frustration perçue par Gergonne face à la « fermeture » du JEP fut aussi corrigée par son journal. D'après Jean Dhombres et Mario Otero, « peut-être 50% d'entre eux [les auteurs français] sont en effet professeurs ou répétiteurs à l'Ecole, élèves ou anciens élèves »[35]. Le « peut-être » tient au fait que la qualité (professeur à l'École polytechnique, élève ou ancien élève) n'était pas toujours indiquée : Gergonne ne mentionnait que les renseignements fournis pas ses auteurs, et certains devaient peut-être oublier ces précisions ou simplement ne pas vouloir les faire connaître. Par exemple, sur les cent trente six auteurs que nous avons recensés dans les *Annales*, seize sont désignés avec leur qualité d'ancien élève de l'École polytechnique, ce qui représente un pourcentage minimal de 12% ; mais les professeurs des universités, des école supérieures civiles ou militaires, les ingénieurs et les officiers pouvaient être aussi sortis de ses rangs sans le mentionner (ils représentent 43% des auteurs, qui recoupent en partie les 12% précédents). Bien qu'incertains, ces chiffres sont malgré tout éloquents quand on se souvient de l'unique article d'un ancien élève de l'École publié dans le JEP en 1809.

La répartition statistique des articles selon l'origine géographique des auteurs, comme celle des auteurs provinciaux, montre bien aussi la réussite de l'ambition de Gergonne de donner la parole à une large communauté de mathématiciens qui, on l'a vu, ne pouvaient prétendre à être publiés ailleurs ou n'avait que peu d'espoir de l'être. Gergonne souhaitait en outre provoquer une émulation au sein de cette communauté mathématique isolée et privée de moyen de communication. Il l'exprime clairement dans son « Prospectus » :

> Chaque numéro des *Annales* offrira un ou plusieurs *Théorèmes* à *démontrer*, un ou plusieurs *problèmes* à *résoudre*.

---

[35] Jean Dhombres & Mario Otero (1993), *op. cit.*, p. 20.

Les Rédacteurs, dans le choix de ces théorèmes et problèmes, donneront la préférence aux énoncés qui pourront leur être indiqués par leurs correspondans; et ils consigneront, dans leur recueil, les démonstrations et solutions qui leur seront parvenues; ils espèrent ainsi provoquer chez les jeunes géomètres une utile et louable émulation. Personne n'ignore d'ailleurs combien ces sortes de défis ont ajouté de perfectionnement à l'analise, au commencement du dernier siècle ; et il n'est point déraisonnable de penser qu'en les renouvelant, on p eut, peut-être, lui préparer encore de nouveaux progrès.[36]

Il instaura donc le principe des « problèmes à résoudre », « questions posées » et « théorèmes à d émontrer » que reprendra la quasi totalité des rédacteurs des journaux qui paraîtront ensuite. Mais l'émulation et les controverses s'exercèrent bien au-delà des simples défis que représentaient les théorèmes non dé montrés ou l es problèmes à résoudre. De simples professeurs de lycée, polémiquant parfois sur des questions de paternité de démonstrations de théorèmes ou d' avancées théoriques, firent de la sorte progresser les mathématiques[37].

Citons pour exemple un long débat qui courut de janvier 1812 à août 1813[38] et qui impliqua quatre enseignants, Bret (professeur de mathématiques transcendantes au lycée de Grenoble), Bérard (professeur de mathématiques au collège de Briançon), Rochat (professeur de navigation à Saint Brieux) et Dubourguet (professeur de mathématiques spéciales au lycée impérial à Paris) : parti d'une polémique entre les deux premiers sur la paternité de formules relatives aux lignes du second ordre, le débat enrichit les mathématiques puisque, chacun des protagonistes voulant à tour de rôle montrer qu'il faisait mieux et davantage que les autres, on précisa les calculs à chaque nouvelle étape de la rixe, on élargit le champ d'application (les premiers articles considèrent les lignes du s econd ordre dans un repère orthogonal, et on passe ensuite à des axes non forcément rectangulaires) et on glissa progressivement des lignes aux surfaces, généralisant donc les applications du théorème fondamental de l'algèbre. Ce théorème et sa démonstration par Gauss y gagnèrent en généralité. Le plus bel exemple de cet enrichissement dû à la polémique est l'article de Bérard : *Application de*

---

[36] AMPA, 1, 1810, p. i-iv.

[37] Voir par exemple à ce sujet: Gerini Christian, "Pour un bicentenaire: polémiques et émulation dans les Annales de mathématiques pures et appliquées de Gergonne", in *Circulation, Transmission, Héritage*, Actes du 18° colloque inter-IREM (Histoire et épistémologie des mathématiques), E ditions IREM & Université de Caen - Basse Normandie, 2011, p. 241-254

[38] AMPA 2, 3 & 4.

la méthode des maximis et minimis à l a recherche des grandeurs et direction des diamètres principaux, dans les lignes et surfaces du s econd ordre qui ont un centre[39]. L'anecdote, si négligeable puisse-t-elle paraître, a donc finalement servi l'histoire et les progrès des mathématiques.

L'Histoire a s ur cet aspect polémique retenu essentiellement deux exemples qui ont grandement fait avancer les mathématiques : les articles d'Argand, Français et Servois sur la représentation géométrique des nombres imaginaires en 1813- 1814[40] et les échanges entre Gergonne et Poncelet sur l'opposition entre la géométrie synthétique et la géométrie analytique en 1817-1818[41] et surtout sur la paternité du pr incipe de dualité en 1827-1828[42] (AMPA, 18, p. 125-142).

L'arrivée des élites françaises et des correspondants étrangers

Les figures majeures des mathématiques de l'époque, ou des mathématiciens qui allaient atteindre rapidement une notoriété que leurs publications dans les *Annales* facilita, ne s'y trompèrent pas puisqu'ils finirent par alimenter eux aussi à partir de 1820 le journal de Gergonne en articles et essais, sachant que l'impact et la diffusion de leurs écrits, en France comme dans le reste de l'Europe, seraient ainsi nettement supérieurs à ceux obtenus jusqu'alors par leurs communications auprès de différentes académies ou dans l'éphémère et multidisciplinaire *Bulletin des sciences*

---

[39] Joseph-Balthazard Bérard (1812–1813), "Application de la méthode des maximis et minimis à la recherche des grandeurs et direction des diamètres principaux, dans les lignes et surfaces du second ordre qui ont un centre", in : AMPA, 3, p. 105–113.

[40] Jean-Robert Argand (1813–1814), "Essai sur une manière de représenter les quantités imaginaires, dans les constructions géométriques", in : AMPA, 4, p. 133–147 ; Joseph-François Français (1813–1814a), "Nouveaux principes de géométrie de position, et interprétation géométrique des symboles imaginaires", in : AMPA, 4, p. 61–71 ; Joseph-François Français & François-Joseph Servois (1813–1814), "Sur la théorie des quantités imaginaires. Extrait de deux lettres, l'une de M. J. F. Français, professeur à l'école impériale de l'artillerie et du génie, et l'autre de M. Servois, professeur aux écoles d'artillerie, au Rédacteur des Annales", in : AMPA, 4, p. 222–227 ; Joseph-François Français (1813–1814b), "Sur la théorie des imaginaires", extrait d'une lettre adressée au rédacteur des Annales, in : AMPA, 4, p. 364–367 ; Jean-Robert Argand (1814–1815), "Réflexions sur la nouvelle théorie des imaginaires, suivies d'une application à la démonstration d'un théorème d'analise", in : AMPA, 5, p. 197–209.

[41] Jean-Victor Poncelet (1817–1818), "Réflexions sur l'usage de l'analise algébrique dans la géométrie ; suivies de la solution de quelques problèmes dépendant de la géométrie de la règle", in : AMPA, 8, p. 141–145 ; Joseph-Diez Gergonne (1817–1818), Réflexions sur l'article précédent, in : AMPA, 8, p. 156–161.

[42] Jean-Victor Poncelet (1827–1828), "Note sur divers articles du bulletin des sciences de 1826 et de 1827, relatifs à la théorie des polaires réciproques, à la dualité des propriétés de situation de l'étendue, etc.", in : AMPA, 18, p. 125–142.

mathématiques, astronomiques et chimiques (1824-1831)[43] ou bien encore dans le *Bulletin de la société philomathique*[44]. Citons parmi cette population d'auteurs : Ampère, Cauchy, Dupin, Lacroix, Francoeur, Poncelet, Poisson, Chasles, Poncelet[45].

Ampère est un exemple représentatif de cette catégorie. S'il apparaît dès le tome 8 (1817-18), c'est seulement parce que Gergonne y reproduit un rapport qu'il avait rédigé à l'Académie des sciences sur un mémoire de Bérard concernant des questions de quadrature, mémoire qui avait auparavant été publié dans les *Annales*[46]. Mais en revanche, à partir du tome 15 (1824-1825) et jusqu'en 1831 (tome 22, 1831-1832), Ampère produisit quatre importants essais relevant de l' « analyse transcendante » (et du calcul différentiel en l'occurrence[47]), deux articles de dynamique et un article d'astronomie[48].

Les auteurs étrangers commencèrent plus tôt à alimenter les *Annales* en articles, preuve de l'influence et de la connaissance de celles-ci hors des frontières françaises. On trouve par exemple dès les tomes 1, 2 et 3 des *Annales* des articles de Simon Lhuillier, alors professeur à l'Académie de Genève[49]. En revanche, on ne voit apparaître qu'à partir de 1820[50] des mathématiciens tels que Schmidten, Querret, Quételet, Plucker, Libri, et

---

[43] *Cf.* René Taton (1947), "Les mathématiques dans le *Bulletin de Férussac*", in : *Archives internationales d'histoire des sciences"*, 26, p. 100-125.

[44] Cette société privée est, pour reprendre l'expression de Norbert Verdier, « l'antichambre de l'Académie » mais s'intéresse aussi à l'ensemble des sciences et pas seulement aux mathématiques. *Cf.* Norbert Verdier (2009), *Le Journal de Liouville et la presse de son temps : une entreprise d'édition et de circulation des mathématiques au XIX° siècle (1824 – 1885),* Thèse de doctorat de l'université Paris-Sud 11, Paris, p.15-16.

[45] On sait par exemple que la controverse entre Poncelet et Gergonne sur le principe de dualité dont nous avons parlé plus haut servit la reconnaissance académique du premier, reconnaissance qui lui avait été refusée dans un premier temps. Cette reconnaissance passa donc en partie par l'échange très vif entre les deux hommes dans les *Annales*.

[46] "Rapport à l'académie royale des sciences, sur le mémoire de M. Bérard, inséré à la page 110 du VIIe volume de ce recueil", AMPA, 8, 1817-1818, p. 117-124.

[47] En particulier André-Marie Ampère (1825–1826b), "Exposition du principe du calcul des variations" in : AMPA, 16, 1825-1826, p. 133-167, et surtout André-Marie Ampère (1825–1826b), " Essai sur un nouveau mode d'exposition des principes du calcul différentiel, du calcul aux différences et de l'interpolation des suites, considérées comme dérivant d'une source commune" in : AMPA, 16, 1825-1826, p. 329-349.

[48] Sur la stratégie de publication d'Ampère et pour comprendre son implication dans les *Annales de Gergonne* dans les années 1820, *cf.* Norbert Verdier (2009), *op. cit.*, p. 29-32.

[49] Mais il est vrai que les registres de l'Académie de Nîmes de 1806 à 1809 ont permis de constater que Gergonne entretenait avant le lancement de ses *Annales* une correspondance régulière avec le mathématicien genevois.

[50] AMPA, 11.

bien évidemment le jeune Niels Henrik Abel (1806-1829), recommandé par Crelle en 1826[51].

L'internationalisation des *Annales* participe aussi à n otre thèse qui soutient que le journal de Gergonne est le premier périodique de l'histoire des mathématiques au sens où l 'on entend aujourd'hui l'expression « périodique s cientifique spécialisé » et qu'il contribua, par cet élargissement au-delà des frontières de la seule France, à l'émergence de ce que l'on appelle la « modernité » dans les mathématiques. Jean Dhombres et Mario Otero avaient déjà souligné ce fait en 1993 : « Avec vingt huit auteurs et cent vingt deux articles, les étrangers sont assez bien représentés aux *Annales*, et ceci constitue une réussite car une *communauté internationale* n'existait pas encore. »[52]

Le scientifique Ecossais William Henry Fox Talbot ne s'y trompa d'ailleurs pas au début de sa carrière. Alors qu'existait en Angleterre avant les *Annales de Gergonne,* nous l'avons vu, l e *Leybourn's Mathematical Repository*, il choisit le journal français pour publier ses six premiers travaux en mathématiques[53], rencontra Gergonne à Montpellier, et entretint avec lui une correspondance sur plusieurs années[54].

Gergonne, le premier auteur de son journal

Nous l'avons déjà mentionné : avec pas moins de cent quatre vingt articles Gergonne, fut le premier auteur de son journal. Ses *Annales* lui permirent de montrer ses travaux autant que de diffuser ses vues philosophiques et didactiques, voire même politiques[55].

Il resta en outre fidèle à son souci didactique puisqu'il publia jusque dans les dernières années de parution des *Annales* des articles ou essais dans ce sens, comme par exemple son « Exposition élémentaire des principes du

---

[51] Niels Abel (1826), "Recherche de la quantité qui sert à la fois à deux équations algébriques données", AMPA, 17, 1826-1827, p. 204-213

[52] Jean Dhombres & Mario Otero (1993), *op. cit.*, p.39.

[53] Le premier fut présenté (anonymement) par Gergonne sous le titre : "Rectification de l'énoncé du problème de géométrie proposé à la page 321 du XIIème volume des Annales, et traité à la page 115 du présent volume, et solution complète de ce problème" in : AMPA, 13, 1822-1823, p. 242-247. Il est présenté aujourd'hui en Grande Bretagne sous le titre : *On the Properties of a Certain Curve Derived from the Equilateral Hyperbola* (*cf.* H. J. P. Arnold (1977), *William Henry Fox Talbot. Pionneer of photography and man of science*, Londres : Hutchinson Benham, p. 365-367).

[54] Disponible sur le site dirigé par Larry J. Schaaf (éd.) (1999 et seq.), *The Correspondence of William Henry Fox Talbot*, URL : http://foxtalbot.dmu.ac.uk/project/project.html .

[55] Par exemple dans deux articles d'arithmétique politique, prétextes à critiquer le vote censitaire alors en vigueur : Joseph-Diez Gergonne (1815–1816), "Quelques remarques sur les élections, les assemblées délibérantes et le système représentatif", in : AMPA, 6, p. 1–11 et Joseph-Diez Gergonne (1819–1820), "Sur les élections et le système représentatif", in : AMPA, 10, p. 281–288.

calcul différentiel » en 1830[56], ses « Préliminaires d'un cours de mathématiques pures » et sa « Première leçon sur la numération » un an plus tard[57]. Le souci pédagogique, teinté souvent de vues philosophiques bien affirmées, fut une constante dans l'œuvre de Gergonne, de ses comptes-rendus de lectures dans les registres de l'académie du Gard au début de sa carrière[58] à ses articles de didactique dans les *Annales*, en passant par ses critiques acerbes et intransigeantes à l'encontre de ses propres auteurs lorsqu'il considérait que, loin de servir la clarté d'exposition des mathématiques, leurs travaux au contraire semblaient à s es yeux rendre celles-ci plus opaques.

Il fut aussi fidèle à ses positions philosophiques : ardent pourfendeur du sensualisme de Condillac et de ses effets néfastes (de son point de vue) sur l'enseignement, il n'eut de cesse de les combattre en défendant une rigueur pour lui largement perfectible dans des domaines aussi variés que la « langue des sciences »[59], l' « analyse et la synthèse dans les sciences mathématiques »[60] la « dialectique rationnelle »[61] ou la « théorie des définitions »[62]. On le vit aussi par exemple pourfendre le kantisme de Wronski lors de la publication de son *Introduction à l a philosophie des mathématiques et technie de l'algorithmie*[63] ou de la parution de sa *Réfutation de la théorie des fonctions analytiques de Lagrange*[64] et d'un

---

[56] Joseph-Diez Gergonne (1829–1830), "Exposition élémentaire des principes du calcul différentiel" in : AMPA, 20, p. 213-284.

[57] Joseph-Diez Gergonne (1830–1831), "Préliminaires d'un cours de mathématiques pures, in" : AMPA, 21, p. 305-326 et Joseph-Diez Gergonne (1830–1831), Première leçon sur la numération, in : AMPA, 21, p. 329-367.

[58] Par exemple dans Joseph-Diez Gergonne (30 Nivôse an XIII: 20 janvier 1805), "Rapport à l'Académie du Gard sur l'ouvrage intitulé *Elémens Raisonnés d'Algèbre dont M. Simon Lhuillier son associé lui a fait hommage*, lu à la séance du 30 nivôse an VIII", in : *Bulletins de l'Académie du Gard*, 1805, non paginé, [Nîmes, Bibliothèque municipale, salle Séguier].

[59] Joseph-Diez Gergonne (1821–1822), "Dissertation sur la langue des sciences, et en particulier sur celles des sciences exactes", in : AMPA, 12, p.322-359.

[60] Joseph-Diez Gergonne (1816–1817), "De l'analyse et de la synthèse, dans les sciences mathématiques", in : AMPA, 7, p.345-372.

[61] Joseph-Diez Gergonne (1816–1817), "Essai de dialectique rationnelle", in : AMPA, 7, p.189-228.

[62] Joseph-Diez Gergonne (1818–1819), "Essai sur la théorie des définitions", in : AMPA, 9, p.1-35.

[63] Hoëne de Wronski (1811), *Introduction à la philosophie des mathématiques et technie de l'algorithmie*, Paris : Courcier. Critique de Gergonne : Joseph-Diez Gergonne (1811–1812), "Introduction à la philosophie des mathématiques, par M. Hoëné de Wronski. Annonce par les rédacteurs des Annales", in : AMPA, 2, p. 65-68.

[64] Hoëne de Wronski (1812), *Réfutation de la théorie des fonctions analytiques de Lagrange*, Paris : Blankenstein.

article de Servois sur le même sujet dans les *Annales*[65]. La contribution de Gergonne à l'histoire des idées et à la philosophie a depuis lors été quelque peu oubliée, mais un témoignage nous est resté sur le cours de philosophie des sciences qu'il donna à l'Université de Montpellier après qu'il y fut recruté en 1816: le philosophe anglais John Stuart Mill fut l'élève de Gergonne en 1820 et écrivit dans son propre journal intime une note sur cet enseignement qui permet de reconstruire le plan du cours de son maître[66]. En outre, son rejet des métaphysiques héritées du XVIII° siècle conduisit Gergonne à afficher un positivisme qui annonçait les travaux d'Auguste Comte, comme en témoigne par exemple cet extrait : « sous l'influence ou plutôt à l'abri de l'influence des systèmes métaphysiques les plus disparates, les sciences positives ont toujours marché du même pas vers leur perfection, tandis que les autres ont constamment résisté à nos efforts »[67].

Mais Gergonne publia aussi des articles de mathématiques majeurs. Nous ne reviendrons pas sur sa contribution à la géométrie projective et au concept de dualité déjà évoquée, et nous n'avons pas la place ici de détailler l'ensemble de ses contributions, mais son apport dans les problèmes de géométrie analytique sont connus[68], de même que ses travaux de géométrie pure (le « point de Gergonne », par exemple[69]). Les historiens de la théorie

---

[65] François-Joseph Servois (1814–1815a), "Essai sur un nouveau mode d'exposition des principes du calcul differentiel", in : AMPA, 5, p. 93–140 ; François-Joseph Servois (1814–1815b), "Réflexions sur les divers systèmes d'exposition des principes du calcul différentiel, et, en particulier, sur la doctrine des infiniment petits, in : AMPA, 5, rubrique « Philosophie mathématique », p. 141–170.

[66] Anna Jean Mill(1960), *John Mill's boyhood visit to France: being a journal and notebook written by John Stuart Mill in France, 1820-1821*, Toronto : University of Toronto Press, p. 77-96. Voir aussi: Carol de Saint Victor, (1990), "La fâcheuse lacune: John Stuart Mill à Montpellier", in: *Bulletin historique de la ville de Montpellier*, 14, p. 18-24.

[67] Joseph-Diez Gergonne (1809), "De la méthode dans les sciences en général, et en particulier dans les sciences exactes", in : *Notices des travaux de l'Académie du Gard pour l'année 1809*, non paginé, [Nîmes, Bibliothèque municipale, salle Séguier, accès libre]. Voir aussi : Gerini (2003), *op. cit.*, p. 140–234.

[68] Par exemple dans Joseph-Diez Gergonne (1813–1814a), "Recherche du cercle qui en touche trois autres, soit sur un plan, soit sur une sphère, et de la sphère qui en touche quatre autres dans l'espace", in : AMPA, 4, p. 349–359, investigation reprise trois ans plus tard dans Joseph-Diez Gergonne (1816–1817d), "Recherche du cercle qui en touche trois autres sur un plan", in : AMPA, 7, p. 289–305.

[69] *Cf.* Laura Guggenbuhl (1957), "Note on the Gergonne point of a triangle", in : *American Mathematical Monthly*, LXIV: 3.

des jeux ont retenu aussi son article *Recherches sur un tour de cartes*[70] qui a donné lieux à de multiples développements jusqu'à nos jours[71].

Les *Annales de Gergonne* furent donc une entreprise éditoriale originale en même temps qu'un laboratoire d'idées, d'échanges et d'avancées et une tribune pour une population de mathématiciens qui s'élargit au fil des vingt-deux années de parution. Il est temps à présent de nous intéresser au journal lui-même et à ces différents aspects.

LES CONTENUS

Gergonne nous le dit lui-même dans son « Prospectus », ses *Annales* « seraient être consacrées » :

- Aux *mathématiques pures*. Il précise à ce sujet :

> Le titre de l'ouvrage annonce assez d'ailleurs que, si l'on n'y doit rien rencontrer d'absolument étranger au *Calcul,* à la *Géométrie* et à la *Méchanique rationnelle,* les rédacteurs sont néanmoins dans l'intention de n'en rien exclure de ce qui pourra donner lieu à des applications de ces diverses branches des sciences exactes.

- Aux *mathématiques appliquées*, comme le laisse entrevoir la fin de la phrase précédente et comme il le précise aussi ensuite :

> Ainsi, sous ce rapport, l'*Art* de *conjecturer*, l'*Economie politique,* l'*Art militaire,* la *Physique générale* , l'*Optique,* l'*Acoustique,* l'*Astronomie,* la *Géographie,* la *Chronologie,* la *Chimie,* la *Minéralogie,* la *Météorologie,* l'*Architecture civile,* la *Fortification,* l'*Art nautique* et les *Arts mécaniques,* enfin, pourront y trouver accès. On aura soin, au surplus, de consulter, à cet égard, le vœu du pl us grand nombre des souscripteurs, et de s'y conformer scrupuleusement.

Gergonne n'annonce pas dans son « Prospectus » la « philosophie mathématique » dont il fit pourtant une rubrique sur la totalité de la durée de son journal.

Classer pour spécialiser ?

---

[70] Joseph-Diez Gergonne (1813–1814b), "Recherches sur un tour de cartes", in : AMPA, 4, p. 276-283.
[71] Voir : Roy Quintero & Christian Gerini (2010), " Le « tour de cartes » de Gergonne : d'un article datant de près deux cents ans à une généralisation en plusieurs étapes", in : *Quadrature,* 78, octobre-décembre 2010, p. 8-17. Voir aussi : Roy Quintero (2006), "El problema de m pilas d e Gergonne y el sistema de numeración de base m", in : *Boletín de la Asociación Matemática Venezolana,* XIII : 2, (2006), p. 165-176.

On voit dès le premier numéro la volonté de Gergonne de faire des mathématiques une vraie *spécialité*, avec ses *catégories*. Son « Prospectus » l'affirme, on l'a vu. Et l'organisation même de son journal en rubriques très spécialisées va dans le même sens, donnant l'impression d'une excessive dispersion tant sa volonté de classification, qui était selon lui la première condition toute aristotélicienne à l'organisation de savoirs scientifiques, le pousse à multiplier les rubriques : ainsi par exemple la gaométrie sera-t-elle subdivisée au fils de la publication en pas moins de treize sous-rubriques, l'analyse en cinq sous-rubriques.

L'exercice est délicat (il est souvent conduit à classer un même article dans plusieurs rubriques), mais offre l'avantage d'un accès facilité aux contenus : les tables de fin de volumes sont en effet claires, détaillées, et permettent en outre de connaître les qualités et origines d'un grand nombre d'auteurs[72].

Les notes de bas de pages, ou les articles intitulés « notes sur l'article précédent » ajoutés par le rédacteur apportent de plus des informations de deux types :

1. il peut compléter l'article par des précisions sur les lacunes, ou au contraire les avancées notables, des démonstrations, ou a pporter des références historiques le reliant à d'autres contributions sur le même sujet.

2. il se pose souvent en critique intransigeant, autant sur la forme que sur le fond (il fait de même dans ses comptes-rendus de lectures d'ouvrages parus).

Enfin, les articles de « mathématiques appliquées » (optique, catoptrique, gnomonique, dynamique, hydrodynamique, météorologie, statique) répondent bien à l'intention première des éditeurs : ne « rien exclure de ce qui pourra donner lieu à des applications de ces diverses branches des sciences exactes ».

On est donc en principe devant ce que l'on peut considérer comme le premier journal consacré aux mathématiques en tant que spécialité scientifique à part entière, et animé et alimenté par un rédacteur et des auteurs qui préfigurent ce que nous nommons aujourd'hui des « spécialistes ». L'exemple du j ournal de Gergonne inspira l'allemand Crelle qui fonda en 1826 son propre journal, et les échanges d'articles entre les deux journaux marquent une globalisation, une internationalisation des connaissances et de leur spécialisation. Les mathématiques devinrent aussi une science autonome, se dégageant peu à peu, sous l'influence d'un

---

[72] Cela a facilité notre travail et celui du programme NUMDAM (Numérisation des Archives de Mathématiques) du CNRS (Centre National de la Recherche Scientifique) lorsque nous avons numérisé, indexé et mis en ligne l'ensemble des *Annales de Gergonne* : http://www.numdam.org/numdam-bin/feuilleter?j=AMPA&sl=0

positivisme de plus en plus affirmé, des influences de la métaphysique et de la philosophie. Mais il y a encore une ambivalence qui rattache les *Annales* de Gergonne aux journaux littéraires et savants du 18ème siècle.

Mathématiques et philosophie

Un élément déterminant pour la compréhension de cette ambivalence et de ce polymorphisme du journal est l'étude de sa rubrique de « philosophie mathématique », présente tout au long de la publication (graphique ci-contre). Les contenus de cette rubrique peuvent se répartir en quatre catégories délimitées comme suit :

1. Les articles que l'on peut qualifier de « pure philosophie », et qui étaient majoritairement de la main de Gergonne : nous les avons déjà signalés dans la partie 2, et ils représentent en nombre 14,7% de la rubrique.

2. Les articles de mathématiques pures (32,3) qui, du fait des nouveautés conceptuelles qu'ils présentaient, étaient en rupture avec des habitudes méthodologiques ou de s courants dominants d'approche philosophique encore en cours, ou au contraire tentaient de ramener certains concepts dans le giron des visions philosophiques paradigmatiques du r apport des mathématiques à l a réalité. Un exemple représentatif de cette dernière question est celui de la représentation géométrique des nombres imaginaires par Argand au tome 4. On y voit s'affronter deux conceptions d'ordre épistémologique. Argand justifie sa construction (dont on connaît l'utilité et la pertinence aujourd'hui) par son ancrage dans le réalisme géométrique hérité des Anciens, ce qui lui permet de proposer de nouveaux outils encore trop en avance sur son temps, à savoir ses « lignes dirigées » qui ne sont rien d'autre que nos vecteurs. E t François-Joseph Servois lui répond par une lettre très critique[73], où i l juge, au nom de l'algébrisme qu'il affiche dans tous ses travaux, qu'une telle référence à la géométrie dans l'emploi des nombres complexes et dans la re-démonstration de tous les théorèmes établis avant Argand par la simple puissance du calcul algébrique encombre inutilement les mathématiques dans leur avancée idéale.

3. Les articles « mixtes » (44%), qui relèvent à la fois de l'invention mathématique et du discours philosophique (et souvent polémique) sur cette invention. Là aussi, c'est par Servois (et Gergonne) que l'on assiste à u ne démonstration de cette mixité du phi losophique et du m athématique dans deux articles successifs au T. 5 : un *Essai de calcul différentiel de Servois*[74], construit sur le rejet alors très en vogue de toute référence à l 'infiniment

---

[73] Lettre datée du 23 n ovembre 1813 da ns la rubrique « Philosophie mathématique ». François- Joseph Servois (1813–1814), Lettre de M. Servois, in : AMPA, 4, p. 228–235. Cette lettre est largement annotée et critiquée par Gergonne.

[74] François-Joseph Servois (1814–1815a), *op.cit.*, (classé « Analyse transcendante »).

petit (et qu'il accompagne d'une généralisation conceptuelle d'importance : les opérateurs fonctionnels et les qualité relationnelles dans des classes de fonctions), essai suivi par une longue critique[75], appuyée par Gergonne, des philosophes qui défendent l'infini actuel dans les calculs, et plus particulièrement du mathématicien Wronski (à cause de sa *Réfutation de la théorie des fonctions analytiques* de Lagrange, *op. cit.*) et de sa référence à Kant et à son « transcendantalisme »[76].

4.   Les articles de didactique (9%) de Gergonne et ses débuts de rédactions de cours dont nous avons aussi déjà parlé plus haut.

L'œuvre d'un *mathématicien-philosophe*

C'est donc un « mathématicien-philosophe » qui lança en Europe le premier journal d'envergure en mathématiques. Comme nombre de ses auteurs, Gergonne était un personnage de transition entre un XVIII° siècle où les mathématiques étaient encore largement imprégnées de philosophie et un XIX° siècle où elles se constituèrent en véritable champ scientifique spécialisé[77]. Ses *Annales*, bien qu'encore souvent teintées de philosophie, furent aussi le lieu d'un découpage de la science mathématique en de très nombreuses subdivisions : il tentait d'organiser son champ disciplinaire en suivant une classification à ses yeux conforme à sa vision générale et philosophique du savoir scientifique détaillée dans les essais que nous avons mentionnés plus haut. On voit donc au fil des années de parution se défaire le lien entre mathématiques et philosophie et se constituer une science mathématique plus structurée et plus théorique, en particulier en raison de l'élargissement de la population d'auteurs aux élites françaises et étrangères.

CONCLUSION : L'EXEMPLE A SUIVRE ET A PERFECTIONNER

En conclusion, et pour bien faire voir cette spécialisation des mathématiques au cours des trente premières années du XIX° siècle à laquelle Gergonne participa avec son journal, il n'est qu'à comparer ses

---

[75] François-Joseph Servois (1814–1815b), *op.cit.*, (classé « Philosophie mathématique »).

[76] Cf. Jean-Pierre Friedelmeyer (1994), *Le calcul des dérivations d'Arbogast dans le projet d'algébrisation de l'analyse à l a fin du X VIIIème siècle* (= Cahiers d'histoire et de philosophie des sciences, vol. 43), Université der Nantes : d iffusion A. Blanchard ; et Gerini (2003), *op.cit.*, p. 330–415.

[77] Il participait par exemple encore en 1813, trois ans après le lancement de son journal, à un « concours » proposé par l'Académie de Bordeaux dont le sujet était : « Caractériser la synthèse et l'analyse mathématique et déterminer l'influence qu'ont eue ces deux méthodes sur la rigueur, les progrès et l'enseignement des sciences exactes » (il reçut le premier prix). *Cf.* Amy Dahan-Dalmedico,(1986), "Un texte de philosophie mathématique de Gergonne. Mémoire inédit déposé à l'Académie de Bordeaux", in : *Revue d'histoire des sciences,* XXXIX : 2, p. 97-126.

contenus avec ceux de son successeur français, le *Journal de mathématiques pures et appliquées* de Liouville, publié à partir de 1836 s ous une forme héritée des *Annales* et connu sous le nom de *Journal de Liouville* (Cf. Chapter 2).

Comme l'a montré une étude des politiques éditoriales et de l'organisation de ces deux journaux que nous avons effectuée avec Norbert Verdier, spécialiste du *Journal* de Liouville[78], la philosophie mathématique n'existe plus dans ce dernier et le souci didactique cède vite la place à des mathématiques quasi exclusivement théoriques et novatrices :

> Si Liouville se réclame de Gergonne pour sa propre entreprise, et s'il a pour ambition d'offrir aux mathématiciens de son temps un out il comparable aux *Annales*, on voi t apparaître dès son « avertissement » certaines lignes de rupture en matière éditoriale entre les deux périodiques. Liouville annonce un j ournal de recherche qui n'exclut pas des articles didactiques, mais il discerne bien les deux aspects : « On y traitera indifféremment et les questions les plus nouvelles soulevées par les géomètres, et les plus minutieux détails de l'enseignement mathématique des collèges. » [79]. Mais il veut éviter « les répétitions fastidieuses d'objets trop connus ; car s'il est bon de revenir de temps à autre sur les élémens des sciences, il faut que ce soit pour les perfectionner, et non pour y changer çà et là quelques mots et quelques phrases ; ce qui par malheur est arrivé trop souvent. »[80]

En outre, Liouville renonça à classer en rubrique les contributions de ses auteurs, autre différence majeure avec les choix de son prédécesseur. La volonté de Gergonne d'organiser les mathématiques en de nombreux champs de spécialités l'avait conduit à une telle profusion de rubriques que son successeur ne voulut pas reprendre ce principe : pour voir réapparaître une classification en rubriques détaillées, il f allut attendre la parution à partir de 1842 d es *Nouvelles Annales, journal des candidats aux é coles Polytechnique et Normale*, nommé à p résent *Nouvelles Annales* : elles durèrent jusqu'en 1927, sous la direction de nombreux rédacteurs.

---

[78] Norbert Verdier (2009), *op. cit.*

[79] Liouville, « Avertissement », préface au premier numéro du JMPA, janvier 1836. Cité par Norbert Verdier dans: Christian Gerini & Norbert Verdier (2008), « Les deux premiers journaux mathématiques français: les Annales de Gergonne (1810-1832) et le Journal de Liouville (1836-1845) », in : http://www.math.ens.fr/culturemath/, site expert de la Direction de l'Enseignement Scolaire (DESCO) et les Écoles Normales Supérieures.

[80] Ibid.

Entre temps, l'initiative de Gergonne inspira grandement August Léopold Crelle qui lança à Berlin en 1826 son *Journal für die reine und angewandte Mathematik* (*Journal de mathématiques pures et appliquées*), aujourd'hui connu sous le nom de *Journal de Crelle*. Il citait d'ailleurs les *Annales* dans sa préface[81] : « Depuis 16 ans existe sans interruption en français un journal mathématique : "Les Annales de mathématiques pures et appliquées", ouvrage périodique rédigé par M. Gergonne à Montpellier. »[82].

Crelle s'inspira donc de l'initiative de Gergonne et les deux hommes échangèrent de 1826 à 1832 (année de la fin des *Annales*) de nombreuses informations et articles, se faisant dans leurs journaux une mutuelle publicité. Crelle continua ce type de collaboration avec Liouville puis avec Terquem, fondateur en 1842 avec Camille Gerono des *Nouvelles Annales de mathématiques*[83].

En 1825, Jean Guillaume Garnier et Adolphe Quetelet publièrent en Belgique (alors partie du Royaume des Pays-Bas) la *Correspondance mathématique et physique* dans laquelle les mathématiques occupaient une place non négligeable et qui parut jusqu'en 1839.

Ces deux initiatives ainsi inspirées de l'exemple des *Annales* firent écrire à Gergonne, dans une lettre à W.H.F. Talbot datée du 16 décembre 1826 :

> Depuis l'interruption de nos relations, vous aurez sans doute remarqué, Monsieur, la naissance de deux recueils à l'imitation du mien: l'un est la Correspondance publiée à Bruxelles par MM. Quételet et Garnier, et dans laquelle ce dernier m'a souvent copié textuellement sans me citer. Ils ont là parmi leurs collaborateurs un M. Dandelin qui a du mérite. L'autre recueil est celui que M. Crelle publie en allemand à Berlin. Je viens d'en recevoir les trois premiers cahiers dont je n'ai encore lu que la table des matières. M. Schmidten y a

---

[81] *Journal für die reine und angewandte Mathematik*, 1, 1826, p. 1-4. Cité par Norbert Verdier dans : Christian Gerini & Norbert Verdier (2008), *op. cit.*

[82] August Leopold Crelle (1826), Vorrede, in : *Journal für die reine und angewandte Mathematik*, 1, p. 1: « Im Französischen existirt seit sechzehn Jahren ununterbrochen eine mathematische Zeitschrift: *Annales de mathémathiques pures et appliqueés, ouvrage périodique rédigé par* M. *Gergonne à Montpellier* [...]. » Cité par Norbert Verdier dans: Christian Gerini & Norbert Verdier (2008), « Les deux premiers journaux mathématiques français: les Annales de Gergonne (1810-1832) et le Journal de Liouville (1836-1845) », in : http://www.math.ens.fr/culturemath/, site expert de la Direction de l'Enseignement Scolaire (DESCO) et les Écoles Normales Supérieures.

[83] *Cf.* chapters 2, 7 & 8.

reproduit ce me semble un mémoire qu'il avait déjà publié dans mes annales.[84]

« A l'imitation du mien » : derrière la fierté de l'homme (et sa rancœur exprimée dans l'expression « m'a copié textuellement sans me citer ») se cache une réalité historique. Les *Annales de Gergonne* inspirèrent en effet les publications postérieures à 1810 et modifièrent définitivement le paysage éditorial en matière de périodiques consacrés aux mathématiques.

Tous les ingrédients qui font les revues spécialisées d'aujourd'hui avaient en effet été réunis pour la première fois par Gergonne avec son journal : rapidité des échanges entre mathématiciens grâce à une périodicité mensuelle, mixité mathématiques pures - mathématiques appliquées, internationalisation du lectorat et de l'autorat, constitution d'un champ de spécialité mieux défini, revendications en paternité de concepts nouveaux ou d'avancées théoriques importantes. Après (et même pendant) la publication des *Annales*, il ne restait plus aux rédacteurs des nouvelles revues qu'à en perfectionner le principe comme la qualité (typographique par exemple), ce que firent Crelle et Liouville et que détaille plus avant Norbert Verdier dans le chapitre 2 de cet ouvrage.

REFERENCES

Journaux mathématiques

Bernoulli, Jean & Carl Friedrich Hindenburg (éds.) (1786–1787), *Leipziger Magazin für reine und angewandte Mathematik*, Leipzig: Müller, en cours de numérisation, prochainement disponible en open source sur : http://gdz.sub.unigoettingen.de/index.php?id=146&ppn=PPN598943390.

Crelle, August Leopold (éd.) (1826 à nos jours), *Journal für die reine und angewandte Mathematik*, Berlin, disponible en open source sur : http://www.digizeitschriften.de/main/dms/toc/?PPN=PPN243919689

Conseil d'instruction de l'École polytechnique (éds.) (1795–1939), *Journal del'École polytechnique*, Paris, disponible en open source sur : http://gallica.bnf.fr/ark:/12148/cb34378280v/date.r=.langFR?&lang=EN

Garnier, Jean-Guillaume & Adolphe Quételet (1825–1839), *Correspondance mathématique et physique,* Gand puis Bruxelles.

Gergonne, Joseph-Diez (éd.), (1810–1832), *Annales de mathématiques pures et appliquées*, 22 volumes, Nîmes puis Montpellier : Veuve

---

[84] Lettre disponible dans l'ensemble de la correspondance de W. H. F. Talbot sur le site dirigé par Larry Schaaf (éd.) (1999 et seq.), *op. cit.*

Courcier puis Bachelier, disponible en open source sur : http://www.numdam.org/numdam-bin/feuilleter?j=AMPA&sl=0

Hindenburg, Carl Friedrich (éd.) (1795–1800), *Archiv der reinen und angewandten Mathematik*, Leipzig : Schäfer, en cours de numérisation, prochainement disponible en open source sur : http://gdz.sub.uni-goettingen.de/index.php?id=146&ppn=PPN599212578

Karsten, Wenceslaus J. G. (éd.) (1758–1761), *Beyträge zur Aufnahme der theoretischen Mathematik*, Rostock : Röse.

Leybourn, Thomas (éd.) (1795–1835), *The Mathematical Repository*, Londres : Glendinning.

Liouville, Joseph (éd.) (1836 à nos jours), *Journal de mathématiques pures et appliquées*, Paris : Gauthier-Villars, disponible en open source sur : http://mathdoc.ujf-grenoble.fr/JMPA/

Terquem, Orly & Camille Gerono (éds.) (1842–1927), *Nouvelles Annales de mathématiques, journal des candidats aux écoles Polytechnique et Normale*,

Paris : Gauthier-Villars, en cours de numérisation, disponible en open source sur : http://www.numdam.org/numdam-bin/feuilleter?j=NAM&sl=0.

Sources primaires et contributions aux *Annales de Gergonne* et au *Journal de l'École polytechnique*

Abel, Niels Henrik (1826–1827), Recherche de la quantité qui sert à la fois à deux équations algébriques données, in : AMPA, 17, p. 204–213.

Ampère, André-Marie (1817–1818), Rapport à l'académie royale des sciences, sur le mémoire de M. Bérard, inséré à la page 110 du V IIe volume de ce recueil, in : AMPA, 8, p. 117–124.

Ampère, André-Marie (1825–1826a), Essai sur un nouve au mode d'exposition des principes du calcul différentiel, du c alcul aux différences et de l'interpolation des suites, considérées comme dérivant d'une source commune, in : AMPA, 16, p. 329–349.

Ampère, André-Marie (1825–1826b), Exposition du principe du c alcul des variations, in : AMPA, 16, p. 133–167.

Argand, Jean-Robert (1813–1814), Essai sur une manière de représenter les quantités imaginaires, dans les constructions géométriques, in : AMPA, 4, p. 133–147.

Argand, Jean-Robert (1814–1815), Réflexions sur la nouvelle théorie des imaginaires, suivies d'une application à la démonstration d'un théorème d'analise, in : AMPA, 5, p. 197–209.

Bérard, Joseph-Balthazard (1812–1813), Application de la méthode des maximis et minimis à la recherche des grandeurs et direction des diamètres principaux, dans les lignes et surfaces du second ordre qui ont un centre, in : AMPA, 3, p. 105–113.

Bret, Jean-Jacques (1809), Mémoire sur la méthode du plus grand commun diviseur, appliquée à l'élimination, in : *Journal de l'École polytechnique*, 8 :15, p. 162–197.

Crelle, August Leopold (1826), "Vorrede", in : *Journal für die reine und angewandte Mathematik*, 1, p. 1–4.

Fox Talbot, William Henry (1822–1823), Rectification de l'énoncé du problème de géométrie proposé à la page 321 du XIIème volume des Annales, et traité à la page 115 du présent volume, et solution complète de ce problème, in : AMPA, 13, p. 242–247.

Français, Joseph-François (1813–1814a), Nouveaux principes de géométrie de position, et interprétation géométrique des symboles imaginaires, in: AMPA, 4, p. 61–71.

Français, Joseph-François (1813–1814b), Sur la théorie des imaginaires. Extrait d'une lettre adressée au rédacteur des Annales, in : AMPA, 4, p. 364–367.

Français, Joseph-François & François-Joseph Servois (1813–1814), Sur la théorie des quantités imaginaires. Extrait de deux lettres, l'une de M. J. F. Français, professeur à l'école impériale de l'artillerie et du génie, et l'autre de M. Servois, professeur aux écoles d'artillerie, au Rédacteur des Annales, in : AMPA, 4, p. 222–227.

Gergonne, Joseph-Diez (30 nivôse an XIII: 20 janvier 1805), Rapport à l'Académie du Gard sur l'ouvrage intitulé *Elémens Raisonnés d'Algèbre dont M. Simon Lhuillier son associé lui a fait hommage*, lu à la séance du 30 nivôse an XIII, in : *Bulletins de l'Académie du Gard*, 1805, non paginé.

Gergonne, Joseph-Diez (1809), De la méthode dans les sciences en général, et en particulier dans les sciences exactes, in : *Notices des travaux de l'Académie du Gard pour l'année 1809*, non paginé.

Gergonne, Joseph-Diez (1810), Prospectus, in : AMPA, 1, p. i–iv.

Gergonne, Joseph-Diez (1811–1812), Introduction à la philosophie des mathématiques, par M. Hoëné de Wronski. Annonce par les rédacteurs des Annales, in : AMPA, 2, p. 65–68.

Gergonne, Joseph-Diez (1813–1814a), Recherche du cercle qui en touche trois autres, soit sur un plan, soit sur une sphère, et de la sphère qui en touche quatre autres dans l'espace, in : AMPA, 4, p. 349–359.

Gergonne, Joseph-Diez (1813–1814b), Recherches sur un tour de caries, in : AMPA, 4, p. 276–283.

Gergonne, Joseph-Diez (1815–1816), Quelques remarques sur les élections, les assemblées délibérantes et le système représentatif, in : AMPA, 6, p. 1–11.

Gergonne, Joseph-Diez (1816–1817a), De l'analyse et de la synthèse, dans les sciences mathématiques, in : AMPA, 7, p. 345–372.

Gergonne, Joseph-Diez (1816–1817b), Essai de dialectique rationnelle, in : AMPA, 7, p. 189–228.

Gergonne, Joseph-Diez (1816–1817c), Essai sur la théorie des définitions, in : AMPA, 9, 1818–1819, p. 1–35.

Gergonne, Joseph-Diez (1816–1817d), Recherche du cercle qui en touche troisautres sur un plan, in : AMPA, 7, p. 289–305.

Gergonne, Joseph-Diez (1817–1818), Réflexions sur l'article précédent [de J.-V. Poncelet sur l'usage de l'analise algébrique dans la géométrie], in: AMPA, 8, p. 156–161.

Gergonne, Joseph-Diez (1819–1820), Sur les élections et le système représentatif, in : AMPA, 10, p. 281–288.

Gergonne, Joseph-Diez (1821–1822), Dissertation sur la langue des sciences, et en particulier sur celles des sciences exactes, in : AMPA, 12, p. 322–359.

Gergonne, Joseph-Diez (1829–1830), Exposition élémentaire des principes du calcul différentiel, in : AMPA, 20, p. 213-284.

Gergonne, Joseph-Diez (1830–1831a), Préliminaires d'un cours de mathématiques pures, in : AMPA, 21, p. 305–326.

Gergonne, Joseph-Diez (1830–1831b), Première leçon sur la numération, in : AMPA, 21, p. 329–367.

Lagrange, Joseph-Louis (1809), Eclaircissement d'une difficulté singulière qui se rencontre dans le calcul de l'attraction des sphéroïdes très peu différents de la sphère, in : *Journal de l'École Polytechnique*, 8 : 15, p. 57–67.

Liouville, Joseph (1836), « Avertissement », in : *Journal de mathématiques pures et appliquées*, 1, p. 1–4.

Monge, Gaspard (1809a), Construction de l'équation des cordes vibrantes, in : *Journal de l'École Polytechnique*, 8 : 15, p. 118–145.

Monge, Gaspard (1809b), Essai d'application de l'analyse à quelques parties de la géométrie élémentaire, in : *Journal de l'École Polytechnique*, 8 : 15, p. 68–117.

Monge, Gaspard (1809c), Mémoire sur divers points d'analyse, in : *Journal de l'École Polytechnique*, 8 : 15, p. 229–265.

Poisson, Siméon-Denis (1809a), Mémoire sur la variation des constantes arbitraires dans les questions de mécanique, lu à l'Institut le 16 octobre 1809, in : *Journal de l'École Polytechnique*, 8 : 15, p. 266–344.

Poisson, Siméon-Denis (1809b), Mémoire sur le mouvement de rotation de la terre, lu à l'Institut le 20 mars 1809, in : *Journal de l'École Polytechnique*, 8 : 15, p. 198–218.

Poisson, Siméon-Denis (1809c), Mémoire sur les inégalités séculaires des moyens mouvements des planètes, lu à l'Institut le 20 juin 1808, in : *Journal de l'École Polytechnique*, 8 : 15, p. 1–56.

Poncelet, Jean-Victor (1817–1818), Réflexions sur l'usage de l'analise algébrique dans la géométrie ; suivies de la solution de quelques problèmes dépendant de la géométrie de la règle, in : AMPA, 8, p. 141–145.

Poncelet, Jean-Victor (1827–1828), Note sur divers articles du bulletin des sciences de 1826 e t de 1827, r elatifs à la théorie des polaires réciproques, à la dualité des propriétés de situation de l'étendue, etc., in : AMPA, 18, p. 125–142.

Servois, François-Joseph (1813–1814), Lettre de M. Servois, datée du 2 3 novembre 1813, in : AMPA, 4, p. 228–235.

Servois, François-Joseph (1814–1815a), Essai sur un nouve au mode d'exposition des principes du calcul differentiel, in : AMPA, 5, p. 93–140.

Servois, François-Joseph (1814–1815b), Réflexions sur les divers systèmes d'exposition des principes du calcul différentiel, et, en particulier, sur la doctrine des infiniment petits, in : AMPA, 5, p. 141–170.

Wronski, Hoëne de (1811), *Introduction à l a philosophie des mathématiques et technie de l'algorithmie*, Paris : Courcier.

Wronski, Hoëne de (1812), *Réfutation de la théorie des fonctions analytiques de Lagrange*, Paris : Blankenstein.

Bibliographie et sitographie générale

Albree, Joe & Scott H. Brown (2009), "A Valuable Monument of Mathematical Genius : The *Ladies' Diary* (1704–1840)", in : *Historia Mathematica*, 36, p. 10–47.

Arnold, H. J. P. (1977), *William Henry Fox Talbot. Pionneer of Photography and Man of Science*, Londres : Hutchinson Benham.

Bullynck, Maarten (s. a.), *Les interactions entre Rezensionszeitschriften, périodiques scientifiques et périodiques spécialisés. Le cas des mathématiques dans l'Allemagne des Lumières (1760–1800)*, URL : http://www.histnet.cnrs.fr/research/periodiques-savants/article.php3?id_article=75

Costa, Shelley (2002), The *Ladies' Diary* : Gender, Mathematics, and Civil Society in early-eighteenth-century England, in : *The History of Science Society*, 17, p. 49–73.

Dahan-Dalmedico, Amy (1986), Un texte de philosophie mathématique de Gergonne. Mémoire inédit déposé à l'Académie de Bordeaux, in : *Revue d'histoire des sciences,* 39 : 2, p. 97–126.

Delambre, Jean-Baptiste (1989), *Rapport à l'Empereur sur le progrès des sciences, des lettres et des arts depuis 1789 et leur état actuel,* vol. 1: *Sciences mathématiques,* édition critique du texte de 1810, préface de Denis Woronoff, présentation et notes de Jean Dhombres, Paris : Belin.

Dhombres, Jean & Mario Otero (1993), Les *Annales de mathématiques pures et appliquées* : le journal d'un homme seul au profit d'une communauté enseignante, in : Elena Ausejo & Mariano Hormigon (eds), *Messengers of Mathematics : European Mathematical Journals (1800–1946),* Madrid : Siglo XXI de España Editores, p. 3–70.

Friedelmeyer, Jean-Pierre (1994), *Le calcul des dérivations d'Arbogast dans le projet d'algébrisation de l'analyse à la fin du XVIIIème siècle* (= Cahiers d'histoire et de philosophie des sciences, vol. 43), Université de Nantes : diffusion A. Blanchard.

Gerini, Christian (2003), *Les Annales de Gergonne. Apport scientifique et épistémologique dans l'histoire des mathématiques,* Villeneuve d'Ascq, éditions du septentrion.

Gerini, Christian (2008), « Le recteur de la Monarchie de juillet et la culture des élites. Joseph-Diez Gergonne (1771–1859). Le zèle d'un fonctionnaire et l'esprit critique d'un libre penseur », in : Jean-François Condette & Henri Legohérel (éds.), *Le recteur d'académie. Deux cents ans d'histoire,* Paris : Cujas, p. 53–74.

Gerini, Christian & Norbert Verdier (2008), « Les deux premiers journaux mathématiques français : Les *Annales de Gergonne* (1810–1832) et le *Journal de Liouville* (1836–1875) », in : site expert de la Direction de l'Enseignement Scolaire (DESCO) et les Écoles Normales Supérieures, URL : http://www.dma.ens.fr/culturemath/ .

Gerini, Christian (2013), "Approche transdisciplinaire d'un document polymorphe. Les *Annales de Gergonne*, premier grand journal de l'histoire des mathématiques" in : Anne-Lise Rey (éd.), *Méthode et histoire. Quelle histoire font les historiens des sciences et des techniques ?,* Paris : Classiques Garnier.

Gerini, Christian (2014), « Les *Annales de mathématiques pures et appliquées* de Gergonne et l'émergence des journaux de mathématiques dans l'Europe du XIXème siècle : un bicentenaire » in : Daniel Ulbrich (éd.), *Jahrbuch für europäische wissenschaftskultur / Yearbook for european culture of science,* Stuttgart : Franz Steiner Verlag.

Guggenbuhl, Laura (1957), "Note on the Gergonne Point of a Triangle", in : *American Mathematical Monthly,* 64 : 3, p. 192–193.

Guggenbuhl, Laura (1959), Gergonne, Founder of the *Annales de Mathématiques,* in : *The Mathematics Teacher,* 52, p. 621–629.

Lamy, Loïc (1995), *Le* Journal de l'École Polytechnique *de 1795 à 1831, journal savant, journal institutionnel* (= Sciences et Techniques en Perspective, vol. 32), Nantes : Centre François Viète.

Mill, Anna Jean (1960), *John Mill's Boyhood Visit to France : Being a Journal and Notebook written by John Stuart Mill in France, 1820–1821*, Toronto : University of Toronto Press.

Miquel, Pierre (1994), *Les polytechniciens*, Paris : Plon.

Otero, Mario (1997), *Joseph-Diez Gergonne (1771–1859). Histoire et philosophie des sciences* (= Sciences et Techniques en Perspective, vol. 37), Nantes : Centre François Viète, p. 52.

Quintero, Roy (2006), El problema de m pilas de Gergonne y el sistema de numeración de base, in : *Boletín de la Asociación Matemática Venezolana*, Vol. 13 : 2, p. 165–176.

Quintero, Roy & Christian Gerini (2010), Le « tour de cartes » de Gergonne: d'un article datant de près deux cents ans à u ne généralisation en plusieurs étapes, in : *Quadrature*, 78, oc tobre-décembre 2010, p.8-17.

Saint Victor, Carol de (1990), La fâcheuse lacune : John Stuart Mill à Montpellier, in : *Bulletin historique de la ville de Montpellier*, 14, p 18–24.

Schaaf, Larry J. (éd.) (1999 et seq.), *The Correspondence of William Henry Fox Talbot*, URL: http://foxtalbot.dmu.ac.uk/project/project.html

Taton, René (1947), Les mathématiques dans le *Bulletin de Férussac*, in : *Archives internationales d'histoire des sciences*, 26, p. 100–125.

Verdier, Norbert (2009), *Le Journal de Liouville et la presse de son temps : une entreprise d'édition et de circulation des mathématiques au XIXe siècle (1824–1885)*, Thèse de doctorat de l'université Paris-Sud 11, Paris : Université Paris 11.

CHAPTER 2

Joseph Liouville (1809-1882) : lecteur, auteur et successeur de Joseph-Diez Gergonne (1771-1859)

Norbert VERDIER

Dans ce chapitre, nous voulons étudier les contributions de Liouville, non pas en tant que mathématicien – cela a été fait dans différents travaux de Jesper Lützen notamment dans son ouvrage intitulé *Joseph Liouville (1809-1882), a master of pure and applied mathematics* [Lützen, 1990] – mais en tant que rédacteur d'un des principaux journaux dont il a été le fondateur. Plus précisément, nous souhaitons étudier ses relations avec l'autre principal artisan de la presse mathématique française, Joseph Diez Gergonne.

De succincts rappels historiques et historiographiques sur la presse mathématique française s'imposent [Verdier, 2009a]. En 1810, Gergonne lance avec Joseph-Esprit Thomas Lavernède (1764-1848)[85] les *Annales de mathématiques pures et appliquées* [Gerini, 2002]. Comme l'indique Gergonne dans son prospectus de lancement : « C'est une singularité assez digne de remarque [que] les *Sciences exactes* [...] ne comptent pas encore un seul recueil périodique qui leur soit spécialement consacré. » [*Annales de mathématiques pures et appliquées*, 1 (1810-1811), i-iv] ; il s'agit du premier journal de mathématiques français qui très rapidement s'impose dans le milieu des savants sous l'appellation *d'Annales de Gergonne*. En 1832, Gergonne stoppe sa publication car des responsabilités de recteur lui sont confiées [Gerini, 2008]. Quatre ans plus tard, en 1836, le jeune répétiteur à l'École polytechnique Joseph Liouville, qui n'a alors que vingt-sept ans fonde le *Journal de mathématiques pures et appliquées* ou *Recueil mensuel de mémoires sur les diverses parties des mathématiques* [Verdier, 2009b]. Très rapidement, il est désigné par les acteurs du temps de *Journal de Liouville*. Quelques années plus tard, en 1842, l'un des auteurs du *Journal de Liouville*, Olry Terquem (1782-1862), lance avec Camille Gérono (1799-1891), les *Nouvelles annales de mathématiques* ou *Journal*

---

[85] Christian Gerini précise : « Joseph-Esprit Thomas-Lavernède (ou selon les époques, Thomas de Lavernède) (1764-1848), alors professeur au lycée de Nîmes. Plutôt spécialisé dans l'« analyse indéterminée », il ne laissa dans le domaine mathématique que de rares contributions aux Annales, et quelques communications à l'Académie du Gard dont il était membre. On lui doit surtout le catalogue des livres de la bibliothèque de Nîmes, imposant travail qu'il effectua après avoir été conservateur de cette dernière. » [Gerini, 2002, 116]. Il cesse très rapidement sa collaboration aux *Annales*.

des candidats aux Écoles polytechnique et normale[86]. Cette émergence d'une presse mathématique française s'inscrit à une période où la presse se spécialise au niveau national, européen, voire international avec l'émergence d'une presse mathématique américaine puisqu'en 1825, aussi, est lancée à New-York par Robert Adrain (1775-1843), *The Mathematical Diary* [Preveraud, 2011].

Dans une première partie, nous nous intéresserons aux divers types d'implication de Liouville en tant que lecteur et en tant qu'auteur au temps des *Annales* (1810-1832) ce qui correspond assez exactement à la jeunesse de Liouville, né, rappelons-le, en 1809. Dans une seconde partie, nous comparerons les lignes et les pratiques éditoriales du *Journal de Liouville* et les *Annales de Gergonne* afin de mieux identifier les ruptures et les continuités.

LIOUVILLE ET GERGONNE AU TEMPS DES *ANNALES* (1810-1832)

Liouville, lecteur des autres et ... de Gergonne

Le premier aspect de la personnalité de Liouville est sa capacité à lire les autres. Cette affirmation repose sur l'étude d'un corpus constitué de diverses sources. La première source est constituée de toutes les publications de Liouville, soit un corpus d'environ quatre cents articles essentiellement publiés dans son *Journal*. La deuxième est manuscrite. De nombreuses archives manuscrites sont détenues dans différentes institutions parisiennes ou berlinoises. Les principales archives sont à la Bibliothèque de l'Institut à Paris. Il s'agit de trois cent quarante carnets personnels de Liouville. Ils sont extrêmement instructifs sur la vie privée et scientifique de Liouville. Ces carnets ont déjà fait l'objet de plusieurs études menées par différents historiens : Jeanne Peiffer [Peiffer, 1978], Harold Edwards [Edwards 1975 & 1977], Bruno Belhoste [Belhoste & Lützen, 1984], Jesper Lützen ([*Ibid.*] & [Lützen, 1990]) et Erwin Neuenschwander [Neuenschwander, 1984a & 1984b].

---

[86] Un groupe de chercheurs en histoire des mathématiques et en histoire de la diffusion des sciences animé par Hélène Gispert (GHDSO (Groupe d'Histoire et Diffusion des Sciences d'Orsay), Laurent Rollet (Archives Poincaré) et Philippe Nabonnand (Archives Poincaré) s'est attaché à l'étude des *Nouvelles annales de mathématiques* dont la publication s'étend de 1842 à 1927 sur une durée de 85 ans. Une base de données permettant la recherche par mots-clés et un site concernant les auteurs ont été réalisés. [http://nouvelles-annales-poincare.univ-nancy2.fr/]. Un lien permet d'accéder aux volumes numérisés et archivés dans NUMDAM [http://www.numdam.org/numdam-bin/feuilleter?j=NAM]. L'étude des *Nouvelles annales de mathématiques* a donné lieu à différentes communications dans des congrès européens. Un livre collectif est en préparation.

D'autres archives ont été mises à jour. Un des descendants de Liouville, Michel Drouineau, par le biais des différentes successions familiales, a hérité d'une grande partie des archives de Liouville. Erwin Neuenschwander a pu les consulter et les a décrites dans un article [Neuenschwander, 1989]. Enthousiasmé par cette description, nous sommes entré en contact avec Michel Drouineau. Ce dernier a retrouvé dans des archives familiales d'autres éléments qu'il a gentiment mis à notre disposition. En 2010, nous avons organisé, en collaboration avec Alexandre Moatti, un colloque pour fêter le Bicentenaire de la naissance de Liouville[87]. Nous avons profité de cet événement pour demander à M. Drouineau de confier ses archives à l'École polytechnique. Il a accepté et nous avons décrit ce fonds dans l'un des articles de la publication qui a résulté de ce colloque. Ce fonds Drouineau est constitué de quelques centaines de pages (inédites). Avec M. Drouineau, nous en avons dressé l'inventaire suivant. Nous pouvons classifier ces notes en cinq catégories [Moatti & Verdier, 2010, 13-22]. Toutes ces notes produites dans les années quarante ne sont pas des annotations personnelles de Liouville mais essentiellement des copies de tables des matières ou de passages de travaux antérieurs (écrits en français, en latin ou, quelquefois, en italien) qu'il a pu identifier dans la production mathématique « ancienne » : Leonhard Paul Euler (1707-1783), Edward Waring (1736-1798) et son *Miscellana analytica de aequationibus algebraïcis et curvarum proprietatibus* publié en 1762, Adrien Marie Legendre (1752-1833) et son *Traité des fonctions elliptiques des intégrales eulériennes*, tome 1er de 1825, Augustin Louis Cauchy (1789-1857) et ses *Sur les racines imaginaires des équations* de 1817, etc. Quelquefois – assez rarement –, Liouville insère un commentaire indiquant qu'il faut revoir ce passage avec soin, que cette méthode est déjà utilisée dans tel autre mémoire, qu'il a réussi à dépasser un problème mentionné par un de ses prédécesseurs, etc.

Arrêtons-nous sur tout ce qui concerne les *Annales de Gergonne*. Le « fonds Drouineau » est constitué d'un descriptif exhaustif des deux premières années des *Annales*, lorsqu'elles étaient encore co-dirigées par Lavernède. La trentaine de pages est essentiellement composée d'une liste complète des titres articles. Avec les premiers carnets datant des années 1830-1835, nous disposons d'informations sur les lectures du jeune Liouville.

---

[87] Ce colloque – co-organisé avec Alexandre Moatti – a eu lieu le 29 janvier 2010. Plusieurs interventions de Christian Gerini, Alain Juhel, Jesper Lützen & Michel Mendès-France ont permis d'éclairer l'œuvre et la vie de Joseph Liouville. Avec Alexandre Moatti, nous en avons extrait des actes comprenant des contributions de Olivier Azzola, Frédéric Brechenmacher, Michel Drouineau, Christian Gerini, Alain Juhel, Michel Mendès-France, Alexandre Moatti & Norbert Verdier [Moatti & Verdier, 2010].

Son premier carnet [Liouville, BIF, MS 36 15 (1)] est une succession de repérages de ce qu'il faut lire : « Journal polytechnique surtout le n°19 qu'il faut acheter. Annales de mathém. Corresp. De l'Ec. polyt. Pour la pesp. faire d'abord Vallée, puis lire le morceau de Mr Gergonne dans les Annales et Sgravesande. » [*Ibid.*]. Liouville fait référence au premier article de Gergonne sur le sujet [Gergonne, 1816-1817][88]. Dans un autre élément manuscrit (mais non daté) du fonds Drouineau, Liouville note un problème résolu par Vecten[89] [Vecten, 1810-1811] : « Deux villes se trouvent situées d'une manière connue d'un même côté d'un canal rectiligne. On veut établir un pont sur ce canal et construire une route de communication de ce pont aux deux villes pour l'usage desquelles il est destiné. Rendre la longueur totale un minimum. » [Liouville, Fonds Drouineau]. Cependant, la plupart des commentaires sur les *Annales de Gergonne* sont critiques. Par exemple, pour l'article intitulé : « Recherches nouvelles sur les conditions d'équilibre dans un s ystème libre, de forme invariable ». [Gergonne, 1810-1811]. Liouville annote : « Il revient sur son premier mémoire et simplifie sa méthode en la rendant plus rigoureuse. Mais en somme tout cela est peu de chose ». Les commentaires sont en général assez critiques de la part de Liouville. Il ne faut bien entendu pas faire jouer un r ôle démesuré aux *Annales de Gergonne* sur la formation de Liouville. Jesper Lützen a montré que les mathématiques pures de Liouville sont essentiellement fondées initialement sur des considérations physiques. Avant 1840, s es inspirations sont surtout françaises. Après 1840, Liouville s'inspire beaucoup d'auteurs allemands : Carl Gustav Jacob Jacobi (1804-1851), Johann Peter Gustav Lejeune Dirichlet (1805-1859) & Johann Carl Friedrich Gauss (1777-1855).

Liouville, auteur dans les *Annales* de Gergonne
Le tableau ci-dessous recense toutes les publications de Liouville avant le lancement de son *Journal* en 1836. [Fig. 1].

---

[88] Son article concerne l'étude de la perspective de la sphère et Gergonne fait effectivement référence aux travaux de Willem Jacob's Gravesande (1688-1742) sur la perspective.
[89] Nous n'avons aucune certitude sur l'identité de Vecten :
http://www.lesmathematiques.net/phorum/read.php?17,501879. Consulte le 23 n ovembre 2011.

Journal	Nombre d'articles	Nombre de pages[90]	Année ou période[91]
Annales de chimie et physique	1	7	1829
Annales de Gergonne	1	51	1830-1831
Bulletin des sciences mathématiques, astronomiques, physiques et chimiques (dit *Bulletin de Férussac*).	1	3	1831
Journal de l'École polytechnique	10	69+92+24+ 19+25+45+ 47+8+38+6 =373	1832-1835
Journal der reine und angewandte Mathematik (dit *Journal de Crelle*)	6	13+1+19+1 5+26+14 =88	1833-1835
Total	19	522	1829-1835

Fig. 1. Publications de Liouville entre 1829 et 1835

Liouville subit plusieurs déboires académiques : certains de ses articles sont refusés ; d'autres sont annoncés à p araître dans les *Mémoires des savants étrangers* mais ne paraissent pas ou très tardivement. Par exemple, son mémoire « [S]ur la détermination des intégrales dont la valeur est algébrique » accepté en séance de l'Académie le 17 décembre 1832 et son « Mémoire sur une question d'Analyse aux différences partielles » accepté le 5 j anvier 1835 s ont finalement publiés en 1838 da ns les *Mémoires des savants étrangers* [Liouville, 1838a & 1838b]. Il a fallu cinq ans d'attente pour le premier mémoire et trois ans pour le second. Le cas des textes de Liouville n'est absolument pas emblématique. Pensons au célèbre théorème de Sturm sur la localisation des racines polynômiales. Annoncé en 1829, il a

---

[90] Les sommes figurant dans chaque cellule de cette colonne représentent les sommes des pages de chaque article publié dans un journal donné. Par exemple, le premier article publié dans le *Journal de Crelle* compte soixante-neuf pages, le deuxième quatre-vingt-douze pages, le troisième vingt-quatre pages, etc.

[91] Une période est constituée pour un journal donné par l'intervalle de temps entre l'année de parution du premier article et l'année de parution du dernier article.

été publié dans les *Mémoires des savans étrangers* en 1835 mais avait déjà circulé avant sa publication dans diverses sphères publiques et savantes ([Sinaceur, 1992] & [Verdier, 2009b, 304-308]). À l'époque, les délais entre l'acceptation et la publication sont si longs que les auteurs impatients d'être publiés développent d'autres stratégies éditoriales en se faisant publier dans d'autres revues comme *Le Journal de Crelle* ou le *Journal de l'École polytechnique*.

Liouville subit – et il n'est pas le seul – d'importants déboires avec Gergonne. En 1830-1831 – dans le cahier de novembre 1830 des *Annales de Gergonne* – paraît enfin son deuxième mémoire (publié). Son article, un extrait d'une cinquantaine de pages, concerne ses *Recherches sur la théorie physico-mathématique de la chaleur* [Liouville, 1830-1831]. Par une note virulente suivant l'article, Gergonne accueille très fraîchement cette contribution. Par des notes de bas de page souvent sévères, il avait l'habitude de s'immiscer dans les articles de ses collaborateurs. En l'occurrence, il croit « devoir s'excuser, vis-à-vis du lecteur, de lui livrer un mémoire aussi maussadement, je puis même dire, aussi inintelligiblement rédigé. » [*Ibid.*, 181]. Il explique qu'il n'a pas vérifié scrupuleusement l'article car, au moment de la finalisation, il se préparait, dit-il, à ses nouvelles fonctions de recteur. Il écrit : « je crus trouver dans le double titre d'ingénieur et d'ancien élève de l'École polytechnique une garantie suffisante du talent de rédaction de l'auteur, et j'envoyai de suite l'ouvrage à l'impression. » [*Ibid.*]. Il ne remet pas en cause le contenu mathématique de l'article : « Je ne prétends contester aucunement la capacité mathématique de M. Liouville ; mais à quoi sert cette capacité, si elle n'est accompagnée de l'art de disposer, de l'art de se faire lire, entendre et goûter », [*Ibid.*] explique-t-il. Il termine sa note sur la même tonalité :

> Je désire bien sincèrement que M. Liouville se venge prochainement des reproches un peu sévères peut-être que, bien à regret, sans doute, je me trouve contraint de lui adresser aujourd'hui, en publiant quelque Mémoire que l'on puisse lire à peu près comme on lit un roman ; mais la vérité est que je le désire beaucoup plus que je ne l'espère. Une longue expérience m'a prouvé que le mal dont il est atteint est un mal à peu près incurable. [*Ibid.*]

Le contenu mathématique permet peut-être de comprendre les atermoiements de Gergonne. Liouville commence par expliquer comment a été conçu son article : « Le mémoire que l'on va lire est extrait des paragraphes 1, 2 et 4 des *Recherches sur la théorie physico-mathématique de la chaleur* que j'ai présentées à l'Institut, en février dernier. » [Liouville, 1830-1831, 133]. Il s'agit d'un article extrait de recherches antérieures ce qui explique sans doute pourquoi le mémoire paraît « inintelligiblement » rédigé. Il ne semble pas qu'on possède la version primitive de ce mémoire qui a été déposé à l'Académie en 1830 pour le Grand prix de Mathématiques[92]. L'examen de ce mémoire original permettrait de mieux comprendre dans quelle mesure Liouville a dû densifier sa rédaction pour en faire un article aux normes des *Annales*. Dans la version éditée par Gergonne, il faut souligner tout de même que Liouville semble avoir apporté quelques modifications dont Gergonne n'a pu tenir compte comme il le déclare : « L'auteur m'a bien transmis postérieurement quelques corrections, mais, outre qu'elles n'auraient pas sensiblement amélioré le mémoire, il était imprimé quand elles me sont parvenues. » [*Ibid.*] Liouville ne publie plus aucune note dans les *Annales de Gergonne*, qui vont d'ailleurs cesser d'exister.

C'est la seule publication effective de Liouville dans les *Annales de Gergonne*. Mais a-t-il effectué préalablement d'autres tentatives pour publier ses textes ? Nous ne pouvons répondre avec certitude. Il envisage la rédaction de plusieurs articles pour Gergonne au début des années trente. Dans son premier carnet [Liouville, BIF, MS 36 15 (1)], Liouville dresse une liste d'articles qu'il souhaite soumettre à Gergonne. Il écrit :

« Pr Mr Gergonne
Caustiques (courbes et surfaces)
Le th sur les polyèdres réguliers
Le th. sur le tronc de prisme triangulaire
[…]
Théor. Nouveaux sur les tri. et les quad.
        Solution de deux problèmes relatifs à la géom. de la
                                                     règle. » [*Ibid.*]

Ces travaux géométriques de Liouville correspondent à un vif intérêt de Liouville pour la géométrie, qu'il a étudiée pour préparer le concours d'entrée à l'École polytechnique au lycée St Louis et à l'Institution Mayer. Son dossier scolaire, aux archives de l'École polytechnique, montre qu'il excellait, entre autres, dans cette discipline. Ses notes, en deuxième division (c'est-à-dire en première année en 1825-1826), en « Géométrie descriptive et analyse appliquée » sont les suivantes : 19-(20)-16-18-19 et 20 [Liouville, AEP, Registre des notes, 1825-1826]. Lorsque Liouville est à l'École polytechnique, le cours de géométrie descriptive comprend l'enseignement

---

[92] Pour ce prix, Liouville a été en compétition avec Évariste Galois (1811-1832) et Jacobi. Galois avait proposé son mémoire sur la résolution algébrique des équations, un mémoire à propos duquel, il écrivait : « Les recherches contenues dans ce mémoire faisaient partie d'un ouvrage que j'avais mis l'année dernière au concours pour le grand prix de Mathématiques […] et l'on me fit savoir que mon mémoire était égaré. » [Galois, 1831]. Ni Liouville, ni Galois ne furent récompensés. Le Grand prix est attribué à titre posthume à Abel décédé l'année précédente et à Jacobi pour ses travaux sur les fonctions elliptiques.

des méthodes géométriques et des diverses applications (comme le tracé des ombres) et la perspective. Joël Sakarovitch estime que : « Ces enseignements sont concentrés sur la 1ère année dont ils représentent environ 20 % du temps des études. » [Sakarovitch, 1994, 82]. L'enseignement de cette discipline, après la période glorieuse de Gaspard Monge (1746-1818) et Jean Nicolas Pierre Hachette (1769-1834), est aux mains de Charles François Antoine Leroy (1780-1854) qui est responsable de ce cours pendant trente-cinq ans. Ce cours est jugé terne et monotone. Sakarovitch résume : « Reprenant pendant 35 ans le même cours, les mêmes sujets d'exercice, p our les épures de géométrie descriptive comme pour les différentes applications, Leroy tombe dans une routine stérile […] » [*Ibid.*, 83].

Nous ignorons si Liouville a effectivement soumis ses textes à Gergonne. Les éléments d'archives manquent pour être catégorique. Dans toutes les archives consultées, nous n'avons trouvé aucune trace de correspondance entre les deux hommes. Dans le fonds de Bordeaux, Erwin Neuenschwander précise qu'il possède des lettres entre Gergonne et Liouville. Nous ignorons leur teneur[93].

LIOUVILLE, SUCCESSEUR DE GERGONNE ?

Liouville commence son premier tome de 1836 par un *Avertissement* (non signé) de quatre pages en rendant un ho mmage long et appuyé à Gergonne :

> Toutes les personnes qui ont une teinture même légère des Mathématiques connaissent le succès mérité qu'ont obtenu les Annales fondées en 1810 par M. Gergonne, et continuées par lui pendant vingt ans avec un zèle qu'on ne peut trop louer, et un talent qui a triomphé des plus grands obstacles. Mais depuis 1831 ce r ecueil a ces sé de paraître : les fonctions de recteur d'Académie ont malheureusement absorbé tout le temps de son illustre rédacteur, et ont enlevé aux sciences un homme qui leur a rendu et qui pouvait leur rendre encore d'éminents services. [JMPA, I, **1** (1836), 1].

Il poursuit en se présentant comme un « continuateur » de Gergonne :

> M. Gergonne ayant bien voulu nous dire lui-même qu'il verrait avec plaisir un nouveau journal succéder au sien, nous croyons avoir le droit de nous annoncer aujourd'hui comme ses continuateurs. [*Ibid.*]

---

[93] Notons que les biographes de Gergonne attribuent à l'éditeur des *Annales* quelques milliers de lettres [Gerini, 2002, 529].

Liouville a-t-il été, au-delà de ses déclarations d'intentions, un continuateur de Gergonne? En tous les cas, Liouville s'inscrit dans la lignée de Gergonne, non seulement par le titre, mais également par la forme. Il déclare :

> Notre journal sera mensuel comme celui de M. Gergonne. Le premier cahier paraîtra en janvier 1836, et les suivants de mois en mois, avec toute l'exactitude désirable. Ces cahiers seront de grandeur inégale, et varieront de 32 à 40 i n 4°, suivant la nature des mémoires qu'ils renfermeront. Leur ensemble formera chaque année un f ort volume contenant toutes les planches nécessaires pour l'intelligence du texte. [*Ibid.*].

Il tient cet engagement comme Gergonne, qui l'a tenu une vingtaine d'années. Au niveau matériel, il est indéniable, à p remière vue, que le *Journal de mathématiques pures et appliquées* continue les *Annales de mathématiques pures et appliquées*.

Ruptures

Lorsque nous ouvrons les deux journaux, la permanence matérielle constatée de prime abord est à nuancer fortement. Ce ne sont pas les mêmes journaux. Celui de Gergonne est composé de mémoires largement annotés par le rédacteur Gergonne qui prend très souvent position par rapport au texte publié et d'une rubrique questions/réponses assurant une indéniable dynamique au journal. Souvent les réponses sont des synthèses par Gergonne des réponses reçues. De plus, une classification (évolutive) des articles est proposée chez Gergonne. L'illustration jointe [Fig. 2] donne un aperçu de ce système de classification lié à l a rubrique « Géométrie ». Le *Journal de Liouville* est uniquement constitué de « mémoires sur les diverses parties des mathématiques » comme le veut le sous-titre. Ces articles, constitués essentiellement de quelques pages (entre dix et vingt, le plus souvent, quelques fois plus), ne sont pas classés et renvoient parfois à des notes de bas de page qui, presque toutes, sont porteuses d'informations (source dont est tiré l'article, renvoi à une autre étude sur le même sujet, etc.). Liouville, sans aucune explication, n'insère dans sa publication aucun système de classement des articles mais il publie à i ntervalle régulier, au moins pendant les quinze premières années, une table des « noms des auteurs qui ont inséré des Mémoires dans le Journal de Mathématiques Pures et Appliquées » ; cette table disparaît par la suite.

TABLE DES MATIERES. 381

TABLE

Des matières contenues dans le XIX.me volume des Annales.

ANALYSE ALGÉBRIQUE.

DYNAMIQUE.

GÉOMÉTRIE ANALYTIQUE.

[AMPA, 19 (1828-1829), 381].

TABLE DES MATIÈRES

PAR

NOMS D'AUTEURS.

A

B

[JMPA, 5 (1840), 497]

Fig. 2. Une table par matières pour Gergonne et une table par auteurs pour Liouville

Un autre point de rupture concerne l'existence d'une rubrique bibliographique. Gergonne consacre presqu'un quart de son prospectus de lancement à détailler « un objet auquel on se propose de donner, dans ces

Annales, une attention toute particulière, à raison de l'extrême utilité que le public peut en retirer, c'est l'annonce et l'analise des ouvrages nouveaux, tant nationaux qu'étrangers relatifs aux sciences mathématiques et aux autres sciences qui en dépendent. » [AMPA, I (1810-1811), i-iv]. Malgré l'insistance de Gergonne sur cet « objet », il est impossible de trouver dans les tomes annuels des *Annales* une rubrique associée. En réalité, cette rubrique prenait place en quatrième de couverture des cahiers mensuels. Nous n'avons jamais trouvé en bibliothèque[94] ces cahiers mais certains des tomes numérisés[95] permettent l'accès à cette rubrique. [Fig. 3].

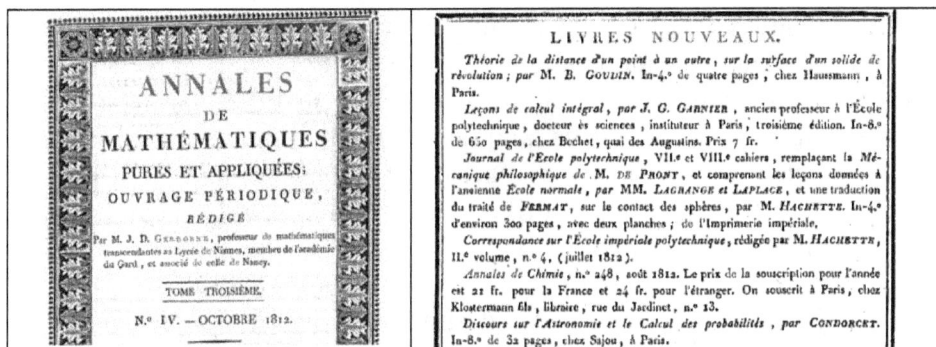

Fig. 3. La rubrique « annonce des livres nouveaux » dans les *Annales de Gergonne* à travers les pages de couverture des cahiers mensuels

Cette rubrique n'était pas seulement constituée d'une annonce d'ouvrages sous forme de liste comme celle présenté dans l'illustration précédente mais comportait aussi une analyse de certains des ouvrages présentés. [Fig. 4]

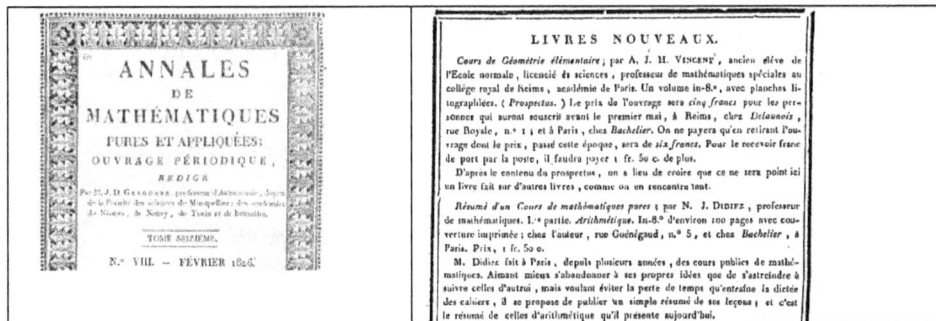

Fig. 4. ... et l'« analise » de quelques livres nouveaux dans les *Annales de Gergonne* à travers les pages de couverture des cahiers mensuels

---

[94] Christian Gerini nous a signalé que la bibliothèque de Nîmes possède quelques exemplaires des *Annales de Gergonne* sous forme mensuelle.

[95] Nous faisons référence aux numérisations fournies par Google.books.

Quant à Liouville, son *Journal* ne contient pas d'analyses bibliographiques sauf « si l'analyse d'un ouvrage nouveau nous paraît pouvoir donner lieu à des observations utiles. » précise-t-il dans son *Avertissement*. [AMPA, I (1810-1811), i-iv]. Dans les faits, le *Journal* ne contient à notre connaissance aucune véritable analyse d'un ouvrage nouveau. Certains mémoires renvoient à des publications associées mais il n'y a pas de compte-rendu à la manière de Gergonne.

C'est surtout dans le type de mathématiques publiées que Liouville veut être novateur. Il annonce un j ournal de recherche qui n'exclut pas des articles didactiques : « On y traitera indifféremment et les questions les plus nouvelles soulevées par les géomètres, et les plus minutieux détails de l'enseignement mathématique des collèges. » [*Ibid*.]. Mais il veut éviter « les répétitions fastidieuses d'objets trop connus ; car s'il est bon de revenir de temps à autre sur les élémens [*sic*] des sciences, il faut que ce soit pour les perfectionner, et non pour y changer çà et là quelques mots et quelques phrases; ce qui par malheur est arrivé trop souvent. » [*Ibid*.] Il est possible que dans cette phrase, Liouville critique à demi-mots certaines dérives des *Annales de Gergonne* ; en tout cas, il est certain qu'il veut se démarquer et faire un journal essentiellement destiné non à l 'enseignement des mathématiques mais à leurs progrès.

En revanche, il reste assez évasif sur la nature des articles insérés. Ils « embrasseront l'ensemble des Mathématiques pures et appliquées » [*Ibid*.] sans préciser ce qu'il range derrière les vocables « Mathématiques pures » et « Mathématiques appliquées ». Gergonne, dans son prospectus de lancement [AMPA, **1** (1810-1811), i-iv], avait été plus précis. Il annonçait des *Annales* de mathématiques pures (« Calcul », « Géométrie » et « Mécanique rationnelle ») sans omettre les mathématiques appliquées. Il ne définit pas les « Mathématiques appliquées » mais il c ite une liste d'applications des sciences exactes : « Art de conjecturer », « Économie politique », « Art militaire », Physique générale », « Optique », « Acoustique », « Astronomie », « Géographie », « Chronologie », « Chimie », « Minéralogie », « Météorologie », « Architecture civile », « Fortification », « Art nautique » et « Arts mécaniques ». Pour Liouville, son introduction, écrite une génération après celle de Gergonne, semble signifier qu'il y a une connivence culturelle avec le lecteur pour désigner ce que sont les mathématiques pures et appliquées.

Deux journaux avec deux « tons rédactionnels »

En filigrane de l'avertissement, apparaît un autre type de rupture qui ne relève pas du fond mais de la forme, la rupture dans le ton. Gergonne et Liouville insufflent à leur rédaction des tonalités très différentes : c'est ce que nous désignons par le vocable « ton rédactionnel ». Liouville insiste assez fortement sur le rôle de l'éditeur. Son *Journal* ne contient pas d'analyses bibliographiques sauf « si l'analyse d'un ouvrage nouveau nous paraît pouvoir donner lieu à des observations utiles. » Toutefois, dans ce cas, il s'agit de mettre dans les « critiques non seulement de l'impartialité, mais encore de la bienveillance » afin de « faire ressortir le bien plutôt qu'à censurer le mal. » De même, il insiste sur les limites qu'il se pose en tant que rédacteur : « Il ne pourra, dans certains cas, ni refuser tel article qui lui semblera mauvais, ni surtout corriger dans un bon mémoire telle ou telle phrase qu'il désapprouvera. » « Les esprits justes sentiront que l'éditeur doit être jugé sur l'ensemble et non sur les détails du recueil qu'il dirige, et que la responsabilité des mauvais articles qui pourront s'y glisser reste toute entière à leurs auteurs », rajoute-t-il. Non seulement il s'autorise à publier des articles auxquels il ne souscrit pas forcément mais de plus il s'interdit la polémique gratuite : « Et si par hasard une polémique vient à s'engager entre deux géomètres[96], on comprend aussi qu'il ne lui appartiendra pas de s'interposer dans la querelle; il devra se borner alors à jouer le rôle de spectateur et à transmettre fidèlement au public les pièces du procès. ».

Par-là, il se démarque complètement de Gergonne qui avait l'habitude de s'immiscer par de nombreuses notes de bas de pages ou par des notes adjacentes à un mémoire (le jeune Liouville en ayant fait les frais comme tant d'autres). Au-delà des attaques incisives de Gergonne à l'égard de Liouville, ce dernier, sans aucune attaque nominale, veut clairement rompre avec le « style tranchant et absolu, si fort à la mode à présent » car dit-il « il déshonore à la fois le caractère et le talent de ceux qui l'adoptent. » Pour étayer son propos, Liouville emprunte une citation à un « auteur célèbre », sans préciser l'identité, affirmant que :

> Toutes ces critiques sont le partage de quatre ou cinq petits auteurs infortunés qui n'ont jamais pu par eux-mêmes exciter la curiosité du public. Ils attendent toujours l'occasion de quelque ouvrage qui réussisse pour l'attaquer, non point par jalousie ; car sur quel fondement seraient-ils jaloux ? Mais dans l'espérance qu'on se donnera la peine de leur répondre, et qu'on les tirera de l'oubli où leurs propres ouvrages les auraient laissés toute leur vie. [*Journal de mathématiques pures et appliquées*, 1836, i-iv].

Liouville, en évoquant Jean Racine (1639-1699)[97], cherche-t-il à se prémunir contre d'éventuelles critiques ? À laisser du temps au temps pour

---

[96] Nous pensons ici à la violente polémique qui a opposé Gergonne et Jean-Victor Poncelet (1788-1867), une polémique activée et entretenue par et dans les *Annales de Gergonne*. [Gerini, 2002, 236-250].

[97] Cette citation de Liouville est empruntée à Racine [Racine, 1670], qui fut, bien qu'encensé pour la musicalité de ses vers, pendant de longues années, la cible de critiques

que son journal s'installe dans le paysage éditorial ? La quasi-absence de polémiques de Liouville dans son *Journal* ne signifie pas qu'il ne les pratique pas. Il a d'autres lieux pour polémiquer et ne s'en prive pas que ce soit à l'École polytechnique ou à l'Académie des sciences.

Le « fondateur du j ournalisme mathématique en France » d evenu recteur Gergonne et le « jeune professeur » & « savant journaliste » Liouville

Gergonne clôt le dernier tome de ses *Annales* par :

> La ponctualité que nous avons apportée pendant vingt ans dans la publication de nos livraisons doit assez avertir nos lecteurs que, si elles ont éprouvé, dans ces derniers temps, un retard assez notable, il n'a pas tenu à n ous qu'il en fût autrement. Chargés depuis dix mois de la direction de l'enseignement dans quatre départements, il nous a fallu faire trève à nos douces douces et paisibles occupations pour nous livrer à de fastidieux détails administratifs. Présentement que la machine est à peu près montée, nous ne négligerons rien pour nous remettre bientôt au courant ? [AMPA, XXII (1831-1832)]

Il n'en sera rien ; Gergonne – qualifié à s a mort de « fondateur du journalisme mathématique en France » dans le *Bulletin mathématique* de Terquem [*Bulletin de bibliographie, d'histoire et de biographie*, V (juin 1859), 40-41] cesse définitivement toute implication dans la presse mathématique [Gerini, 2008]. Pendant que Gergonne vaque à ses occupations rectorales, Liouville, tout au long des années trente, prend, après avoir mis fin à une carrière d'ingénieur des ponts, son envol et une envergure scientifique considérable. Pour comprendre le contexte dans lequel évoluait Liouville aux débuts des années quarante, autrement dit, quand il venait de prendre possession du c ours d'analyse à l'École polytechnique et quand il accomplissait ses cinq premières années à la tête de son *Journal*, il existe un témoignage inédit : les lettres manuscrites de Gaspard-Gustave de Coriolis (1792-1843) alors directeur des études à l'École polytechnique, à l'une de ses cousines [Coriolis, AAS]. Nous avons publié une partie de ce fonds dans notre thèse [Verdier, 2009b, 175-181] et Alexandre Moatti vient de l'utiliser plus systématiquement tout au long de la sienne [Moatti, 2011]. Nous nous contentons ici de citer un extrait significatif. Coriolis décrit ainsi Liouville :

> Mr Liouville est un petit homme de 30 ans, vif, pétulant, se montant facilement la tête, aimant la contradiction p our le

---

acerbes. Ainsi, on lui reprochait son manque de vérité historique dans Britannicus (1669) et *Mithridate* (1673) ou le manque d'action dans Bérénice (1670).

plaisir de la discussion. Il est rare qu'un propose quelque chose au conseil qu'il ne fasse des difficultés et n'ait une proposition différente à faire. Le général l'appelait, en plaisantant avec moi, le petit rageur. Cette petite tête chaude [?] est dans le parti radical, et prend assez l'impulsion de Mr Arago. [?] il a une grande facilité pour les mathématiques. Il lui vient des idées originales; il les [?] bien et peut produire de bons travaux: après la mort de Mr Poisson ce sera le membre de l'académie qui connaîtra le mieux tous les ouvrages de mathématiques. Mr Cauchy, plus fort que lui, ne lit que très peu, tandis que Liouville se tient au courant. Il y a chez Liouville l'exaltation et la jeunesse pour tout ce qui est dans l'indépendance. Il a dit une fois des paroles très dures à Mr Donné [?] au sujet d'un asile sur l'académie. Liouville a en horreur Mr Libri qu'il accuse d'être double et d'agir contre les gens en leur faisant des [?] : c'est un italien dit-il de temps en temps, il s'attaque à l'académie. Mr Libri qui a de la présence d'esprit … mais il est toujours battu par les trois ou quatre personnes qui entendent la matière. Ce n'est qu'un mathématicien assez superficiel, il s'aventure et Mr Liouville ne l'attaque jamais sans avoir raison. [Coriolis, AAS, lettre du 24 mars 1840].

Dans ce portrait brossé par Coriolis, nous retrouvons sa force de lecture que nous avons développée et aussi ses polémiques avec Guglielmo Libri (1803-1869) qui avait pourtant été encensé dans l'avertissement initial du *Journal*[98]. Très rapidement les choses dégénèrent entre les deux hommes. Nous avons trouvé dans le dossier Lejeune Dirichlet de la Staatsbibliothek de Berlin, une lettre (qui semble inédite) de Jacques Charles François Sturm (1803-1855) à Lejeune Dirichlet datée du 16 mai 1837. Sturm dresse un portrait peu flatteur de Libri qui avait été un proche de Dirichlet. Sturm écrit :

M. Libri ne nous paraît pas non plus bien orthodoxe. Il est aujourd'hui tout à fait brouillé avec M. Arago et les autres savants de l'Observatoire qui se repentent de l'avoir poussé à l'Institut. Il est d'un caractère assez altier et difficile. J'aurais besoin de connaître confidentiellement le jugement que vous

---

[98] Liouville annonce dans l'avertissement de 1836 la publication, suite à « l'offre bienveillante que M. Libri nous a faite de nous les communiquer » [*Journal de mathématiques pures et appliquées*, 1836, i-iv], de lettres inédites écrites par Huygens et Leibnitz sur diverses questions scientifiques. Par ces publications, Liouville veut placer son journal « sous le haut patronage de ces génies du XVIIème siècle » [*Ibid.*], et assurer une continuité avec le passé car dans leurs œuvres, « on trouve encore le germe de plus d'une théorie neuve et profonde. » [*Ibid.*].

portez sur ses mémoires relatifs à la théorie des nombres ; à l'égard de ses autres productions mon opinion est depuis longtemps fixée. [Lejeune Dirichlet, SPK, Lettre du 16 m ai 1837].

Tout au long de l'année 1838, l es choses s'enveniment. Nous avons étudié cette polémique sur le plan éditorial [Verdier, 2009b, 186-192]. Il est possible de la suivre partiellement à travers le *Journal de Liouville* mais Liouville n'y retranscrit pas « fidèlement au public [toutes] les pièces du procès. » malgré les engagements de son avertissement. D'autres sources (*L'Institut*[99] & les *Comptes rendus hebdomadaires de l'Académie des sciences.*) permettent d'affiner le point de vue et de comprendre les nombreuses discussions liées à cet te affaire et ayant eu lieu à l'Académie des sciences. Au cours d'une séance de l'Académie, Libri revient sur la phrase de Racine citée par Liouville dans son avertissement :

Cette phrase, j'ai besoin de le répéter, se trouve en tête du Journal de M. Liouville. En la relisant j'ai cru qu'au lieu d'attribuer les critiques opiniâtres dont j'ai été l'objet à un motif quelconque d'animosité qui, j'aime à le croire, ne saurait être dans le caractère du savant journaliste, je ne devais y voir qu'un effet de l'intérêt particulier dont il semble m'honorer : intérêt qui seul a pu le porter à se départir des maximes qu'il avait annoncé vouloir suivre invariablement dans sa carrière scientifique. Dès lors, je me suis cru dans l'obligation de lui témoigner le même intérêt, et je regrette qu'il ait pu prendre mon silence prolongé pendant deux ans, pour une marque d'insouciance ou d'oubli. D'autres occupations m'ont empêché jusqu'à présent de me livrer à cet examen ; d'ailleurs j'ai pensé que ces réflexions avaient trop peu d'importance en elles-mêmes pour paraître isolément, et j'ai voulu les rattacher à un travail analytique où elles devaient naturellement trouver leur place. [Libri, 1839, 739].

---

[99] Après la faillite du *Bulletin de* Férussac, en 1833, une nouvelle publication encyclopédique est lancée. Fondée par le publiciste Eugène Arnoult, elle porte pour titre *L'Institut*. Le titre complet indique davantage l'intention éditoriale : *Journal hebdomadaire des Académies et des Sociétés savantes françaises et étrangères*. Ce journal, constitué de courtes notes et d'un appendice bibliographique mensuel, est concurrent du *Bulletin de la Société philomathique*. Plusieurs savants comme Sturm ou Auguste Comte publient par le biais de *L'Institut*. À partir de 1836, *L'Institut* accepte de publier régulièrement les comptes rendus des séances de la Société philomathique et d'en faire des tirés à part. Un rapprochement éditorial entre les deux publications s'opère plus tard. Très rapidement, Eugène Arnoult tisse des liens avec différentes sociétés savantes pour échanger des publications et pour publier des comptes rendus des séances des sociétés approchées.

Tout au long des échanges académiques entre Libri & Liouville, le premier ne cesse de qualifier le second de « jeune professeur » ou « savant journaliste » ; Liouville, de son côté, mais par un canal privé, parle à son ami Dirichlet « d'un homme qui, dans l'académie du moins commence à être méprisé autant qu'il est méprisable » [Lejeune Dirichlet, SPK, lettre du 24 mai 1840]. Nous avons étudié précisément les échanges entre Libri et Liouville dans leur contenu [Verdier, 2009b, 186-192] et, dans un article récent [Ehrhardt, 2010], Caroline Ehrhardt cherche à dépasser cette controverse pour l'insérer dans un contexte plus large et pour s'interroger sur la redéfinition de l'algèbre au milieu du dix-neuvième siècle. Cette polémique Libri/Liouville – inscrite à un moment très particulier de la carrière de Liouville qui s'apprête à entrer à l'Académie des sciences – nous intéresse car, à cette occasion, Liouville fait jouer à son *Journal* un rôle critique. Dans sa querelle l'opposant à Libri, Liouville ne livre pas toutes les pièces du procès et oriente le lecteur vers son point de vue ; il abandonne la neutralité qu'il s'était promise. C'est à notre connaissance l'un des rares cas avérés où Liouville prend part à un dissensus en étant partial dans son *Journal* ; *a contrario*, l'art du dissensus a été l'un des vecteurs dynamiques des *Annales de Gergonne*.

Un affichage national *a priori* plus proche de Crelle

Bien que Liouville se revendique comme un successeur de Gergonne, il nous paraît être plus proche d'August Leopold Crelle (1780-1855). Son appel : « C'est maintenant aux géomètres, et surtout aux géomètres français, qu'il appartient de faire prospérer cette entreprise. » est une réponse à l'appel de Crelle lancé, dix ans plus tôt, en décembre 1825, dans la préface de son journal : « il vaut la peine d'essayer s'il est possible de donner vie et croissance à une telle publication en langue allemande pour les mathématiques. » [*Journal für die reine und angewandte Mathematik*, I, **1** (1826), 1-4]. À Crelle qui affirme que « la mathématique n'a pas moins d'amis qui parlent allemand qu'elle n'en a dans d'autres langues », Liouville répond que les « plus distingués » des géomètres français – certains lui ont « promis des articles, et, sans doute, ils tiendront leur promesse » – doivent publier dans son journal sinon : « La chute d'un Journal utile qu'ils auraient refusé de soutenir ne serait honorable ni pour eux ni pour la France ».

Pourtant, au-delà de ces appels nationaux, dans l'esprit de ceux de Crelle, et s'inscrivant d'une certaine façon dans l'héritage post-révolutionnaire de la mathématisation des lumières en Europe [Dhombres, 2000], précisons d'emblée que Liouville ne se restreint pas du tout au cadre national. Entre 1836 et 1840, l'ouverture du *Journal de Liouville* vers l'étranger est peu développée et est essentiellement représentée par Jacobi.

En revanche, à partir des années quarante, cette présence s'amplifie considérablement. À partir des années quarante, la présence étrangère se situe aux alentours du quart des articles[100]. Ensuite, les choses s'équilibrent dans la dernière décennie. Pour chaque période (1846-1850) et (1851-1855), il y a une vingtaine d'auteurs étrangers dont la moitié environ, est constituée d'auteurs ayant déjà écrit dans la période précédente. La décennie 1841-1850 est une décennie anglaise, les auteurs prussiens sont en nombre important à chaque période. Les années cinquante sont marquées par une petite incursion italienne. Il convient toutefois de minorer l'ouverture de *Journal de Liouville* vers l'étranger au regard de celle du *Journal de Crelle*. Ce dernier – d'après les données fournies par Crelle à propos des cinquante premiers volumes de son recueil c'est-à-dire les trente premières années de publication [Crelle, 1855] – est constitué à plus d'un tiers d'articles écrits dans une langue autre que l'allemand. Ainsi, nous dénombrons 24 % d'articles en français et 13 % d'articles en latin. Très peu sont en anglais (1,6 %) ou en italien (1,2 %). L'ouverture vers l'étranger chez Crelle est manifeste en termes de langue utilisée. Elle l'est encore davantage si nous raisonnons en termes de nationalités. Sur la période 1826-1855, plus de la moitié des auteurs (56,2 %) proviennent d'autres pays que des États de la Prusse. Ces auteurs non prussiens publient environ 45 % des mémoires du *Journal de Crelle* (41,5 %) si nous comptabilisons en nombre de pages. En outre, les contributions étrangères du *Journal de Crelle* sont souvent originales alors que dans le *Journal de Liouville*, il s'agit presque toujours de reprises de textes déjà publiés, à quelques exceptions notables près[101].

Dans l'avertissement de 1856, ouvrant la deuxième série de son *Journal* après vingt ans d'existence, Liouville est moins laudatif à l'égard de

---

[100] Dans son étude de la participation internationale au *Journal de Liouville*, Jesper Lützen [Lützen, 2002] parvient au chiffre global de 31, 5 % d'articles d'étrangers (par rapport au nombre de mémoires) sur toute la période : 1836-1855. Son étude est globale, la nôtre est faite par période de cinq ans. Elle montre que la participation étrangère, faible entre 1836 et 1840, augmente et se situe à un niveau élevé à partir des années quarante.

[101] Contentons-nous de citer ici le cas des recherches de Jakob Steiner (1796-1863) sur divers problèmes d'isopérimétrie et intitulées « Sur le maximum et le minimum des figures dans le plan, sur la sphère et dans l'espace en général ». Présentées à l'Académie des sciences de Paris en 1841 [Steiner, 1841a], elles ont été traduites pour le *Journal de Liouville*, par Wilhelm Wertheim (1815-1861) [Steiner, 1841b]. Cette traduction est reprise l'année suivante *in extenso* dans le *Journal de Crelle* [Steiner, 1842a] puis augmentée d'un second mémoire, non publié dans le *Journal de Liouville*. [Steiner, 1842b]. C'est un exemple rare et intéressant d'une reprise dans le *Journal de Crelle* d'un article initialement publié dans le *Journal de Liouville*, reprise d'autant plus intéressante qu'elle émane d'un auteur berlinois.

Gergonne, il se contente de revenir en détail sur le contexte de création du journal en citant les *Annales de Gergonne* :

J'ai fondé ce Journal à une époque où les moyens de publication pour les jeunes géomètres étaient beaucoup moins nombreux qu'aujourd'hui. On avait, il est vrai, le *Journal* de M. Crelle et celui de l'École polytechnique ; mais la *Correspondance* de M. Hachette, les *Annales* de M. Gergonne, le *Bulletin des Sciences* de M. Férussac, etc., avaient depuis plusieurs années cessé de paraître. [*Journal de mathématiques pures et appliquées*, II, **1** (1856), v-vi].

Tout au long de la première série du *Journal de Liouville*, les références aux *Annales de Gergonne* sont rares, réduites et très souvent critiques à l'exemple de cette allusion dans un article de Joseph Bertrand (1822-1900) [Bertrand, 1843]. Dans ce texte, Bertrand revisite le problème géométrique classique : « trouver un point dont la somme des distances à trois autres A, B, C, soit un minimum » [*Ibid.*] – le problème dit aujourd'hui de Fermat – sous un angle purement analytique qui, selon ses mots « fait partie de l'enseignement du calcul différentiel » [*Ibid.*]. Il démontre analytiquement :

Le point cherché est donc sur un segment capable de 120 degrés décrit sur l'un quelconque des côtés du triangle ABC, il est donc à l'intersection des trois segments semblables, décrits sur les côtés AB, AC, BC, et jouit par conséquent de cette propriété, que les droites qui le joignent aux points A, B, C, forment trois angles égaux entre eux, et à 120 degrés. [*Ibid.*].

Le schéma ci-joint résume la situation [Fig. 5].

Fig. 5. Le triangle inséré dans le mémoire de Bertrand [Bertrand, 1843, 158]

Bertrand s'empresse de préciser que « dans le cas où ces segments ne peuvent pas se couper, c'est-à-dire, comme il est très facile de s'en assurer lorsque le triangle ABC a un angle plus grand que 120 degrés » [*Ibid.*] alors la solution est donnée par l'un des trois sommets. Par exemple, si l'angle associé à A est celui qui dépasse 120 degrés, alors A est la solution. Ce problème est assez remarquable dans la mesure où le point cherché, appelé aujourd'hui « point de Torricelli », est obtenu de deux manières très différentes suivant que l'un des angles soit obtus ou non. En fin d'article, Bertrand critique un article paru dans Gergonne, présentant des

« conclusions tout opposées ». Il s'agit d'une des « SOLUTIONS PUREMENT GEOMETRIQUES [Ces mots sont en majuscules dans le texte des *Annales*] des problèmes de minimis proposés aux pages 196, 232 et 292 de ce volume, et de divers autres problèmes analogues » [*Annales de mathématiques pures et appliquées*, 1 (1810-1811), 375-384]. Il est présenté comme étant rédigé « par un abonné », vraisemblablement Gergonne. Le premier consiste à « déterminer un point dont la somme des distances à trois points donnés soit la moindre possible » [*Ibid.*, 377-378]. Bertrand écrit :

> J'ai cru d'autant plus utile de mentionner ces remarques, qu'on trouve des conclusions tout opposées dans un article des *Annales de Mathématiques* de M. Gergonne. Après avoir démontré, tome 1er, page 377, la construction que nous avons déduite de l'analyse, on conclut que, dans le cas où elle ne s'applique pas, le problème est impossible. J'ignore si la fausseté de cette conclusion a déjà été signalée ; dans tous les cas, il n'est pas nécessaire d'insister plus longuement pour en faire sentir l'impossibilité, puisqu'on est sûr, à priori [sic], par la nature même de la question, qu'il y a toujours une solution. [*Ibid.*].

Bertrand termine l'article en précisant où se trouve l'erreur dans les *Annales de Gergonne*.

Liouville est sans doute plus un successeur de Crelle que de Gergonne sur le plan éditorial. Quand Liouville a fondé son journal, en 1836, le *Journal de Crelle* est depuis plusieurs années le journal de référence des mathématiques. En 1829, Alexander von Humboldt (1769-1859) écrit à Samuel Heinrich Spiker (1786-1858) : « Vous êtes dans l'erreur sur le Journal des Mathématiques de Mr. Crelle. Il jouit de la plus grande célébrité en France où on le préfère au Journal de Mr. Gergonne. » [Humboldt, SPK, 1829][102]. L'affirmation de Humboldt est corroborée par des faits éditoriaux. Dans la première décennie du *Journal de Crelle*, une dizaine d'auteurs français (Clapeyron, Cournot, Germain Sophie, Hachette, Lamé, Libri, Liouville, Navier, Poisson & Poncelet) ont la plume tournée vers Berlin. Ils y publient une quarantaine de mémoires soit presque neuf cents pages. Cela constitue plus de deux volumes annuels du journal. [Verdier, 2009b, 38-43]. Avec le lancement du *Journal de Liouville*, en 1836, cette présence française à Berlin chute de manière drastique. L'offre éditoriale parisienne est désormais suffisante pour combler la demande.

---

[102] Cette lettre est reproduite dans son intégralité dans le volume de correspondance entre Humboldt et Spiker [Schwarz, 2007, 62].

CONCLUSION : GERGONNE, LE « PREMIER HOMME », ET LIOUVILLE, L' « HÉRITIER »

En lançant, en 1836, son *Journal de mathématiques pures et appliquées*, Liouville s'inscrit dans une double succession immédiate : celle de Gergonne co-fondateur et rédacteur de 1810 à 1832 d es *Annales de mathématiques pures et appliquées* et celle de Crelle fondateur à Berlin, dix ans plus tôt, du *Journal für die reine und a ngewandte Mathematik*. Si Liouville s'inspire de ses devanciers, il fait de son *Journal* une publication très différente de celle des *Annales*. Il y a une continuité revendiquée, mais sans doute obligée, avec d'indéniables éléments de rupture et dans le fond (choix et gestion des auteurs et des thématiques) et dans la forme (gestion des textes et du paratexte).

Gergonne et Liouville supervisent toute la rédaction en amendant les textes et en choisissant ou r efusant des auteurs mais quand Gergonne critique sans cesse la plupart de ceux qu'il publie par des centaines de notes ou d'articles apportant un point de précision ou un contrepoint à telle ou telle question, Liouville, lui, reste sobre et ne se met pas, particulièrement en avant dans son *Journal* : par sa surface scientifique, il a accès à tous les lieux où les sciences mathématiques se forment, se transforment et se discutent ; son *Journal* n'est pas son seul lieu d'expression pour faire circuler ses idées et celles des autres savants de son temps. Gergonne et Liouville sont séparés par une génération mais surtout par un « champ d'expérience » selon l'expression de l'historien allemand Reinhart Koselleck [Kosseleck, 1990, 307-329]. Le champ d'expérience d'un individu accumule tout ce qui a trait au passé, tout ce qui a été transmis ou remémoré, tout ce dont on s'est approprié pour envisager son présent et son futur. Dans son champ d'expérience, Gergonne, au moment du lancement de ses *Annales*, ne dispose pas de modèle de journaux du moins si nous nous en tenons à la bibliographie idéale des mathématiques qu'il préconise en 1810 et que Christian Gerini a découvert dans les archives de l'académie du Gard [Gerini, 2002, 134 -137]. Dans cette liste constituée d'une soixantaine d'ouvrages de mathématiques produits par des savants de différents pays, Gergonne ne fait aucune référence aux quelques journaux relativement éphémères qui ont existé en Allemagne et en Angleterre au XVIIIe siècle (*Cf.* Chapter 1).

Ainsi, Gergonne ne s'appuie sur aucun modèle éditorial pour fonder sa publication. Il est, en ce sens, un « premier homme » au sens d'Albert Camus c'est-à-dire, en paraphrasant, un homme qui « avait dû s'élever seul, sans père [...] et il lui avait fallu apprendre seul, en force, en puissance, trouver seul sa morale et sa vérité, à n aître enfin comme homme pour ensuite naître encore d'une naissance plus dure, celle qui consiste à n aître aux autres [...] à l'immense cohue des conquérants maintenant évincés qui les avaient précédés sur cette terre et dont ils devaient reconnaître maintenant la fraternité de race et de destin. » [Camus, 1994, 181].

A contrario, les *Annales de Gergonne* font partie du « champ d'expérience » de Liouville ; fort de l'œuvre du « fondateur du journalisme mathématique en France » selon l'expression probable de Terquem, Liouville – savant reconnu et rédacteur à la sociabilité d'envergure européenne – a fabriqué un journal qui tout au long de la première moitié du dix-neuvième siècle, et jusque dans les années dix-huit cent soixante, s'est imposé très rapidement avec le *Journal de Crelle*, comme le journal de référence des progrès des mathématiques, l'un des deux lieux où il faut être publié pour exister mathématiquement.   En ce sens, Liouville est un héritier au sens bourdieusien du terme.

REFERENCES

Sources bibliographiques primaires
Bertrand, Joseph, (1843). « Remarques sur la théorie des maxima et minima de fonctions à plusieurs variables », *Journal de mathématiques pures et appliquées*, I, **8** (1843), 155-160.

Coupy, Émile, (1851). « Solution d'un problème appartenant à la géométrie de situation, par Euler », *Nouvelles annales de mathématiques*, I, 10 (1851), 106-119.

Galois, Évariste, (1831). « Lettre adressée au Président de l'Académie des Sciences de Paris, 31 mars 1831 », *in* Bourgne, Robert & Azra, Jean-Pierre, *Écrits et mémoires mathématiques*, édition critique intégrale des manuscrits et publications d'Évariste Galois, Deuxième édition revue et augmentée, Éd. Jacques Gabay, 1997, 465.

Gergonne, Joseph, Diez, (1810-1811). « Recherches nouvelles sur les conditions d'équilibre dans un s ystème libre, de forme invariable », *Annales de mathématiques pures et appliquées*, 1 (1810-1811), 171-180.

Libri, Guglielmo, (1839). « Mémoire sur la Théorie générale des équations différentielles linéaires à d eux variables », *Comptes rendus hebdomadaires des séances de l'Académie des sciences*, **8** (1839), 732-741

Liouville, Joseph, (1830-1831). « Mémoire sur la théorie analytique de la chaleur », *Annales de mathématiques pures et appliquées*, **21** (1830-1831), 133-181.

Racine, Jean, (1670). Préface de *Bérénice*, 1670 in *Œuvres Complètes*, tome I, La Pléiade, 1950, 465-468.

Steiner, Jacob, (1841-a). « Sur le maximum et le minimum des figures dans le plan, sur la sphère et dans l'espace en général », *Journal de mathématiques pures et appliquées*, I, **6** (1841), 105-170.

Steiner, Jacob, (1841-b). « Sur le maximum et le minimum des figures dans le plan, sur la sphère et dans l'espace en général », *Comptes rendus hebdomadaires de l'Académie des* sciences, **12** (1841), 479-482.

Steiner, Jacob, (1842-a). « Sur le maximum et le minimum des figures dans le plan, sur la sphère et dans l'espace en général », *Journal für die reine und angewandte Mathematik*, **24** (1842), 105-170.

Steiner, Jacob, (1842-b). « Sur le maximum et le minimum des figures dans le plan, sur la sphère et dans l'espace en général. Second mémoire. Des figures planes et sphériques », *Journal für die reine und angewandte Mathematik*, **24** (1842), 189-250.

Vecten[103], (1810-1811). « Questions résolues. Solution du premier des deux problèmes proposés à la page 292 de ce volume », *Annales de mathématiques pures et appliquées*, **1** (1810-1811), 373-375.

Sources bibliographiques secondaires

Belhoste, Bruno & Lützen Jesper, 1984. « Joseph Liouville et le collège de France », *Revue d'histoire des sciences*, XXXVII/3-4 (1984), 255-304.

Camus, Albert, *Le premier homme*, Gallimard, 1994, p. 181.

Dhombres Jean, (2000), « Quelle fut la part du "national" dans le bilan post - révolutionnaire de la mathématisation des lumières en Europe ? », *Annales historiques de la Révolution française*, 320, 5-19.

Edwards, Harold M., (1975) « The Background of Kummer's Proof of Fermat's Last Theorem for Regular Primes », *Archive for History of Exact Sciences*, 14, 219-236.

Edwards, Harold M., (1977). « Postscript to « The Background of Kummer's Proof of Fermat's Last Theorem for Regular Primes »», *Archive for History of exact Sciences*, 17 (1977), 381-394.

Ehrhardt, Caroline (2010). « La naissance posthume d'Évariste Galois (1811-1832) », *Revue de synthèse*, 131, 6ᵉ série, n°4, 2010, 543-568.

Gerini, Christian (2002). *Les «Annales» de Gergonne : apport scientifique et épistémologique dans l'histoire des mathématiques*, Éd. du Septentrion, Villeneuve d'Ascq.

Gerini, Christian (2008). « Joseph-Diez Gergonne (1771-1859), recteur sous la Monarchie de Juillet : le zèle d'un fonctionnaire et l'esprit critique d'un libre penseur », *in* Condette, Jean-François et Legohérel Henri

---

[103] Malgré de nombreuses recherches, dont certaines sont encore en cours, nous ignorons avec certitude l'identité de Vecten.

(dir.), *Les recteurs d'académie en France : deux cents ans d'histoire*, Paris, Cujas, 53-74

Lützen, Jesper, (1990). *Joseph Liouville (1809-1882), a master of pure and applied mathematics*, Ed. Springer-Verlag, 1990.

Lützen, Jesper, (2002). « International Participation in Liouville's *Journal de mathématiques pures et appliquées* », *in Mathematics Unbound : The Evolution of an International Mathematical Research Community 1800-1945*, Karen Hunger Parshall, Adrian C. Rice, History of mathematics, Vol. 23, A merican Mathematical Society & London Mathematical Society, 2002, 89-104.

Moatti Alexandre et Verdier Norbert (sous la direction de), *Joseph Liouville (1809-1882, X 1825). Le bicentenaire*, Paris, Bulletin de la Société des Amis de la Bibliothèque de l'X, vol. 45, 2010.

Moatti, Alexandre, (2011). « Gaspard-Gustave de Coriolis (1792-1843) : un mathématicien, théoricien de la mécanique appliquée. », université de La Sorbonne, Paris 1, thèse de doctorat, 2011.

Neuenschwander, Erwin, (1984a). « Joseph Liouville (1809-1882) : Correspondance inédite et documents biographiques provenant de différentes archives parisiennes », *Bolletino di Storia delle Scienze Matematiche*, **IV** (fasc.2), (1984), 55-132.

Neuenschwander, Erwin, (1984b). *Die Edition mathematischer Zeitschriften im 19. J ahrhundert und i hr Beitrag zum wissenschaftlichen Austauch zwischen Frankreich und Deutschland*, Mathematisches Institut der Universität, Göttingen, 1984.

Neuenschwander, Erwin, (1989). The Unpublished Papers of Joseph Liouville in Bordeaux , *Historia Mathematica*, **16** (1989), 334-342.

Peiffer, Jeanne, (1978). *Les premiers exposés globaux de la théorie des fonctions de Cauchy 1840-1860*, École des Hautes Etudes en Sciences Sociales, thèse, juin 1978.

Preveraud, Thomas, (2011). « Vers des mathématiques américaines. Enseignements et éditions: de Robert Adrain à la genèse nationale d'une discipline (1800-1843) », mémoire de master « Histoire des sciences et des techniques », sous la direction de Norbert Verdier, université de Nantes, Centre François Viète.

Sakarovitch, Joël, (1994). *La géométrie descriptive, une reine déchue in* B.Belhoste, A.Dahan-Dalmédico, A.Picon, *La formation polytechnicienne 1794-1994*, Éd. Dunod, 1994, 77-93.

Schwarz Ingo, (2007). *Alexander von Humboldt Samuel Heinrich Spiker Briefwechsel*, Akademie Verlag, 2007.

Sinaceur, Hourya, (1992). « Cauchy, Sturm et les racines des équations », *Revue d'histoire des sciences*, **XLV** (1992), 51-67.

Verdier Norbert, (2009a). « Les journaux de mathématiques dans la première moitié du XIXe siècle en Europe, *Philosophia Scientiae*, 2009, n° 13 (2), 97-126.

Verdier Norbert, (2009b). *Le Journal de Liouville et la presse de son temps : une entreprise d'édition et de circulation des mathématiques au XIXème siècle (1824 – 1885)*, thèse de doctorat de l'université Paris-Sud 11, 2009.

Sources archivistiques

Les références de la forme [Auteur, SPK, identifiant] renvoient aux archives de la Staatsbibliothek[104] indiquées ci-dessous :

-Humboldt, Alexander von : Ms. Boruss. Oct 95 (N°102 : lettre du 12 avril 1829).

-Lejeune Dirichlet, Johann, Peter, Gustav : Nachlass, lettre du 16 m ai 1837 & lettre du 24 mai 1840.

---

[104] Staatsbibliothek zu Berlin, Preussischer Kulturbesitz, Handschriftenabteilung.

PARTIE II: Etudes de cas au Portugal, en Espagne & en Italie dans la deuxième moitié du XIXe siècle

Présentation

Une lettre de Gergonne à l'un de ses auteurs, W. H. F. Talbot (Chapitres 1 & 2), peut servir d'introduction à cette deuxième partie. Gergonne, dans cette lettre datée du 16 décembre 1826[105] dresse une sorte de bilan sur les écrits relatifs aux sciences. Il regrette une certaine forme de plagiat de la part de la *Correspondance mathématique et physique* publiée à Bruxelles et du *Journal für die reine und angewandte Mathematik,* à Berlin. Pour autant, il en appelle à la naissance d' « autres recueils à l'imitation du [sien] » en assénant : « Il nous faudrait présentement un semblable recueil publié à Londres et un autre dans quelque grande ville d'Italie et alors rien ne nous manquerait pour être bien au courant. » [*ibid.*]

Au niveau historiographique les situations en Allemagne, en Angleterre et même aux Etats-Unis sont assez bien connues grâce aux différents travaux relativement anciens dus à Wolfgang Eccarius[106], Peter Schreiber[107] ou à des études très récentes de Sloan Despeaux[108], Deborah Kent[109] et Thomas Preveraud[110]; il nous semblait en revanche que les situations en Europe du Sud méritaient d'être davantage explorées. Cette deuxième partie

---

[105] Fonds Talbot, Fox Talbot Museum : http://foxtalbot.dmu.ac.uk/project/project.html. Lettre de Gergonne, 16 décembre 1826. N°01188 : « This letter [was] attached, for unknown reasons, to Doc N° 01188, at FTM, Lacock » précise Larry J Schaaf, le responsable de ce projet de publication de la correspondance de Talbot.

[106] Eccarius, Wolfgang
1974. *Der Techniker und Mathematiker August Leopold Crelle (1780-1855) und sein Beitrag zur Förderung und Entwicklung der Mathematik in Deutschland des 19 Jahrhunderts*, Dissertation (Masch.), Eisenach, 1974.
1976. «August Leopold Crelle als Herausgeber des Crelleschen Journals », *Journal für die reine und angewandte Mathematik*, à l'occasion du 150 ème anniversaire de la création du *Journal de Crelle*, 286/287 (1976), 5-25.

[107] Schreiber, Peter, « Johann August Grunert and his Archive der Mathematik und Physik as an integrative factor of everyone's mathematics in the middle of the nineteenth century » *in* Goldstein, Catherine, Gray, Jeremy & Ritter, Jim (sous la direction de) *L'Europe mathématique/Mathematical Europe*, Éd. de la Maison des sciences de l'homme, Paris, 1996. 432-444.

[108] Despeaux, Sloan, « Mathematical Question: A convergence of mathematical practices in Bristish Journals of the eighteeth and Nineteenth Centuries », sous presse.

[109] Kent, Deborah, « "The Mathematical Miscellany" and "The Cambridge Miscellany of Mathematics": closely connected attempts to introduce research-level mathematics in America, 1836–1843 », *Historia Mathematica*, 35 (2008), 102-122.

[110] Préveraud, Thomas, *Circulations mathématiques franco-américaines (1818-1878),* thèse en Histoire des sciences et des techniques, université de Nantes, sous la direction de Evelyne Barbin, Norbert Verdier et Michel Catala, en préparation.

s'intéresse donc à l'existence de recueils de mathématiques « dans quelque grande ville d'Italie, d'Espagne ou du P ortugal » pour reprendre les termes de Gergonne.

Ainsi nous examinerons la circulation des mathématiques via la presse dans de nombreuses villes d'Europe du S ud : au Portugal (Coïmbra & Lisbonne), en Espagne (Cadix, Madrid, Saint-Sébastien, Saragosse, Tolède, Valence & Vitoria-Gasteiz) ou en Italie (Gênes, Milan, Padoue, Palerme & Rome). Dans ces villes sont impliquées, à des degrés divers, des dizaines de lieux institutionnels et des centaines d'acteurs, ce qui atteste de la diversité des offres et des demandes. Ces études montrent également que le phénomène de la presse mathématique ou contenant des mathématiques n'est pas seulement centré dans des capitales mais se déroulent aussi en périphérie avec des densités et intensité différentes mais qui ne sont pas inexistantes.

CHAPTER 3

A decisive journal in Portuguese mathematics: Gomes Teixeira's Jornal de Sciencias Mathematicas e Astronomicas (1877-1905)

Luis M. R. SARAIVA

In 1909 t he Portuguese mathematician and historian of mathematics Rodolfo Guimarães (1866-1918) published *Les Mathématiques en Portugal*[111], a history of Portuguese mathematics which includes a catalogue of Portuguese mathematical works, using the norms of the 1889 *Congrès International de Bibliographie des Sciences Mathématiques*. He divided mathematic works into three main classes: Mathematical Analysis, which includes algebra, analysis, probability theory and number theory; Geometry, which also includes trigonometry; and Applied Mathematics, basically all that was not included in the two previous classes, and so was the most heterogeneous of the three. This class includes mechanics, ballistics, astronomy, geodesy, hydrodynamics, textbooks, philosophy and history of mathematics, graphical calculus, descriptions of instruments, etc.

Guimarães's bibliography is a source that should be approached with care, as not only are not all Portuguese mathematical works referenced, but also a great variety of works are compiled, from research papers and books to lecture notes and elementary mathematics texts. Nevertheless it gives an essentially accurate idea of the evolution of the publication of mathematics in Portugal.

In the first half of the 19th-century in Portugal there was only one journal in which mathematicians could publish their results: this was the *Memoirs* of the Lisbon Academy of Sciences, an institution founded in 1779. In the beginning mathematics was not a priority for the Academy, so it published several volumes of both the *Economic Memoirs* and the *Literature Memoirs* before the first volume of a periodical that included mathematics appeared. The first issue of the Academy's *Memoirs* appeared only in 1797, eighteen years after its foundation[112].

We can say that there was a v ery limited publication of mathematical papers and books in the first half of the 19th-century. That number more

---

[111] On Guimarães and this particular work see [Saraiva, 1993].
[112] On the mathematics in the *Memoirs* during the 19th-century, see [Saraiva, 2008].

than doubled in the third quarter of the 19th-century, and this number then more than trebled in the period 1876-1900[113]. On the basis of the data given in Guimarães' book we have:

	Mathematical Analysis	Geometry	Applied Mathematics	Total
1801-1850	18 27.27%	12 18.19%	36 54.54%	66
1851-1875	34 23.13%	30 20.41%	83 56.46%	147
1876-1900	158 30.38%	141 27.11%	221 42.51%	520

Table 1. Mathematics publications in Portugal during the 19th-century according to Guimarães.

If we only consider papers published in journals, the characteristics of these three periods are essentially the same, and the rate of growth of the quantitative output from each period to the next increases further. In the third quarter of the 19th-century the number of publications in journals almost quadrupled in relation to the first half of the century, and grew again almost five-fold in the period 1876-1900 in relation to the previous period:

	Mathematical Analysis	Geometry	Applied Mathematics	Total
1801-1850	11 50.00%	1 4.55%	10 45.45%	22
1851-1875	18 22.78%	18 22.78%	43 54.44%	79
1876-1900	127 33.34%	123 32.28%	131 34.38%	381

Table 2. Mathematics publications in Portuguese journals during the 19th-century according to Guimarães.

The scarcity of mathematical production in the first half of the century can be explained by the long period of social and political instability in Portugal: the Napoleonic wars (1807-1811) left their mark, and this was followed by a climate of unrest, including civil war, that lasted for the greater part of the period, first with the struggle between Liberals and

---

[113] For an overview of Portuguese periodicals which contained mathematics in the 19th-century see [Saraiva, 2000].

Absolutists, followed by a conflict between what were known as Septembrists and Chartists (in Portuguese: *"setembristas"* and *"cartistas"*)[114].

Mathematics in Portugal in the 19th-century was mainly the work of professional soldiers, and so the unrest of this period directly affected the production of mathematical works. Only from 1851 onwards did some stability come to Portuguese politics, and this allowed a more productive environment for mathematics.

The first major reform of the Academy took place in 1851. In this reform the Academy brought mathematics to the forefront. Computational Sciences, the class in which mathematics was included, had been the second class of the Academy up to 1851, but in this reform it became the first, and mathematics became the first section of the first class. The Academy also recognized that the *Memoirs* were not published with sufficient frequency to include all scientific works that merited publication, and its 1851 reform declared that there was a need for new publications: one that would inform the public in general of the work of the Academy and another that would publish papers that either could not be published in the *Memoirs* or deserved to be published but were not good enough to be included in it. The first was the *Boletim da Academia das Sciencias de Lisboa* (Bulletin of the Lisbon Academy of Sciences), which started publication in 1851. As for the second one there was, first, the *Annaes das Sciencias e Lettras* (Annals of Sciences and Arts*)*, which existed for just over an year (1857-1858), published monthly in two separate volumes, of 64 pages each (with only two exceptions), one for *Sciencias Mathematicas, Physicas, Historico-Naturaes e Medicas,* (Mathematics, Physics, Natural Sciences and Medicine) published from March 1857 to July 1858, and another for *Sciencias Moraes e Politicas, e Belas Lettras (*Moral and Political Sciences, and Arts*)*, published from March 1857 to February 1858. Then, from 1866 onwards, the Academy published the *Jornal de Sciencias Mathematicas, Physicas e Naturaes* (Journal of Mathematical, Physical, and Natural Sciences). This was published regularly up until the end of the 19th-century, with an annual output of between one and three issues, and a variable number of pages, up to 1880 between 52 and 120 pages. It continued to be published until 1927[115].

To complete this picture of mathematics publications founded before Gomes Teixeira's journal we must mention *O Instituto* (The Institute), a

---

[114] There are many reference books on Portuguese history. See [Marques, 1997/98]. There is an English translation of this work in two volumes, [Marques, 1971] and [Marques, 1976]. See the second volume, particularly chapter 10, *Constitutional Monarchy*, pp. 1-75.

[115] On these Academy of Sciences journals see a preliminary analysis in [Saraiva, 2005]. In the near future I intend to write papers on each of these two journals.

journal of the institution with the same name founded in Coimbra in 1852. It does not differ much from the Academy's publications except in the main subjects covered by the journal: more than half of its publications during this period are on astronomy and mechanics.

So we can say that political and social stability, together with the new orientation of the Academy towards mathematics, the founding of their new journals, and the publication of *The Institute,* contributed to an increase in mathematical publications in the third quarter of the 19th-century. We can attribute to Gomes Teixeira's activity and the founding of his pioneering journal in 1877 the immense increase in the period 1876-1900.[116]

THE PORTUGUESE MATHEMATICAL COMMUNITY (1800-1877)

Through the published papers in the *Memoirs,* the only journal in which mathematics could be published in Portugal up to 1852, we can define the characteristics of the Portuguese community of mathematicians up to the founding of Gomes Teixeira's journal. This community was essentially centred around the Lisbon Academy of Sciences.

In its first two series (1797-1839 and 1843-1856) the *Memoirs* of the Academy included 45 papers, written by 14 authors, 34 in the first and 11 in the second. The only non-Portuguese author in this group was Marie Charles Théodore de Damoiseau de Monfort (1768-1846), a captain-lieutenant in the Royal Navy Brigade, who for some time worked in the Observatory of the Navy Royal Academy. He had an astronomy paper published in Tome III, Part I (1812)[117]. These 45 papers occupy 1642 pages, plus 886 pages of geodesy tables, an average of about 37 pages per paper, not including the geodesy tables. They include seven papers on the history of mathematics and navigation. Up to the end of the century the number of mathematics papers in the *Memoirs* diminished, with only 11 papers by eight authors in the third series up to the end of the century (1854-1903)[118].

---

[116] On Gomes Teixeira see [Alves, 2004], which is the most detailed descriptive account available on his life and work. As always with books of such a wide scope, it is essential to have the original works to hand, as it contains mistakes, misprints and gaps in information. Also see [Guimarães, 1914] and [Vilhena, 1936], all in Portuguese. There is also some information on Teixeira in [Saraiva, 2000, pp. 313-315].

[117] He was elected a member of the Lisbon Academy of Sciences in 1806 More information on Damoiseau de Monfort in Portugal can be found in [Saraiva, 2008, pp. 307-308]. On Damoiseau in the context on French mathematics, see [Grattan –Guinness, 1990], in particular pp. 1200-1204.

[118] We include data from Tome VII Part I, which appeared in 1903, because it will have included papers written in the 19th-century; also the previous volume, Tome VI Part II, appeared in 1887, 13 years before the end of the century. The final volume of this series,

This was certainly due to the fact that the *Memoirs* was no longer the only journal in Portugal in which mathematics papers could be published: as pointed out above, there were the other Academy journals, or the Institute's, or, from 1877 onwards, Gomes Teixeira's journal. All mathematics papers by Portuguese authors were written in Portuguese, and the contributors were almost all Portuguese. In the third series only two mathematics papers were written by non-Portuguese authors: in Tome VI, Part II (1887), Ernesto Cesàro (1859-1916) [119] published a paper in Italian on geometry, and in Tome VII, Part I, Paul Barbarin (1855-1931)[120] had a paper in French on infinitesimal non-Euclidian geometry[121]. This means that only three mathematics papers by non-Portuguese authors were published in the *Memoirs* from 1797 to 1903. It was a similar story in all other scientific domains; of the 334 papers published in the *Memoirs* in this period only 16, just 4.8% of the total number of papers published, were not written in Portuguese.

We can see that not only was there a very small community of mathematicians in Portugal, but also that the Academy had no policy of international collaboration and no explicit aim to include the *Memoirs* in the network of international scientific periodicals.

The same attitude can be seen in the other journals founded by the Academy in the second half of the 19th-century. Regarding the *Annals of Sciences and Arts*, it published 33 papers, seven of them on mathematics, written by three authors. All the papers are by Portuguese authors and written in Portuguese. As for the *Journal of Mathematical, Physical and Natural Sciences,* it had 70 issues from 1866 to 1900, publishing 486 papers, including 73 on mathematics (15% of the total), written by 23 authors. The first paper by a non-Portuguese author was by Constantin le Paige (1852-1929), in 1883, and the first paper by a Portuguese author not written in Portuguese appeared in 1887, by Alfredo Schiappa Monteiro (1838-1919). Up to 1900, of papers not written in Portuguese, we have only six papers by non-Portuguese authors, and 11 written by Portuguese authors, seven of them by Monteiro[122].

Tome VII, Part II, appeared in 1914, and had four mathematics papers, including the first paper in the *Memoirs* by Rodolfo Guimarães.

[119] On Cesàro see [Novy and Folta, 1971].

[120] On Barbarin see [Halsted, 1908].

[121] It is possible that it was due to Teixeira's international prestige and connections that Cesaro's and Barbarin's papers were published in the *Memoirs*. See [Saraiva, 2008, p. 313, note 38].

[122] We have not studied *The Institute*'s overall output (another project for the future), but with respect to international collaboration we can say that it conforms to the same general lines as the Academy's publications.

Gomes Teixeira is one of the two most important Portuguese mathematicians of the 19th-century, the other being Daniel Augusto da Silva (1814-1878)[123]. We will sketch the main facts of his biography up to 1900.

From 1869 to 1874 he was a student in the Mathematics Faculty of Coimbra University. He completed his PhD in 1875, w ith a thesis on integration of partial differential equations of the second order[124], using works by A. M. Ampère 1775-1836)[125] and V. G. Imschenetsky (1832-1892)[126]. In 1876 he was appointed a substitute lecturer in the Coimbra Faculty of Mathematics. The following year he founded the *Jornal de Sciencias Mathematicas e Astronomicas* (Journal of Mathematical and Astronomical Sciences). In 1880 he became full professor of Differential and Integral Calculus in Coimbra. Three years later he applied successfully for a transfer to the *Academia Polytechnica do Porto* (Porto Polytechnic Academy), and in the following year he was appointed both full professor of Differential and Integral Calculus at the Polytechnic Academy and its Director.

His papers are on aspects of analysis, especially series theory, and later on geometry. His teaching to some extent determined his choice of research themes: partial differential equations, rational fractions, interpolation theory, and, mainly, functional series. Between 1887 and 1892 he published three volumes of his Infinitesimal Analysis Course, one on Differential Calculus and two on Integral Calculus. In 1895 t he Madrid Royal Academy of Sciences awarded a prize to his memoir *Sobre o d esenvolvimento das funcçoes em série* ("On the series development of functions"); and four years later another to his *Tratado de las Curvas Especiales Notables* ("Treatise on Special Notable Curves"). He was unique in Portuguese mathematics, not only because he corresponded extensively with the major mathematicians of the time[127], but also because he published copiously, mainly in international journals. He had over 140 papers published in such respected journals as *Acta Mathematica, Journal für die reine und angewandte Mathematik, Journal de Mathématiques Pures et Appliquées,* and *Rendiconti della Real Accademia dei Lincei.*

Mathematics papers written in Portuguese were not read by the international community of mathematicians. The most striking example for Gomes Teixeira was the case of the Portuguese mathematician Daniel da

---

[123] On Daniel da Silva see [Dionisio, 1978/79] (in Portuguese). There is also some information on him in [Saraiva, 2000], particularly pp. 3 10-313.
[124] [Teixeira, 1875].
[125] [Ampère, 1815] and [Ampère, 1820].
[126] [Imschenetsky, 1869] and [Imschenetsky, 1872].
[127] For a list of his correspondence see [Vilhena, 1936].

Silva, who Teixeira much admired. In 1851 da Silva published in the *Memoirs* of the Academy (second series, Volume III, pp. 61-231) a memoir on the rotation of forces about their application points, in which he proved new results on these matters, and in particular he corrected results[128] of A. F. Mobius (1790-1868) on this subject, proving that in general a system of parallel forces turning around their application points have four and only four equilibrium positions. Twenty-five years later J. G. Darboux (1842-1917), who did not know of da Silva's results, wrote on the same subject in *Mémoires de la Société de Sciences Physiques et Naturelles* (Bordeaux) (second series, Volume 2, pp. 1-65), obtaining some of da Silva's results, but not all. Da Silva was devastated when he heard of Darboux's paper. He read about it in the January 13, 1877 issue of the French journal *Les Mondes*, to which he sent a *Réclamation de Priorité*, which was published in that periodical on March 29, 1877. As far as we know this had no effect at all; it would have been better if the letter had been sent to the French Academy of Sciences instead of a g eneralist periodical. This episode convinced Gomes Teixeira that to have the work of Portuguese mathematicians known in the international mathematics community it was essential to have a mathematics journal in Portugal in which not only the majority of papers had to be written in a language known to most of the international community, but also in which well-known non-Portuguese mathematicians had to write, making it tr uly international. This was the genesis of his *Journal of Mathematical and Astronomical Sciences.*

THE *JORNAL DE SCIENCIAS MATHEMATICAS E ASTRONOMICAS* (1877-1905)

Introduction

In the *Introdução* (Foreword) of the first issue of the journal Gomes Teixeira states his view of the Portuguese situation:

> Almost all countries in Europe, even the smallest, besides periodical journals published by their scientific institutions, which include papers on all sciences, have journals by private institutions exclusively dedicated to the mathematical or astronomical sciences. In Portugal there are none of this second kind. It is in fact a difficult task to achieve, which however we are beginning, in spite of our weaknesses, trusting in the support of Portuguese mathematicians and astronomers.[129]

---

[128] Da Silva did not know Mobius' results at the time of publication of his paper.

[129] "Quasi todos os paizes da Europa, ainda os mais pequenos, sustentam, além das publicações periodicas publicadas pelas corporações scientificas, onde vem artigos relativos

He then defines the aims of the journal: he wants it to be both a place where mathematics researchers publish their results and exchange their ideas, and a place where people who only know the mathematics taught at secondary school level can find interesting papers and news to read, and accessible problems to try to solve; that is, he also aims to recruit secondary teachers and students as readers and active participants in the production of the contents of the journal:

> It is our aim to publish memoirs related to pure mathematics, rational and applied mechanics, mathematical physics, astronomy, geodesy, stereotomy, etc. In each issue there will be two sections, one on hi gher mathematics problems, the other aimed at people who only know the mathematics taught in our secondary courses, and in which we will publish papers on elementary mathematics, astronomical news, etc, and for the success of which we hope to have papers by our secondary level teachers.[130]

The first volume was issued in twelve parts (published in 1877 a nd 1878), and the two sections were maintained in the first eleven parts: from then onwards there were no separate sections.

The essential idea was to found an international mathematics journal, in which mathematics papers from the international community would be published, and which would be read by both Portuguese and non-Portuguese mathematicians. The first two issues were written by Gomes Teixeira in their entirety: the section on higher mathematics contains respectively the first and second parts of his paper *Sur la decomposition des fractions rationelles*, with further parts in another four issues (the final part is included in Volume II), and the second section contains the first and second parts of his *Noticia sobre Saturno* (News about Saturn), a paper in Portuguese published in five parts. It is also significant that the first text not written by Gomes Teixeira included in his journal, in Section I of issue three of the first volume, is the *Réclamation de Priorité* by Daniel da Silva, a text

---

a todas as sciencias, jornais de iniciativa particular dedicados exclusivamente ás Sciencias Mathematicas ou ás Sciencias Astronomicas. Em Portugal não existe nenhum d'este segundo género. E' na realidade uma empresa difficil, que todavia ousamos emprehender, apezar das nossas poucas forças, confiados no auxilio que esperamos dos Mathematicos e Astronomos Portuguezes."

[130] "E' nosso objectivo a publicação de memorias relativas ás Mathematicas puras, á Mecanica racional e ap plicada, á P hysica mathematica, á Astronomia, á G eodesia, á Stereotomia, etc. Em cada numero haverá duas secções, uma relativa a q uestões de mathematicas superiores, outra destinada ás pessoas que conhecem só as mathematicas que se ensinam nos nossos cursos de instrucção secundaria, na qual publicaremos artigos sobre Mathematicas elementares, Noticias astronomicas, etc., para cujo bom exito esperamos que concorrerão os professores dos nossos Lyceus com seus artigos."

that the Academy's *Jornal de Sciencias Mathematicas, Physicas e Naturaes* had already included in its March 1877 issue, but that Gomes Teixeira considered sufficiently important to include in his journal as well. This highlights the fact that one of the aims of his journal was precisely to prevent situations like the one undergone by da Silva from recurring.

It is also significant that the first paper in Section I not written by Gomes Teixeira (the first four parts of his *Sur la decomposition des fractions rationelles* filled Section I in the first four issues) is in issue five by Charles Hermite (1822-1901)[131], *Sur les formules de Mr Frenet*. Hermite was at the time one of the most celebrated mathematicians in the world, one of the leading figures in higher analysis. The other non-Portuguese mathematician who published in the first volume of the journal was Giusto Bellavitis (1803-1880)[132], also a w ell-known mathematician. When he contributed to Gomes Teixeira's journal, he was a fellow of the *Societa Italiana dei Quaranta* (since 1850), and was to become (1879) a member of the *Accademia dei Lincei*. Gomes Teixeira set out to have some of the most prestigious mathematicians of his time to write in his journal, and in this way to persuade other non-Portuguese mathematicians to write in it.

One important fact to be emphasized is that after a year of publication eight of the first fourteen papers included in Section I are not in Portuguese[133]. In the first five issues Section I only has papers in French: issue six is the first in which there is a paper written in Portuguese. We should bear in mind that until 1877 all mathematics papers by Portuguese authors in the Academy's publications were in Portuguese, and that there was only one exception in all Portuguese journals: in 1875 Alfredo Schiappa Monteiro had published a paper in French in *O Instituto*. So to have the majority of papers appearing in a language other than Portuguese was a considerable qualitative change of attitude and perspective, and it was Gomes Teixeira who made it happen.

Nearly all volumes had 192 pa ges, the exception being volume VI, which had 200. The volumes were published regularly, in instalments, each volume starting at an interval of one to three years after the start of the previous one. So we have the following, with the year stated being the one on the front cover of each volume: I in 1877, II in 1878, III in 1881, IV in 1882, V in 1883, VI in 1885, V II in 1886, V III in 1887, IX in 1889, X in

---

[131] On Hermite, see [Freudenthal, 1972].

[132] On Bellavitis see [Carrucio, 1970] .

[133] This includes Daniel da Silva's *Reclamation de Priorité*. Seven are in French and one in Italian.

1891, XI in 1892, XII in 1894, XII in 1897, XIV in 1900 and XV in 1902 (with instalments until 1905)[134].

The First Tome (1877-78)

Tome I was published in instalments, and it is the only one that is separated into two sections, except for the last instalment.

Let us analyse the contents of Section I. The thirteen papers in this section were written by nine authors (including Daniel da Silva's *Réclamation de Priorité*). We see that all age-groups are represented, from those who were in their late 50s and 60s in 1877, which we will call group A, to the young generation, in their twenties in 1877 (Group C), and a group in between, from their late 30s up to their mid 50s (Group B). The two non-Portuguese mathematicians who contributed papers to this first volume are one in Group A and the other in Group B. So we have in this first volume:

Group A (5 papers, 34 pages)
1. Giusto Bellavitis (1803-1880) - one paper, 5 pages
2. Rodrigo Ribeiro de Sousa Pinto (1811-1893) – one paper, 4 pages
3. Daniel Augusto da Silva (1814-1878) – one paper, 3 pages
4. Francisco da Ponte Horta (1818-1899) – two papers, 22 (10+12) pages
Group B (6 papers, 22 pages):
1. Charles Hermite (1822-1901) – one paper, 6 pages.
2. Pedro de Amorim Viana (1823-1901) - one paper, 2 pages
3. Alfredo Schiappa Monteiro (1838-1919) – four papers, 14 (3+4+4+3) pages.
Group C (3 papers, 46 pages):
1. Luis Feliciano Marrecas Ferreira (1851-1928) – two papers, 8 (3+5) pages
2. Francisco Gomes Teixeira (1851-1933) – one paper, 38 pages.

In Section II we have 16 papers written by ten authors. If we proceed as in Section I, putting the authors in three age-groups, we have:

Group A (2 papers, 8 pages):
1. Francisco Ponte Horta (1818-1899) – one paper, 6 pages
2. José Joaquim da Silva Pereira Caldas (1818-1903) – one paper, 2 pages.
Group B (8 papers, 26.5 pages):
1. Pedro de Amorim Viana (1823-1901) – three papers, 6.5 (1.5+2+3) pages
2. Luis Porfírio da Motta Pegado (1831-1903) - one paper, 6 pages
3. Alfredo Schiappa Monteiro (1838-1919) – two papers, 5.5 (3+2.5) pages.
4. Carlos Henrique de Aguiar Craveiro Lopes (1840-1904)- two papers, 8,5 (3.5+5) pages[135].

---

[134] The journal continued as the *Annaes Scientificos da Academia Polytechnica do Porto* (Scientific Annals of the Polytechnic Academy of Porto), also edited by Gomes Teixeira. After the Republican Revolution of 1910 it became the *Anais da Faculdade de Ciencias do Porto* (Annals of the Faculty of Sciences of Porto).

Group C (6 papers, 45.5 pages):
1. Alfredo Filgueiras Rocha Peixoto (1848-1904) – one paper, 9.5 pages
2. António Zeferino Cândido (1851-1916/17 ?) – two papers, 5 (3+2) pages
3. Francisco Gomes Teixeira (1851-1933) – two papers, 29 (25+4) pages
4. Luis Inácio Woodhouse (1858-1927) – one paper, 2 pages.

So we can summarize the contents of Tome I as follows:

	Section I Number of papers	Section I Pages	Section II Number of papers	Section II Pages
Group **A**	5	34	2	8
Group **B**	6	22	8	26.5
Group **C**	3	46	6	45.5
Total	**14**	**102**	**16**	**80**

Table 3. Papers in Tome I of *Jornal de Sciencias Mathematicas e Astronomicas*

We should also mention that an astronomical news section started to appear in instalment #7, which appeared again in instalments #8, #10 a nd #11[136], each time occupying one page or less. In the first volume it occupied a total of 2.5 pa ges. From instalment #3 onw ards there was a problem-solving section, in which problems would be posed for readers to solve. In Tome I this section occupied in a total of 2.5 pages (the answers to the problems are included in Section II).

So we see that Section I has 102 p ages, while Section II has 85, respectively 54.5% and 45.5%[137]. For the research section most are by the older mathematicians (Groups A and B have a total of 78.6% of the papers), while in the elementary mathematics section the majority of papers are by the younger ones (Groups B and C have a total of 87.5%).

---

[135] I thank Pedro Raposo for the biographical information on Craveiro Lopes. In instalments 5 and 7 of Tome I Craveiro Lopes has two papers, respectively his way of solving problem 2 and his comments on the solutions obtained.

[136] The first mentioned solar images obtained by Mr Jansen and possible interpretations concerning the sun's surface; another two only mentioned new celestial bodies discovered, stating who discovered them and in which observatory, and the last included data on the transit of Mercury in front of the Sun.

[137] The Foreword is not included in any of the sections. All percentages, here and elsewhere in the paper, are given to one decimal place.

In Section I eleven papers are between 2 and 6 pages, that is, 78.6% of the total. Only Gomes Teixeira (38 pages) and Ponte Horta (12 and 10 pages) have longer papers.

In Section II there is a majority of very short papers: 10 out of 16 are less than 4 pages long, that is, 62.5% of the total. There are only two papers of more than 6 pages, by Gomes Teixeira (25 pages) and Rocha Peixoto (9.5 pages). This means that in this section 87.5% of the papers are 6 or fewer pages long.

Although Gomes Teixeira wrote only three of the 30 papers in this first volume, 10 % of the total, the picture is very different if we consider the total number of pages in his papers: 35.8% of the total number of pages of Sections I and II (37.2% of Section I and 34.1% of Section II). After him, Ponte Horta has 15.0% of the total of Sections I and II, and Schiappa Monteiro 10.4%. That is, between them, these three have a total of 61.2% of the total number of pages of Sections I and II, which makes them the main contributors in this first Tome. All other authors have a total of less than 10 pages each, the highest percentages being for Rocha Peixoto (5.1%), Craveiro Lopes and Amorim Viana (both 4.5%).

As for the subjects of the papers, in Section I geometry is dominant, with nine papers, then there are two on historical notes, and one each on analysis, mechanics and algebra. As for Section II, of the 16 papers, nine are answers to problems proposed in the journal in previous instalments. Geometry is the dominant subject, with eight papers that are answers to the geometry questions posed in the journal. The subjects of the other eight papers are: number theory (3), astronomy (2), history of mathematics (1), algebra (1) and analysis (1).

The problem-solving section (1877-1884)

As a way to make the journal attractive to a wider public, from issue three of the first volume Gomes Teixeira introduced unsolved problems, stating that the best solutions sent by readers would be published in later issues. In this he was following the practice of the intermediate journals of the time across Europe. These journals appeared in order to meet to the demand for qualified specialists in professional schools, and were created to prepare students for the examinations in these schools. On this subject see [Ortiz, 1996].

The first problem was on number theory and was set by José Joaquim da Silva Pereira Caldas (1818-1903), a secondary school teacher at the Braga Lyceum[138]. In the first volume nine problems were posed, in instalments #3

---

[138] He also had a paper included in Section II, about the first printed arithmetic book.

to #11. O f these questions, seven were geometry problems and two (questions 1 and 4) were on number theory. The authors of these problems were Schiappa Monteiro (questions 2, 3, 5, 7 and 9), Pereira Caldas (question 1), Gomes Teixeira (question 4), Craveiro Lopes (question 6) and Amorim Viana (question 8).

Of the nine problems set, answers were offered to seven. By the end of volume 1 only questions 1 and 9 had no published solution. Of the other seven questions, there were three papers written on question 2, two each on questions 5 and 8, and one each for the other four questions. Those for which both solutions and discussions on the problems were printed in the journal were:

1. Amorim Viana (three papers, on questions 2, 5 and 7)
2. Schiappa Monteiro (three papers, on questions 2, 6 and 8)
3. Craveiro Lopes (one paper on question 2
4. Zeferino Cândido (one paper on question 3)
5. Luis Woodhouse (one paper on question 4)
6. Giusto Bellavitis (one paper on question 5)
7. Ponte Horta (one paper on question 8)

This means that ten of the eleven papers on the questions set by the journal were on geometry. In the light of these statistics we can state that the aim of getting secondary school teachers to participate in the production of the journal was not successful, as in this first year there appears to have been little participation in problem-solving, with only seven mathematicians having their answers considered worthy of being printed in the journal.

In the following volumes the number of problems proposed decreased, as well as the number of solutions to those problems published in the journal. There were no more questions put in the journal from Volume V onwards.

	Posed problems	Answers	Problems solved
Volume I	9	11	2 to 8[139]
Volume II	8 (10 to 17)[140]	5	10 to 13[141]

---

[139] Bellavitis wrote a paper in Section I of instalment 10 which is about a generalization of Question 5. It is not a direct answer to the question proposed, but as it is directly suggested by it, we include Bellavitis's answer in this table.

[140] Here for the first time two non-Portuguese mathematicians are posing problems: Birger Hansted (problems 14, 15, and 17) and Joseph Perott (problem 16). Hansted poses another two problems, one in volume III (#19) and the other in volume IV (#24). On Hansted see note 32. Perrot (1854-1924) was born in Russia, and was one of the few mathematicians to have emigrated to the United States in the 19th-century. He probably met Gomes Teixeira on a visit to the Iberian Peninsula in 1880. I owe this information to Roger Cooke.

Volume III	4 (18 to 21)	5	15 to 18[142]
Volume IV	3 (22 to 24)	1	21
Volume V	0	1	23
Total	24	23	17 questions solved

Table 4. Problems posed in the *Jornal de Sciencias Mathematicas e Astronomicas*

Regarding the subjects of the 24 problems, geometry continued to be the main one, with 14 problems, followed by number theory, with seven; two were on series theory and one on algebra. Schiappa Monteiro presented the most problems, with eleven entries (ten on g eometry and one in number theory), followed by Birger Hansted (1848 - ?)[143], with five problems (three on number theory, one on geometry, and one on series theory), and Gomes Teixeira with two problems (on number theory and on series theory). There were a further six authors with one problem each.

Concerning the presentation of solutions to these problems, Alfredo Schiappa Monteiro presented eight solutions, Amorim Viana presented three, Craveiro Lopes, Bellavitis and Luís Feliciano Marrecas Ferreira presented two each. Another six authors presented one solution each.

As confirmation that the problem-solving section was not gaining an active readership among secondary school teachers, we can see how many people were involved in setting the problems and how many solutions Gomes Teixeira considered worth publication.

	Number of problem-setters	Number of readers presenting solutions
Volume I	5	7[144]
Volume II	4	4
Volume III	3	2
Volume IV	3	1
Volume V	0	1
Total (non-additive)	9	11

Table 5. Statistics of the problem-solving section of
Jornal de Sciencias Mathematicas e Astronomicas

---

[141] There were two solutions proposed for problem 10, by Craveiro Lopes and Schiappa Monteiro.

[142] There were two solutions proposed for problem 18, by Schiappa Monteiro (in the journal it mistakenly says that it is a solution for problem 14) and it is solved as a theorem in a paper by Pedro Gomes Teixeira, on whom I have no information.

[143] On Hansted, see [Sørensen, 2004]. Although written in 2004 t his paper is still unpublished at the time of writing. It states that there is some information on Hansted in the first edition of the Danish biographical encyclopaedia [Dansk, 1979-84], but not in later ones.

[144] Ponte Horta has one paper starting in Volume I and concluding in Volume II. We include him only among the readers presenting solutions in Volume I.

Two-thirds of the problem-setters also propose answers to those problems (of the nine problem-setters only Birger Hansted, Pereira Caldas and Joseph Perott do not propose solutions to the questions in the journal). Over a period of nearly eight years a total of only 14 people were involved in either setting or solving problems, a very low number. In the period from 1881 to 1884 (from the first instalment of volume III to the last instalment of volume V), that is, over approximately three years, only two new readers were involved in this section, Pedro Gomes Teixeira and Joaquim António Martins da Silva (1858-1885). The former proposed a question to be solved (#18) in Tome III, and the two solved two problems, respectively #18 (in Tome III) and #21 (in Tome IV). It is fitting that for the final chapter of the problem-solving section a problem set by Gomes Teixeira in Tome IV is solved by its author in Tome V, the only question solved in that Tome, and the first solved by Gomes Teixeira. As apparently nobody had proposed a satisfactory solution for his problem, it is likely he decided to close this section by presenting his own solution. So it is no wonder that no more questions appeared in the journal, and that henceforth it was aimed mainly at the mathematical community.

Gomes Teixeira's works in the *Jornal de Sciencias Mathematicas e Astronomicas*

Gomes Teixeira had nineteen papers published in the journal in its 28 years of existence[145]. Of these ten are research papers. Six of these, or parts of them, had been published previously in international journals. For another two he reanalyzed their subjects and published them in French and German journals. Parts of two of his more elementary papers were included in papers in international journals. It was as if he wanted at the same time to continue his research in the established international network of mathematicians and to promote his journal, publishing there alongside Portuguese mathematicians and their international colleagues. More details on Gomes Teixeira's papers in the *Jornal de Sciencias Mathematicas e Astronomicas* can be seen in the Appendix.

---

[145] One of the papers under the name of Gomes Teixeira, *Sobre a historia do Nonius* (On the history of the Nonius), Volume III, 1881, pp. 73-80, cannot be said really to be by him, as its contents are essentially two transcriptions, one of a paper by Breusing on the merits of Clavius, Nunes and Vernier on the invention of an instrument to measure smaller magnitudes either of a straight line or of an angle, and the other of the part of Nunes' *De Crepusculis* in which he presents the nonius for the first time.

Tome and year	Number of papers	Number of pages	Pages per paper
Tome I (1877-78)	3[146]	81	27
Tome II /(1878-80)	1	15	15
Tome III (1881)	2	27	13.5
TomeIV (1882)	0	0	0
Tome V (1883)	1	2	2
Tome VI (1885)	1	88	88
Tome VII (1886-87)	1	16	16
Tome VIII (1887-88)	3	27	9
Tome IX (1889-90)	4	32	8
Tome X (1891-92)	2	48	24
Tome XI (1892-93)	0	0	0
Tome XII (1894-96)	0	0	0
Tome XIII (1897-99)	0	0	0
Tome XIV (1900-1901)	1	7	7
Tome XV (1902-05)	0	0	0
Total	**19**	**343**	**18,1**

Table 6. Gomes Teixeira's papers in *Jornal de Sciencias Mathematicas e Astronomicas*

Of the 19 papers, nine are up to 10 pages long, six are between 11 and 20, and four are more than 20 pages long, respectively 26, 35, 51 a nd 88 pages. That is, 15 papers (78.9% of the total) are up to 20 pages long, while the other four (21.1%) are over 20 pages, three of them being very long.
From table 6 we can conclude that there were two peak periods of Gomes Teixeira's participation in the journal as an author of papers:

i) 1877-1881 (5 years)
Six papers in the journal, a total of 123 pa ges, 20.5 pages per paper, 1.2 papers per year
31.6% of the papers he published in the journal in the period 1877-1905, 35.9% of the total number of his pages

ii) 1885-1892 (8 years)
Eleven papers in the journal, 211 pages, 19.2 pages per paper, 1.4 papers per year
57.9% of the papers he published in the journal in the period 1877-1905, 61.5% of the total number of his pages.

---

[146] Includes a 51-page paper of which the last nine pages are in Tome II.

In these two periods, which total 13 of the 29 years of the period 1877-1905, Gomes Teixeira published 17 of the 19 papers he had in the journal (89.5%) and 334 of the 343 pages of his papers, which comes to 97.4% of the total number of pages of his papers, that is only two papers are left out of this number, with a total of 9 pages.

It also shows that Gomes Teixeira's participation as a paper author to the journal was essentially limited to its first 16 years (1877-1892); in the last 13 years he only contributed a 7-page biographical paper. His major contribution in this later period, besides directing the journal, was the establishment of the Bibliography section.

The Bibliography section

This section began humbly in tome III, with only five pages reviewing five papers, three from the *Annals of the Scientific Society of Brussels* (respectively one, half, and two pages long), one from the *Memoirs of Lisbon's Academy of Sciences* (three-quarters of a page), and a six-line report on the Earth's magnetism in the island of S. Tomé, an island off the west coast of Africa. The section grew steadily, slowly at first up to Tome VI, then from Tome VI to Tome VII the number of works reported (not all were reviewed) almost trebled. The increase was maintained up to Tomes XII and XIII, when it then occupied slightly more than half of the journal's pages. Even in the last two tomes, in which it shrank somewhat, it accounted for 26% of the journal's pages, and reported on 129 and 130 works, respectively. In the end, the pages in the Bibliography section accounted for 20.9% of the total number of pages of the journal in these 25 years.

Most of the works listed are by non-Portuguese authors: of the total mentioned in the 13 tomes of the journal, 90.4% were written by non-Portuguese.

Overall we have the following figures:

Vol.	Nbr. of pages in the section	Nbr. of works mentioned	Papers/books 1/ by non-Portuguese authors	Papers/books 2/ by Portuguese authors
III	005	005	003	002
IV	014	010	009	001
V	017	028	010	018
VI	011	031	020	011
VII	022	081	065	016
VIII	040	109	091	018
IX	043	115	109	006
X	048	143	132	011

XI	037	118	110	008
XII	091	234	221	013
XIII	093	214	200	014
XIV	052	129	120	009
XV	050	130	128	002
TOT.	**523**	**1347**	**1218**	**129**

Table 7. The Bibliography section of *Jornal de Sciencias Mathematicas e Astronomicas*

Forty-seven Portuguese contributors were mentioned. The 14 who had three or more of their works in the Bibliography section are in table 8: their 106 works represent 72.6% of the Portuguese works referred to in this section[147].

Name	Number of works referred to
J. A. Serrasqueiro	23
Rodolfo Guimarães	18[148]
E. Carvalho	17
A. Cabreira	09
J. M. Rodrigues	08
L. P. Motta Pegado	04
A. Schiappa Monteiro	04
F. A. de Brito Limpo	04
R. R. de Sousa Pinto	04
Jorge F. D' Avillez	03
L. F. Marrecas Ferreira	03
J. Pedro Teixeira	03
L. C. Almeida	03
V. F. Laranjeira	03
Total	**106**

Table 8. Main Portuguese authors mentioned in the Bibliography section of *Jornal de Sciencias Mathematicas e Astronomicas*

Many of these works are on elementary mathematics: for example J. A. Serrasqueiro was an author of books on elementary geometry, elementary arithmetic, and elementary trigonometry, and his many entries concern his books in their various editions. Not all did their work in mathematics: for instance. The first

---

[147] Of the rest, nine authors have two works each (A. Mendes de Almeida has two papers with R. Guimarães and his papers are included in his co-authors' figure), and twenty-four others have a single work included, that is, the 146 works in the Bibliography section were written by 47 authors.

[148] See the previous note.

two authors, in bold in table 8, have 41 works listed, that is, 31.8% of the works listed by Portuguese authors.

The Bibliography section was very useful in giving a view of what was going on mathematically in the international community, and an enormous number of works were listed, many of them reviewed. Table 9 shows 51 non-Portuguese mathematicians who had the most works listed or reviewed.

Name	Works	Name	Works	Name	Works
M. d'Ocagne	64	A MacFarlane	14	E. Lampe	8
E. Cesàro	64	G. Galdeano	13	C le Paige	7
M. Lerch	64	C.Burali-Forti	13	D. André	7
Gino Loria	45	A. Gützmer	12	L. Kronecker	7
S. Pincherle	41	Alfonsodel Re	12	A. Bassani	6
G.Vivanti	36	Ed. Weyer	12	P. H. Schoute	6
E. Pascal	33	E. Picard	11	A. Palmstrom	6
G. Longchamps	31	J. Deruyts	11	G. Paxton Young	5
G. Pirondini	29	R. Bettazzi	10	P. Günther	5
G. B. Guccia	28	A. R. Forsyth	10	Studnicka	5
R. Marcolongo	26	J. D. Loriga	10	J. Tannery & J. Molk	5
G. Peano	24	H. Burkhardt	10	F. Gerbaldi	5
E. Lemoine	19	G. Pesci	10	C. de la Vallée Poussin	4
Ch. Hermite	17[149]	G. Eneström	09	Ch. Meray	4
P. Mansion	16	H. G. Zeuthen	09	E. Borel	4
C. A. Laisant	15[150]	F. Engel	09	G. Tarry	4
Vincenzo Reina	14[151]	Davide Besso	08	B.	4
Niewenglowski	4				

Table 9. The main non-Portuguese authors mentioned in the Bibliography section of *Jornal de Sciencias Mathematicas e Astronomicas*

The first twelve mathematicians, in bold in the table, are those with the most works mentioned, and represent 39.8% of the listed non-Portuguese works (a total of 485), while all 51 mathematicians in table 9, showing the wide spectrum of the Bibliography section, have a joint total of 854 works mentioned, and represent 70.1% of the non-Portuguese works listed in this section.

---

[149] One paper with Sonin.
[150] One paper with E. Perrin and another with H. Fehr.
[151] One paper with G. Cicconelli.

An international mathematics journal

We shall now sketch a few general ideas on this theme; a more detailed study, including a contents analysis on the major mathematics areas covered in the journal, length of papers, etc, will be the subject of a future paper.

In the 29 years of its publication, 58 authors contributed to the 15 volumes of the journal. The 27 who were not Portuguese (46.6%) wrote 98 of the 233 papers (42.1%), making the journal truly international, as seen in the following table[152]:

Volume	Portuguese authors	Number of papers	Non-Portuguese authors	Number of papers
I	13	27	2	2
II	6	12	3	5
III	7	19	0	0
IV	6	8	1	1
V	8	9	1	1
VI	9	9	4	6
VII	8	8	5	13
VIII	4	6	7	16
IX	5	10	6	8
X	3	5	7	8
XI	6	9	11	11
XII	5	5	6	8
XIII	2	2	6	7
XIV	4	4	5	6
XV	2	2	5	6
Total	31	135	27	98

Table 10. Authors in the *Jornal de Sciencias Mathematicas e Astronomicas*

So we can see that in the first nine years of the journal, in the period 1877-1885, that is, up to and including Tome VI, the majority of papers were written by Portuguese authors. In fact in the first three tomes (1877-1881) Portuguese authors had 58 papers in the journal (many of which were short papers, notes, or answers to the problems set in Section II of Tome I), an impressive 43.0% of the total number of papers produced by Portuguese authors in the 29 years in which the journal was published, considering that it corresponded to just four years of publication of the journal. Up to Tome V, that is, in the period 1877-1884, only four non-Portuguese authors had

---

[152] We do not count as papers either obituaries or information on congresses and awards that appeared in the journal, as well as 1-page texts.

papers in the journal: Bellavitis (3 papers), Hermite (2), Birger Hansted (3), and Constantin le Paige (1).

For the period 1877-1885 we have 84 papers (84.8%) by Portuguese contributors, and 15 (15.2%) by non-Portuguese authors.

From Tome VII onwards (1886-1905), that is, for the next twenty years, the situation changes, with a majority of non-Portuguese papers[153]: only 51 of the 134 papers published in this period are by Portuguese authors, that is, 61.9% are by non-Portuguese authors.

In the 29-year period, we have an overall output in the journal of eight papers per year (4.6 from Portuguese authors, and 3.4 from non-Portuguese contributors). It should be noted that the 233 papers published in the journal are about three times more than the total mathematics output in Portuguese journals in the period 1851-1875 as reported by Rodolfo Guimarães in his 1909 book.

On the nationalities of the non-Portuguese contributors we have the following figures:

Country	Number of authors	Number of papers
Italy	11	34
France	6	32
Austro-Hungary	2	14
Germany	1	06
Spain	1	04
Denmark	1	03
Belgium	2	02
Brazil	2	02
Holland	1	01
Total	27	98

Table 11. Nationalities of non-Portuguese contributors

From this we clearly see that the majority of non-Portuguese contributors were from the Italian and French mathematical communities, that is, 17 of these 27 authors (63.0%) wrote 66 of the 98 papers, nearly two-thirds of the total number of papers by non-Portuguese contributors. Let us see who the main non-Portuguese contributors to Gomes Teixeira's journal were. In the table below the third column shows in how many tomes of the journal these mathematicians had their papers published.

---

[153] In Tome VII there are a majority of Portuguese authors, but with fewer papers in that tome than their non-Portuguese counterparts. With the exception of Tome XIV, in which there are as many Portuguese authors as non-Portuguese, from then on in each tome there are a majority of non-Portuguese authors and papers.

Name	Number of papers	Number of tomes
Mathias Lerch	13	9 (VII to XV)
Maurice d'Ocagne	13	6 (VI to XI)
H. le Pont	09	3 (VI to VIII)
Geminiano Pirondini	08	7 (IX to XV)
Ernesto Cesàro	07	5 (VI to X)
Auguste Gützmer	06	4 (VIII to X, XIII)
Roberto Marcolongo	06	4 (XI to XIV)
Charles Hermite	04	4 (I, II, VI, XI)
Juan J. Durán Loriga	04	3 (XI to XIII)
Gino Loria	03	2 (VII and IX)
Birger Hansted	03	2 (II and IV)
Giusto Bellavitis	03	2 (I and II)
Emile Lemoine	03	2 (XI and XII)
Anselmo Bassani	02	2 (X and XI)
Ernest Napoléon Barisien	02	2 (XIV and XV)
Total	**86**	**13** (all except III and V)

Table 12. Non-Portuguese authors with two or more papers in *Jornal de Sciencias Mathematicas e Astronomicas*

These 15 authors, 55.6% of the non-Portuguese contributors, wrote 87.8% of the papers by non-Portuguese mathematicians. There were a further 12 non-Portuguese authors with one paper each[154].

As to the Portuguese authors, we have 14 with three or more papers each, six with two papers each[155], and 11 with one paper each[156]

Name	Number of papers	Number of tomes
Alfredo Schiappa Monteiro	22	07 (I to VI and VIII)
Francisco Gomes Teixeira	19	10 (I, II, III, V to X, XIV)
L. F. Marrecas Ferreira	10	06 (I, II, III, V, VII and XV)

---

[154] These were Charles Jean de la Vallée Poussin, Constantin le Paige, Edouard Weyr, Charles-Ange Laisant, Pieter Hendrik Schoute, H. (most probably Enrico, H. standing for Henri) Novarese, Giulio Vivanti, Davide Basso, Salvatore Pincherle, Filipo Siberiani, and the two Brazilian contributors, Otto d'Alencar Silva and Leopoldo Nery Vollú.

[155] Luis Woodhouse, António Zeferino Cândido, Henrique da Fonseca Barros, António Cabreira, J. Frederico de Avillez, and J. C. d'Oliveira Ramos (one with Casimiro J. de Faria).

[156] Besides Casimiro J. de Faria, already mentioned in the previous note, in this group are Daniel Augusto da Silva, Luis Porfírio da Motta Pegado, José Joaquim Pereira Caldas, Rodrigo Ribeiro de Sousa Pinto, Pedro Gomes Teixeira, J. C. O'Neil de Medeiros, G. C. Lopes Banhos, João d'Almeida Lima, Raymundo Ferreira dos Sanctos and António José Teixeira.

J. A. Martins da Silva	11	06 (II to VI and IX)
José Bruno de Cabedo	08	05 (VII and IX to XII)
José Manuel Rodrigues	07	05 (III, IV, VI, VII and VIII)
José Pedro Teixeira	07	04 (IX, XI, XIII and XIV)
Duarte Leite Pereira da Silva	06	05 (IV, V, VII, IX and X)
Francisco da Ponte Horta	06	04 (I, II, IV and XI)
Rodolfo Guimarães	05	05 (VI to VIII, XI and XII)
João B. d'Almeida Arez	04	04 (XI, XII, XIV and XV)
Pedro de Amorim Viana	04	01 (I)
Alfredo Filgueiras Rocha Peixoto	03	03 (I, III and V)
Carlos Henrique Craveiro Lopes	03	02 (I and II)

Table 13. Portuguese authors with three or more papers in *Jornal de Sciencias Mathematicas e Astronomicas*		
Total	**115**	**15 (all)**

From table 13 we see that the four most frequent contributors, in bold in table 13, w ere mathematicians that were involved in the journal's beginnings: Martins da Silva died very young, in 1885, and his last paper in the journal was published posthumously in volume IX, in 1889. S chiappa Monteiro, the author with the most papers in the journal, was only published in it in its first eleven years. Only Marrecas Ferreira and Gomes Teixeira had papers in the journal from its beginnings to its last tomes. Between the four of them they have 62 papers, that is, 45.9% of the total number of papers published by Portuguese contributors. Also the fourteen authors in table 13, 45% of the total number of Portuguese authors in the journal, produced 85.2% of the total number of papers by Portuguese contributors.

CONCLUDING REMARKS

Gomes Teixeira qualitatively changed not only mathematics output in Portugal in the last quarter of the 19th-century, but also the way Portuguese mathematicians contextualised their work, enabling them to become part of the international mathematical community. H is guidance in *Jornal de Sciencias Mathematicas e Astronomicas* produced a truly international mathematics journal for the first time in Portugal. It did not have an easy beginning, although from the outset the majority of the Portuguese mathematicians that wrote in it were consciously setting out to write for an international community, choosing to write in French, breaking a strong tradition of many decades of writing in Portuguese. Up to Tome V, issued in 1884, there were only four non-Portuguese contributors, although among them were Charles Hermite and Giusto Bellavitis. But from Tome VI onwards many mathematicians from the international community started to have papers published in the journal, to the point that the journal started to publish a minority of Portuguese-authored papers.

The journal also attempted to have a section for secondary level teachers and for anybody else who had a non-specialized training in mathematics. But, as we saw, this failed: there was no support from the people the journal was trying to reach, probably also because the questions, although not at research level, were sometimes not particularly easy. So most of the problems that appeared in the journal ended up being both set and solved by professional mathematicians.

As for the Bibliography section, this was an extraordinary accomplishment due mainly to Gomes Teixeira. In it P ortuguese mathematicians were informed of what was available elsewhere and could read detailed reviews of many of these items, and therefore in their own journal had comprehensive information of the mathematics produced in other parts of the world.

Gomes Teixeira had a lasting effect on the Portuguese scientific community. The influence of this journal transcended its life span: never again did the Portuguese mathematical community work in isolation, even during the darkest political periods of the 20th-century.

REFERENCES

Journals
Annaes das Sciencias e Lettras, publicados debaixo dos auspicios da Academia Real das Sciencias. Sciencias Mathematicas, Physicas, Historico-Naturaes, e Medicas, (1857-58). Lisboa, Typographia da mesma Academia.

Annaes das Sciencias e Lettras, publicados debaixo dos auspicios da Academia Real das Sciencias. Sciencias Moraes e P oliticas, e B ellas Lettras, [1857-58]. Lisboa, Typographia da mesma Academia.

Primary and secondary bibliography
Alves (M. G.) [2004]. Francisco Gomes Teixeira: o hom em, o c ientista, o pedagogo, Ph. D. Thesis, Universidade do Minho

Ampère, A. M. (1815). Considérations générales sur les intégrales des équations aux derivées partielles. *Journal de l'Ecole Polytechnique*, 17ème Cahier, pp. 549-611. Paris: Imprimerie Royale.

Ampère (A. M.) [1820]. Mémoire Contenant l'Application de la Théorie Exposée dans le XVIIème Cahier du Journal de l'Ecole Polytechnique à l'Intégration des Équations aux Dérivées partielles du pr emier et du second ordre, *Journal de l'Ecole Royale Polytechnique*, 18ème Cahier, pp. 1-188. Paris: Imprimerie Royale

Carrucio (E.) [1970]. Giusto Bellavitis, in *Dictionary of Scientific Biography*, Vol. I, New York: Charles Scribner's Sons, pp. 590-592.

Dansk Biografisk Leksikon: [1979–1984] 3 edn, Gyldendahl, København. 16 vols.

Dionísio (J. J.) [1978/79]. No Centenário de Daniel Augusto da Silva, *Memórias da A cademia das Ciências de Lisboa*, Classe de Ciências,, XXII, pp. 167-188.

Freudenthal (H.) [1972]. Charles Hermite, in *Dictionary of Scientific Biography*, vol. VI, New York: Charles Scribner's Sons, pp. 306-309.

Grattan-Guinness (I.) [1990]. *Convolutions in French Mathematics 1800–1840*, 3 volumes. Birkhäuser Verlag, Berlin.

Guimarães (R.) [1909]. *Les Mathématiques en Portugal*. Imprimerie de l'Université, Coimbra.

Guimarães (R.) [1914]. Biografia de Francisco Gomes Teixeira, *História e Memórias da Academia das Sciências de Lisboa*, New Series, 2nd Class, Tome XII, Part II, pp. 119–149.

Halsted (G.B.) [1908]. Biographical sketch of Paul Barbarin. The American Mathematical Monthly XV, 195–196.

Imschenetsky (V. G.) [1869]. *Sur l'Intégration des Équations aux Dérivées partielles du premier ordre*. Paris: Gauthier-Villars.

Imschenetsky (V. G.) [1872]. *Etude sur les Méthodes d'Intégration aux Dérivées partielles du second ordre d'une fonction de deux variables indépendantes*. Paris: Gauthier-Villars.

Jornal de Sciencias Mathematicas e A stronomicas, [1877-1905]. Coimbra, Imprensa da Universidade.

Jornal de Sciencias Mathematicas Physicas e Naturaes, publicados debaixo dos auspicios da Academia Real das Sciencias de Lisboa. [1866-1927]. Typographia da Academia.

Marques (A. H de O.) [1971]. *History of Portugal, From Lusitania to Empire*, vol. 1, New York and London: Columbia University Press

Marques (A. H de O.) [1976]. *History of Portugal, From Empire to Corporate State*, vol. 2, New York: Columbia University Press

Marques (A. H de O.) [1997/98]. *História de Portugal*, 3 vols, 13th edition (first edition 1972/74), Lisboa: Editorial Presença.

Novy (L.), and Folta (J.) [1971]. Esnesto Cesàro, in *Dictionary of Scientific Biography*, vol. III, New York: Charles Scribner's Sons, pp.177-179

Ortiz (E.) [1996]. The nineteenth-century international mathematical community and its connection with those on the Iberian periphery. In: Goldstein, C., Gray, J., Ritter, J. (Eds.), L'Europe Mathematique-Mathematical Europe. Editions de la Maison des Sciences de l'Homme, Paris.

Saraiva (L.M.R.) [1993]. *Rodolfo Guimarães e "Les Mathématiques en Portugal"*. In: Proceedings of the First Luso-Brazilian Meeting on the History of Mathematics. DMUC, Coimbra, pp. 37–57.

Saraiva (L.M.R.) [2000]. A survey of Portuguese mathematics in the XIXth century. *Centaurus* 42, 297–318.

Saraiva (L.M.R.) [2005]. O *início da actividade científica de Francisco Gomes Teixeira (1851–1933)*. In: Proceedings of the 4th Luso-Brazilian Meeting on the History of Mathematics. EDUFRN, Natal, pp. 161–176.

Saraiva, (L. M. R.) [2008]. Mathematics in the *Memoirs* of the Lisbon Academy of Sciences in the 19th Century, *Historia Mathematica* 35, pp. 302–326

Sørensen (H. K.) [2004]. *Birger Hansted, 1848-?: A mathematician turned social economist,* to be published.

Teixeira (F. G.) [1875]. *Integração das equações às derivadas parciais de segunda ordem*. Coimbra: Imprensa da Universidade. In *Obras sobre Matemática*, **IV**, pp. 101-155.

Vilhena (H.) [1936]. O Professor Doutor Francisco Gomes Teixeira, Lisbon

APPENDIX

**The papers of Francisco Gomes Teixeira
in the *Jornal de Sciencias Mathematicas e Astronomicas*[157]**

1. *Sur la décomposition des fractions rationnelles,* in Tome I, 1877, pp. 1-12, 17-24, 33-37, 49-56, 97-101, 113-116 ; concludes in Vol. II, pp. 33-41.
2. *Noções elementares sobre a t heoria dos determinantes* (Elementary notions on the determinants theory), Tome I, 1977, pp. 138-141.
3. *Notícia sobre Saturno* (About Saturn), Tome I, 1877, pp. 13 -16, 25-32, 41-48, 63-64, 90-93).
4. *Sobre a i ntegração das equações ás derivadas parciaes lineares de segunda ordem* (On the integration of second order linear partial differential equations), Tome II, 1878, pp.138-153

---

[157] I used information directly from the papers and works of Gomes Teixeira, and also some information in [Alves, 2004] and [Guimarães, 1914].

This subject reappears in Teixeira's papers *Sur l'intégration d'une équation aux derivées partielles du deuxième ordre*, Comptes Rendus de l'Académie des Sciences de Paris, T XCIII,1881, pp. 702-703, and *Sur l'intégration d'une classe d'équations aux dérivées partielles du de uxième ordre*, in Bulletin de l'Académie Royale de Belgique, 3ème série, T. III, 1882, pp. 486-488.

5. *Prelecção sobre a origem e sobre os principios do Calculo Infinitesimal* (Lecture on the origin and principles of infinitesimal calculus), Tome III, 1881, pp. 21-45.

This paper includes part of his *Sur les príncipes du Calcul Infinitesimal*, Memoires de la Société des Sciences Physiques et Naturelles de Bordeaux, 2nd series, Tome IV, pp. 41-45 (written in Coimbra in 1879)[158].

6. *Sobre a m ultiplicação de determinantes* (On the multiplication of determinants), Tome III, 1881, pp. 185-186.

7. *Resolução da questão n° 23* (Solution of question number 23, a problem he posed: to compute the sum of the series $\sum_0^\infty \dfrac{2^i x}{e^k x + 1}$, *with* $k = 2^i$.), Tome V, 1883, pp. 185-186.

8. *Introducção á theoria das funcções* (Introduction to functions theory), Tome VI, 1885, pp. 33-80, 129-168.

This paper has two chapters, the first of which, *Theoria dos Imaginários e regras para o seu calculo.* (Imaginary numbers theory and rules for their calculation), Tome VI, 1885, (pp. 33-80) is, according to a footnote, a translation of *Sur la théorie des imaginaires*, Annales de la Société Scientifique de Bruxelles, VII, 1883, pp. 417-427.

9. *Applicações da formula que dá as derivadas de ordem qualquer das funcções de funcções* (Uses of the formula which gives derivatives of all orders of an arbitrary function of functions), Tome VII, 1886, pp. 150-165.

Some of the subjects here were analyzed in later papers, such as *Sur quelques applications des series ordonées suivant les puissances des sinus*, in Journal für reine und angewandte Mathematik, 133, Berlin 1906, pp. 74-85.

10. *Sobre o desenvolvimento em serie das funcções de variaveis imaginarias* (On the series development of functions of imaginary variables), Tome VIII, 1887, pp. 17-24.

This paper includes the proof for complex variables of a result that he had proved only for real variables in the paper "Sur une formule d'Analyse", *Nouvelles annales de Mathématique*, Paris, 3rd series, V, 1886, pp. 36-39.

---

[158] I thank Christian Gerini for having sent to me a digitalized copy of the Bordeaux paper.

11. *Sobre a de rivação das funcções compostas* (On the derivation of composite functions), Tome VIII, 1887, pp. 120-131 (generalist paper).

12. *Sur la réduction des intégrales hyperelliptiques (extrait d'une lettre adressée a M. Lerch)*, Tome VIII, 1887, pp. 164-170.

According to a footnote, this paper was published in the Bulletin of the Royal Society of Bohemia: in *Sitz. D. Kgl. Boehischen Gesell. D. Wissench.*, Prague, 1888, pp.222-227.

13. *Alguns pontos da t heoria dos integraes definidos (Fragmentos de um Curso de Analyse)* [Some remarks on the theory of definite integrals (Fragments of an Analysis Course)], Tome IX, 1889, pp. 39-50

14. *Sobre o integral* $\int_0^{\pi} \cot(x-a)\, dx$ (On the integral $\int_0^{\pi} \cot(x-a)\, dx$), Tome IX, 1889, pp.113-116. Published in *Nouvelles annales de Mathématiques*, 3rd series, VIII, 1889, pp.120-122.

15. *Applicações de uma formula que dá as derivadas de ordem qualquer das funcções de funcções* (Applications of a formula that gives the derivatives of any arbitrary order of functions of functions), Tome IX, 1889, pp. 137-142. In Part I of this paper Teixeira includes the proof of a formula by Waring, and this is the Portuguese translation of a paper he published in *Nouvelles annales de Mathématiques*, 3rd series, VII, 1888, pp. 382-384.

16. *Note sur l'intégration des équations aux dérivées partielles du s econd ordre*, Tome IX, 1889, pp. 163-172.

This paper was first published in the *Bulletin de la Société mathématique de France*, XVII, 1889, pp. 125-142.

17. *Sobre o de senvolvimento das funcções em serie ordenada seguindo as potencias dos senos e cosenos* (on the development of functions in series on powers of sines and cosines), Tome X, 1891, pp. 35-47.

The contents of the paper were sent in a letter to Hermite, and thus it was published in *Bulletin des Sciences mathématiques*, 2nd s eries, XIV, 1890, pp. 200-208.

18. *Notas sobre a t heoria das funcções ellípticas* (Notes on the theory of elliptic functions), Tome X, 1891, pp. 150-184.

Parts of this paper appear in Teixeira's paper "Sur la function p(u)", *Bulletin des Sciences mathématiques,* vol XVI, Paris, 1892, pp. 76-80.

19. *Noticia biographica sobre F. da P onte Horta* (Biographical note on F. da Ponte Horta), Tome XIV, 1900, pp. 3-9.

Acknowledgements

Most of this paper was written while working at Sussex University and Brighton, and I thank Professor David Edmunds, Susanna Lobb and

Timothy Strauss for helping me to have optimal conditions for my work. I also thank Hélène Gispert, Christian Gerini and Umberto Bottazzini for their help in finding information on s ome of the contributors in Teixeira's journal. I am grateful to Paul Covill for revising the English of this text.
The research for this paper was supported by Fundação para a Ciência e Tecnologia, PEst OE/MAT/UI0209/2011.

CHAPTER 4

Mathematical Journals in Spain: what happened during the nineteenth Century and the Beginning of the Twentieth Century?

Mª del Carmen ESCRIBANO RÓDENAS, Gabriela M. FERNÁNDEZ BARBERIS

The scientific Spanish community lives a quite erratic Nineteenth Century, such as other things the political situation in Spain has enough political sways during all century and first half of the following, which necessary have repercussions in the scientific and educational environment. It is enough to remember that the beginning of the century in Spain is synonym of Napoleonic invasion, followed by the reign of the King Fernando VII which closes the Spanish Universities. During his reign, the Spanish colonies in America become independent except for Cuba and Puerto Rico. After the death of Fernando VII, and after a war (Carlist), Isabel II is proclaimed Queen of Spain, but being minor of ages, she has several regents (Generals Espartero, Narváez, O'Donnell, ...). In 1870, Amadeo de Saboya, Duke of Aosta is proclaimed King from Spain, and abdicates in 1873 afterwards the Spanish courts proclaim the First Republic. In 1873 Monarchy is restored in Spain with the Bourbon King Alfonso XII, who died in 1885 and his posthumous son gets on the power under the regency of his mother the Queen Mª Cristina of Hapsburg and Lorena. In 1898 Spain lost her last colonies: Cuba, Puerto Rico and Philippines colonies. The beginning of the new century neither is calm, in 1923 General Primo de Rivera gave a coup, which makes Spain a Dictatorship up to 1931. In that year, the Second Republic is proclaimed and lasts until the Spanish civil war (1936-1939) after which again the dictatorship of General Franco is established. This continuous change of moderate and progressive politicians currents in the government, which happened, in some cases, with only some months of difference, it supposes a large list of projects and ideas that do not come to light, because every time a new government changes in the last moment, the previous government's priorities.

Neither what is said has the scientific journalism that in the XIXth century will only appear in Spain through certain scientific characters whose will and effort make that these initiatives are an advance from the Spanish sensibility toward the scientific means of communication that they will be developed in the Spain of the XXth century [Ausejo 2001, p.1171]. In particular, concerning Mathematics, they are begun to publish some newspapers or periodicals that, in most of the cases, are owed to the impulse of Spanish scientists of international recognition.

One could highlight as examples of public scientific Spanish communities, the consolidation of the Academy of Sciences in 1847, the creation of the Faculties of Sciences in 1857[159] and already, in the following century, the Joins for the Amplification of Studies (JAE)[160] in 1907. In a second, private level, another set of institutions are created: the Real Spanish Society of Natural History[161] in 1871[162], the Spanish Society of Physics and Chemistry in 1903, the Association for the Progress of the Sciences in 1908, and the Mathematical Spanish Society in 1911.

"... The infrastructures lacks do not impede, as is logical, the existence of advance parties between determining individualities or groups" [Ausejo 2001, p.1173]. In particular they are the military Spaniard those that have a special prominence in the scientific activity, so much in the production of texts[163], as in teaching[164], publication of specialized periodicals[165], and active participation in the scientific emergent societies (Academy of Sciences[166], Mathematical Spanish Society, ...).

The Periodical of the Progresses of the Exact, Physical and Natural Sciences [Fig. 1] could be considered as the first scientific Spanish periodical[167]. This periodical was born as a public expression of the Academy of Sciences in 1850 [Pérez García-Muñoz Box 1988, p. 543]. It is

---

[159] Thanks to the first general law of Spanish education, The Moyano Low.

[160] Really it is a progressive experience in the newly initiate twentieth century with regard to the delay of the previous century and with views of future in the current Superior Council of Scientific Investigation (CSIC).

[161] In the previous century, the scientific politics of the Spanish government had created the *Annals of Natural Sciences* published in Madrid between 1799 and 1804, thanks to the effort of Antonio Josef Cavanillas, botanist with international fame, to whose death stopped publishing. This journal could be considered as the antecedent of which almost one century later will publish the Spanish Society of Natural History. [Aragón 1978].

[162] A year later begins the publication of their journal *Annals of the Spanish Society of Natural History*, which interrupted and vital existence constitutes an experience really singular in the scientific Spanish historiography [Ausejo 2001, p. 1173].

[163] Especially, it is necessary to remember the *Memorials of Artillery* (1844) and *The Memorial of Engineers* (1846).

[164] The military Spanish academies have a special role in Mathematical teaching in the XIXth century.

[165] *The Monthly Newspaper of Mathematics and Physics Sciences* is born thanks to the military J. Sánchez in Cadis.

[166] Six of the eleven member's founders of the section of Exact Sciences were military.

[167] In fact, it exists numerous scientific magazines with scientific intentions in Spain that they arise in the beginnings of the XIX century, for instance, they are mentioned about 30 in the article of Ausejo [2001, p.1175].

considered as the best periodical. It was published between 1850 and 1905, with a total of 22 volumes. In 1905 the periodical ends, passing to be called Periodical of the Real Academy of Exact, Physical and Natural Sciences. Each volume consists of three sections, like the three sections of the Academy[168]. At the beginning, the first two years, it was published as a part of the *Bulletin of the Ministry of Trade, Instruction and Works*, in charge of which ran their edition. The third year, 1852, it was not published for financing problems, and starting from 1853 was published independently, of the mentioned bulletin. Between 1853 and 1868, it was published regularly[169], a number for every month of academic activity (9 numbers per year), and starting from this moment, because of several events[170], the next volume is published in 1871, and then are volumes in 1879, another in 1886 and the last published volume in 1905. In the section of Exact Sciences, most of the articles are of foreign authors[171].

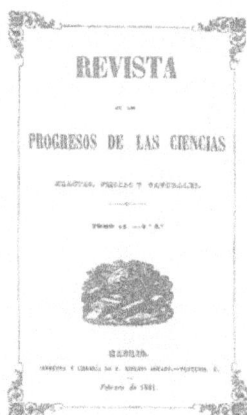

Fig. 1 Cover of *The Periodical of the Progresses of the Exact, Physical and Natural Science*

---

[168] The sections are Exact, Physical (that includes to the Chemistry) and Natural, in these sections the diverse articles are gathered. A four section titled Varieties also exists and that deals with the collection of brief scientific notes of little importance like prizes, deaths page, news of scientific societies, etc.

[169] Their regular publication does not mean a regular number of pages; these oscillate between 384 pages of the III volume to 576 pages of the XVI volume.

[170] The September's Revolution and the First Republic period.

[171] Peralta [2000] in his 1st Appendix, Complementary Notes, comments that in the III volume (1853) there are twenty one articles all of foreign author, in the IV volume (1854) eighteen articles all equally of foreign author, in the V volume (1855) sixteen articles also of foreign author. In the VI volume (1856) they are three articles of Spanish author (two of Antonio Aguilar and another of himself in collaboration with Eduardo Novella, the three on Astronomy). In the following VII volume there are two articles of Spanish authors (one of Antonio Aguilar and another of Nicolás Valdés) of a total of twenty three articles. In the following volumes no Spanish author has found until the XVI volume (1866) where of a total of eleven articles there are two of Echegaray.

But loocking at our mathematical environment, the first periodical with mathematical character that even takes this word in its title, is *The Monthly Newspaper of Mathematical and Physical Sciences* that was born in 1848, by wish of the military Sanchez Cerquero in the Spanish province of Cadis. One could consider it as a landmark similar to the creation in France of the *Annals* (*Annales de Mathématiques Pures et Appliquées*, 1810-1832) of Gergonne, created also by a military, captain of the French army, Joseph Diaz Gergonne, in the city of Nîmes, in the south of France, in 1810. In Germany, the *Journal of Crelle*[172] also arises in 1826, and ten years later in France the periodical of Liouville[173] in Paris (First part). From similar form, but with some years of delay they go arising in Spain other periodicals or mathematical newspapers like *The Mathematical Progress* in Saragossa, *The Archive of Mathematics* in Valencia, the *Quarterly Periodical of Mathematics*, *The Mathematics Gazette*, periodical of the SME, and the *Mathematical Hispano-American Periodical*.

We can not ensure that the Spanish mathematical newspaper list presented here is exhaustive. However, taking into account the researches we have made, just like the previous studies made by other Spanish colleagues, for instance, Ausejo [2001, p. 1177] and Hormigón [1987, p. 3]. We think that probably the list is complete.

THE *MONTHLY NEWSPAPER OF MATHEMATICAL AND PHYSICAL SCIENCES* OF CADIS, 1848

In the military environment of the Astronomical Observatory[174] of San Fernando in Cadis, it appears in 1848, the first specialized periodical in Mathematics and Physics, published by the ex director of the Observatory, the retired Brigadier of the Armada, D. José Sánchez Cerquero. It is printed in the same shops that the *Medical Periodical* in Cadis. It is necessary to remark out that Cadis in this time is not a Spanish country. It represents the most revolutionary spirit of all Spain, with much journalistic and cultural atmosphere[175].

---

[172] *Journal für die reine und angewandte Mathematik* (Periodical of Pure and Applied Mathematics), in German (1826, ->), created by August Leopold Crelle (1780-1855), who was elected to the Academy of Berlin in 1827.
[173] *Journal de Mathématiques Pures et Appliquées* (Periodical of Pure and Applied Mathematics), in French created in Paris by the professor Joseph Liouville (1809-1882).
[174] This Observatory was founded by Jorge Juan in 1754, and he managed to have qualified and stable staff of the Armada, which also maintained relationships with colleagues of other foreign observatories and that, began to publish the *Almanaque Náutico* from 1792.
[175] In November of 1839, the Weekly Newspaper of Literature, Sciences and Arts, *La Aureola,* has just been published; it stayed until January of 1840.

In the first number of this periodical, of July of 1848, one could read the intention that the first day of every month it appears with a total of 32 pages each number. In the last number published of December of 1848, a note is inserted where it is said that the editor suspends the publication due to the sacrifices that he has had to make in these six months of existence of the periodical, since there only were twenty-eight subscribers[176] of which five were of San Fernando, seven of Madrid and six of Cadis. The periodical was distributed in twenty-two cities of the Peninsula, besides La Havana, Mexico and Santa Cruz de Tenerife. It is obvious that there was a total lacking of institutional support.

José Sánchez Cerquero (1784-1850) was born in The Old Crock (Cadis), and he was a naval engineer, although he only navigated between 1809 and 1812. He worked in the Astronomical Observatory of San Fernando form 1816, and it was its director from 1825 until his retirement in 1847. He died in Cadis in 1850. He was a member of the Academy of Sciences of Madrid, and Fellow of the Astronomical Society of London. He carried out diverse scientific trips in England, France and Belgium [Ausejo 1993, p. 56].

During the life of the periodical, six numbers, a total of eleven works are published, nine of them are of Mathematics (starting from the third number it is only a newspaper of Mathematics) and two of Physics [Ausejo 1993, p. 39], and six of these eleven works were written by the editor. The other five corresponds to the responsibility of Evaristo García Quijano, professor of Mathematics of the Naval Military School, José de Gardoqui, professor of medical Physics of the University of Seville, and Saturnine Montojo, that had follow to Sánchez Cerquero in the direction of the Astronomical Observatory of San Fernando. An article[177] of Rehuel Lobato[178] is also translated and appeared in the XII volume of the *Journal of Liouville* the same year, 1848. From the works done by the editor, Sánchez Cerquero, we would like to mention the one [179] entitled[180] "Interesting addition about the value of the semi circumference (radio = 1) up to 208 decimals"[181], where the author makes reference to an article of Rutherford in the *Philosophical Transactions* published in 1841, and to another of Schumacher that

---

[176] An analysis of the subscribers could be found in Ausejo-Hormigón [1986, p. 37].

[177] Without specifying the name of who carry out the translation.

[178] The article is titled "Nota relativa a la determinación de los ejes principales de un cuerpo".

[179] Not for their scientific importance itself but for the implicit relationships with information of other international scientists.

[180] In this work on the calculation of the П number with a total of 200 exact decimals, the author only corrects Rutherford's but he insist in the uselessness of new works on this topic.

[181] To published in the number 5 of the periodical. p. 143-146.

appeared in 1847 in the *Astronomische Nachrichten*. This reference is used to highlight the existence in Spain of centers where there were investigators with a good formation and mathematical information, and laudable international relationships.

THE *MATHEMATICAL PROGRESS* OF SARAGOSSA, 1891-1900

Fig. 2 Cover of the *The Mathematical Progress*

This is the first Spanish periodical dedicated exclusively to Mathematics. It was published by García de Galdeano between 1891 and 1896 in its first period (it closes owed to economic problems derived from the lack of subscribers that never arrived to hundred and for lack of institutional support), and between 1899 and 1900 in a second stage, in this occasion reappear with the idea of sensitizing to the opinion and to the public powers in the face of the imminent educational reformations[182]. This periodical had the five following sections: Articles and memoirs on mathematical topics (Doctrinal Section), Bibliographical Section, Articles on philosophy on m athematical topics, Historical topics and matters of varied information vary. In total, two series with seven volumes[183] were published.

---

[182] In words of Hormigón [1981, p. 88], after the educational reformation of the Spanish Minister of Education García Alix, saved the existence of the mathematical studies in Spain, the Periodical *The Mathematical Progress* disappeared definitively.
[183] For instance, the second volume corresponding to the year 1892 consists of twelve numbers, with a total of 368 pages.

The Mathematical Progress was the first channel of accommodation of the mathematical Spanish community to the molds of modern Mathematics in the international context, so much to internal and doctrinal aspects, for the work of conceptual diffusion that show their pages, like regarding the opening of channels of relationship and internal and external exchange between mathematical communities.[184].

Fig. 3 Anagram of the first number of *The Mathematical Progress*

Zoel García de Galdeano y Yanguas (1846-1924) was the creator, responsible founder, editor collaborator and director of the periodical. Between the titles that he obtained we would like to mention those of expert surveyor, teacher (1869), graduate in Philosophy and Letters, and in Exact Sciences (1871). He sat on competitive examinations in several occasions obtaining the professorships of the Institutes of Ciudad Real, Almería and Toledo. In this last he was from 1883 up to 1889 in which he passed to hold the chair of Analytic Geometry of the Faculty of Sciences of the University of Saragossa. In 1896 he passed to hold, in the same University, the chair of Infinitesimal Calculation, of which he would go into retirement in 1918. He was one of the first Spanish mathematicians that participated assiduously, presenting communications and participating actively, in the International Congresses of Mathematicians[185]. He was the first Spanish member of the

---

[184] Elena Ausejo, "Zoel García de Galdeano y Yanguas" in www.divulgamat.net. Section: History of Mathematics and Biographies of Spanish Mathematicians.
[185] They were carried out in Zurich (1897), Paris (1900), Heidelberg (1904), Roma (1908), Cambridge (1912), and Strasburg (1920). In the congress of Rome, Zoel García de Galdeano y Yanguas was named delegate in the International Commission of Teaching of the Mathematics (ICME) and president of the Spanish Sub commission.

Organizing Committee of one of these Congresses, the one held in Cambridge in 1912. He also participated in the congresses of the French Association for the Progress of the Sciences[186], the Congress of Bibliography of the Mathematical Sciences[187] [cf. chaper 8]. It is said that he was one of the first Spanish mathematicians in maintaining scientific correspondence[188] with other European mathematicians. He was also member of the committee of Patronage of the periodical *L'Enseignement Mathematique*[189], and an honorary member of the scientific Society "Antonio Alzate" from México. In Spain, he also participated in the congresses of the Spanish Association for the Progress of the Sciences, in the creation of the Mathematical Spanish Society[190] and in the Academy of Exact Sciences, Physics-Chemistry and Natural Sciences of Saragossa. His bibliographical legacy is formed, approximately, by two hundred works, between books, articles, conferences and reviews. In particular, in the periodical *The Mathematical Progress*, he publishes more than twenty articles in each and every section. In order to make an idea of the passion of this man for the mathematics it is enough to read an annotation that makes in his leaf of services: "I have worn out, approximately, 7000 five pesetas in my Mathematical Library (my arsenal). I have worn out, approximately, 7000 five pesetas in my publications of advertising. And I live with privations that other people do not have". In words of Professor Luis Octavio Toledo to Professor Angel Bozal de Obejero, in a letter on mathematical matters, and referring the periodical *The Mathematical Progress*, "it died victim of an illness of whose name does not want to agree me".

Among the Spanish collaborators[191] of the periodical *The Mathematical Progress* it is possible to mention Ventura Reyes Prósper[192], professor of Mathematics in the Institute of Toledo; Lauro Clariana and Ricart, professor

---

[186]They were carried out in Besançon (1893), Saint Etienne (1897) and Paris (1900). Zoel García de Galdeano y Yanguas presented communications and he was President of Honor of some of their sections.

[187] He was elected Member of the Permanent Commission of the Bibliographical Repertoire of Mathematical Sciences.

[188] He and his friend Ventura Reyes Prósper maintained scientific correspondence.

[189] In the number one of the journal, in 1901, an article of García de Galdeano titled "Les mathématiques en Espagne" was published.

[190] From which he was president from 1916 until his death.

[191] A list of them is in Hormigón [1977, p. 891]

[192] Professor of Natural History in Teruel, and then he was professor of Mathematics in Toledo and a friend of Félix Klein and Ferdinand Lindermann. He was the first Spanish who published in a foreign periodical of Mathematics, the article "Sur la géométrie Euclidienne", in French, was published in 1887 in *Mathematische Annalen* of Leipzig, Band 29 num 1, pages 154-156, when he only was twenty three years old.

of Infinitesimal Calculation of the University of Barcelona; Juan Jacobo Durán Lóriga[193], Major industrial Engineer of the Army; Horacio Bentabol and Ureta, Engineer and professor of Infinitesimal Calculation of the Preparatory School of Engineers and Architects; Gabriel Galán and Ruiz, Professor of Astronomy and Geodesic of Saragossa; Cecilio Jiménez Rueda, Professor of Geometry in the Universities of Valencia and Madrid ; Augusto Krahe García, Professor of Descriptive Geometry in the Industrial School of Madrid; Luis Octavio de Toledo and Zulueta, Professor of Mathematical Analysis in the Faculty of Sciences of the Central University; José Ríus y Casas, Professor of Mathematical Analysis of the Faculty of Sciences of the University of Saragossa; Eduardo Torroja Caballé, Professor of Geometry of the Universities of Valencia and Madrid, and Nicolás Ugarte Gutiérrez, Colonel Military Engineer. And among the foreign collaborators it is possible to mention to Henri Brocard [see chapter 8]; Ernesto Cesàro, Professor of Infinitesimal Calculation of the University of Naples; Cristoforo Alasia de Quesada, Director of the periodical *Le Matematiche pure ad Applicate*, together with V. Retali; Francisco Gomes Teixeira, Professor of Differential and Integral Calculation of the University of Lisbon, founder of the *Journal of Mathematical Sciences and Astronomy* of Coimbra; Emilio Lampe, Professor of the Institute of Berlin; Gaston Albert Gohiere de Longchamps, Director of the *Journal of elementary and special Mathematics*; Gino Loria, Professor of Superior Geometry in the University of Geneva; Giuseppe Peano, Professor of Infinitesimal Calculation of the University of Turin and Director of the *Mathematical Periodical*, possibly the most important of the collaborators of *The Mathematical Progress*.

With these mathematicians among the assiduous collaborators of the periodical is possible to have a small idea of the international importance of the periodical that surely was due to its Director, Zoel García de Galdeano.

THE *ARCHIVE OF PURE AND APPLIED MATHEMATICS* OF VALENCIA, 1896-1899

This is the name of the second periodical published in Spain, dedicated to the Physics-Mathematical Sciences, and the only one that is published in Valencia during the XIX century. Its founder was D. Luis Gonzaga Gascó y Albert (1846-1899), successor in 1893 of Miguel Marzal y Bertomeu in the chair of Mathematical Analysis of the University of Valencia. The publication of this periodical began in 1896, like a "monthly newspaper" published by Luis Gonzaga Gascó Professor of Analysis of the University

---

[193] He was founder partner of the Mathematical Spanish Society.

of Valencia with the collaboration of Eduardo León y Ortiz, Professor of Geodesic of the Central University and D. Mariano Belmás Estrada, Director of the Gazette of Public Works and the collaboration of several Spanish and foreigners professors.[194]

In the first number of the periodical, their objectives were exposed, and they were: to spread the works of Valencia's professors in particular and Spanish professors in general, to establish personal relationships with the mathematicians of the scientific international community, to translate works published in foreign periodicals and to publish scientific classical memoirs continuing the example of some scientific societies.

The periodical published a total of twenty numbers, until the death of Gascó that really was the heart and motor of the periodical, since his personal effort made that in fact the periodical comes out. Gascó acted as director, editor, translator and editor. He published a total of four articles of his responsibility, fifteen translations of works of foreign authors and several notes. One could remember, to insist on the international character, that Gascó attended the International Congress of Mathematicians of Zurich in 1897, t ogether with Zoel García de Galdeano, both professors of universities of Spanish provinces (Valencia and Saragossa, respectively).

Spanish authors that published in this periodical were: Ventura Reyes Prósper[195], Eduardo León and Ortiz[196], Juan Jacobo Durán Lóriga[197], Sanchís Barrachina[198], Luis Lives Casademont[199], Cecilio Jiménez Rueda[200], Ricardo Caro and Román Ayza. From the foreigners, only two

---

[194] It is according to their complete title [Navarro Brotons-Catalá Gorques 2000, p. 163].

[195] See the web page www.divulgamat.net, where José M. Cobos Bueno writes the article Ventura Reyes Prósper (1863-1922), inside the section History of the Mathematics and Biographies of Spanish Mathematicians.

[196] He was born in Valencia in 1846 and he obtained the chair of complements of algebra, geometry, trigonometry and analytic geometry in two and three dimensions of the University of Granada the following year he moved to Valencia like a permanent teacher of the same chair. In 1882 h e moved to Madrid, like professor of Geodesy, where he continued until his death in 1914.

[197] He was born in La Coruña in 1854, he was an engineer of artillery and he wrote on mathematics in numerous Spanish periodicals (*Gazette of Mathematics, Archive of Mathematics,* ...) and foreigners periodicals (*Science* (New York), *Newspaper of Mathematical* (Italy), *Archiv der Mathematik und P hysik* (Germany), *De Vriend der Wiskunde* (Holland), *Nouvelles Annales de Mathematiques* (France) or *Jornal de Ciencias Matemáticas e Astronómicas* (Portugal)).

[198] Esteban Sanchís Barrachina was a professor of Mathematics of the Alicante and Valencia Institute.

[199] Institute Professor.

[200] He was one of whom more published in this periodical. He was professor of General Geometry and Analytic Geometry in the Faculty of Sciences of Valencia, from 1897 up to 1901. Later, he moved to Madrid, like professor of Metric Geometry.

published original works, Franz Meyer[201] and Paul Mansion[202]. Concerning the translations that were published[203] of French, English, Russian, Pole and Italian periodicals, it is necessary to stand out the authors: V. Puchewiwicz, Neuberg, Samuel Dickstein, J. Pervuschin, Sylverter, Edwin Barton, David Thomson, Maxwell, Tait, and R. S. Cole.

THE *APPLICANT* OF TOLEDO, 1896-1897

During a long time the edition of this journal has been attributed to Ventura Réyes Prósper[204], although, at present we know that the only relation between this well-known person and the publication was to be author of some articles. Other professors of the Institute did the same as him[205].

Reyes Prósper (1863-1922) was born in Castuera (Badajoz), May 31 of 1863. He is known as mathematician, naturalistic, and one of the Spanish scientists more notable of his time. He was granted a doctorate in Natural Sciences with extraordinary prize of degree and doctorate. He was professor of Natural Sciences in the Institute of Teruel, later professor of Mathematics in the Institute of Albacete, after that professor of Physics and Chemistry in the Institutes of Jaen, Cuenca[206] and Toledo. From 1907 he was a professor of Mathematics and Director of the Institute of Toledo, where he died in 1922. He knew diverse languages like French, English, German, Russian, Swedish, Norwegian, Latin and Greek. This knowledge favored that he keeps up c orrespondence with foreign European mathematicians[207], in spite of his grateful isolation like professor of

---

[201] Könisberg University's Professor.

[202] (1844-1919) Gants University's Professor.

[203] Some translations were published with only two months of difference between them.

[204] According to Roca Rosell- Sánchez Ron [1990]), this periodical was published at the same time that Luis Gascó published the Archive of Pure and Applied Mathematics in Valencia, and according to Navarro Brotons-Catalá Gorques [2000], this periodical was published at the same time that The Mathematical Progress, published by García de Galdeano in Zaragoza, however, Jesús Cobo Ávila (1991) indicates that if it indeed was Reyes Prósper his editor in Toledo, the periodical had to begin a little later, since Ventura Reyes Prósper settled in Toledo in autumn of 1898.

[205] See, for instance, Atanasio Lasala y Martínez (1847-1904), Francisco Correa y Ramírez (1857-?), and Pedro Angel Bozal y Obejero (1872-?).

[206] At that precise moment, in 1896 Reyes Prósper is profesor of the institute of this village, and he sent his first paper to the *El Aspirante*, which title was "La geometría No-Euclídea y el teorema de Pitágoras" and was published in the number 19 of this journal, dated in 15-11-1896.

[207] Together with Zoel García de Galdeano as it has already been commented.

Institute, always in a country without university[208]. He is also well-known by being the first Spanish that published in a foreign periodical of Mathematics of fame like *Mathematische Annalen,* or in *the Bulletin of the Societé physico-mathematique* of Kazán (Russia)[209], in the *Bulletin of the Société Géologique* of France, and in *The Educational Time of London.* Besides never abandoning his first discipline, the Natural Sciences, inside the Mathematics he devoted mainly to the mathematical logic and to the not Euclidean geometries. The professor Ricardo San Juan carried out an article for the *Mathematical Gazette* in 1950, titled "The Scientific work of the Spanish mathematician D. Ventura Reyes Prósper"[210].

However, in the last Congress of History of the Spanish Society of Sciences and Techniques (S.E.H.C.Y.T), hold in Azcoitia, Llombart Palet and Caballer Vives [2012, p. 455] have presented a paper with their recent find, a nearly complete collection[211] of the El Aspirante in the Library of the University of Santiago de Compostela. In the way, we have known the special characteristics of this Journal: two-weekly publication, only edited by "La Redacción" (L.R.)[212], and "it is only and exclusively dedicated to Professors and students of the Preliminary Academies"[213]. So that it is supposed that L.R. would be a team of professors from there preliminary above all from the military career, that exist in Toledo at that moment. Besides the Journal only accepted news of "Academies, books and information sheets".

Twenty issues were published with a total of 360 pages, the first number dated from 15-1-1897; all of them were printed in Toledo, in different printing houses.

---

[208] He was part of the Permanent International Committee of Ornithology in the Congress of Budapest, of the Astronomical Society from France and of the Physical Mathematical Society of the University of Kazán. He was member of the Real Academy of Fine Arts of San Fernando and corresponding member of the Real Academy of Sciences from Madrid. He also was named Commander of the Order of Alfonso XIII.

[209] The paper published in this Russian newspaper is in correspondance with the French translation of the paper published in *El Aspirante*, "Note sur le théorème de Pythagore et de la Géometrie Non-Euclidienne" (second serie, volume VII, 1 of 1987)

[210] First Series of the *Mathematical Gazette*, Volume 2, number 2, pages 39-41.

[211] The numbers 11 and 17 are missed.

[212] In spite of that all the issues found in the Library have been revised, it has been revealed that from the first issue, dated in 15-2-1896, it is the L.R. which determines the bases and conditions of the journal, without mention any people or company.

[213] *El Aspirante*, n°1, 15-2-1896. The named academies prepare students to join to special schools, either military men or engineer, who, at that moment depend on their own ministry departments. Those students who finish their education will have a job in the Public Administration with an official work as state's engineer; for that reason the access test to the school will be very difficult as it supposes a sort of public examination to the engineer's state body.

In the number 20, t wo warnings were published: the first one with respect to the subscribers who have not paid off their unpaid debts. Yet, in order they "repair the mistake", and in relation to the quarterly subscription amount which will pass from 3 t o 5 pesetas. The second warning they apologized by the delay in the edition of this issue due to the existent problems and informed that in case they would not be able to solve difficulties the task would be finished. It can be supposed that the financial situation of the publication had not allowed to continue with it, as this was the last issue published.

To be able to publish an article in the journal, the paper has to be authorized with the signature of a subscriber professor of official or private teaching. In addition, in the "Bases and conditions" of *El Aspirante*, its special character is evidenced, since Academies which were interested in the publication of some particular work (as lessons, notes, exercise books) might point out the number of copies they would need. It is normal to consider the possibility to take advantage of this journal publication and to print the papers of interest to the students of a certain Academy, instead that student exchange handwritten notes some times, impossible to be read.

In *El Aspirante* it can be differentiated three main sections, without be specifying by people responsible for the journal: the first about doctrine; the second about notes, explanations, warnings and official regulations; and the third about problems and theorems. In the first section are included the teacher's note-papers about the mathematic theories, the doubts and the answers to them, which can be summarized in four mathematic subjects: Arithmetic, with a 32% of published papers; Algebra, with a 14%; Geometry with a 48%; and Trigonometry with a 6%. In the brief notes, a total of 55 have been recorded; the 42% of them belong to Arithmetic, the 45% belong to Geometry and the 13% rely to Algebra. In the last section, common to almost the mathematical journals of that period, it have been recorded a total of 39 wordings and 36 solutions, 42% of which belonging to Geometry, 21% belonging to Trigonometry and the 16% belonging to Algebra.

According to LLombart Palet and Caballer Vives [2012, p.463], professors of the University did not fill drawn to participate in the Journal as a result of the special character of this, journal and the academic level of the published papers that was basic mathematics. However, among the authors there are a great number of prestigious military men, either to be co-owner of the Preliminary Academies, as Luis Catalá[214], Jorge Luzón[215] and José

---

[214] Academy Catalá de Guadalajara.
[215] Academy Guíu-Luzón of Toledo.

Mª de las Alas, or either to own mathematical achievements, as Juan Jacobo Durán y Lóriga, and Ignacio Beyens.

QUARTERLY PERIODICAL OF MATHEMATICS OF SARAGOSSA, 1901-1906

This periodical was published for the professor D. José Ríus y Casas, in Saragossa. It had a relatively short life because it began in March of 1901 and ended in September of 1906. A total of twenty one numbers which were distributed in five volumes plus one loose number[216], were made. In total they could be counted 72 articles and notes.

Professor Ríus attended the International Congress of Mathematics[217], together with García de Galdeano, held in Paris in 1900, a nd after his return, he began the publication of the periodical, like continuation or substitution of the periodical *The Mathematical Progress of Saragossa*[218] that had just conclude its publication in Saragossa. In the first number of the publication, Professor Ríus y Casas exposed the reasons of the creation of this periodical, alluding to the completion of the publications of *The Mathematical Progress* of Saragossa and of the *Archive of Pure and Applied Mathematics* of Valencia, and to the necessity of this type of periodicals, that at this time did not exist in Spain and, however, they were common in other countries.

---

[216] For instance the first volume, wich only consists of three copies, had a total of 144 pages.

[217] To this Congress they assisted besides Ríus and Casas, and García de Galdeano, Leonardo Torres Quevedo, in quality of Engineer, and Torner de la Fuente like military. One could observe that university professors only assist two of the University of Saragossa, in fact the smallest university at this time where Exact Sciences are taught. They were also imparted in Madrid and Barcelona.

[218] In opinion of Peralta [2000, p. 105], *The Mathematical Progress* is without a doubt of more important that the *Quarterly Periodical of Mathematic.*

Revista Trimestral de Matemáticas.

PROSPECTO PARA 1904.

AÑO IV DE SU PUBLICACIÓN.

PRECIOS DE SUBSCRIPCIÓN.

En España . . . . 8 pesetas al año.
En el Extranjero . . . . 10 pesetas el año.

ADMINISTRACIÓN:

San Miguel, 52 duplicado, 2.°, Zaragoza.

Fig. 4 Announcement of the *Quarterly Periodical of Mathematics* appeared in 1904 in which two prizes were proposed to whom have solved more mathematical questions.

José Ríus y Casas was born in Barcelona in 1867, where he studied his degree, but he moved to Madrid in order to carry out the doctorate in the Central University (1889), and that same year he would occupy the position of non- permanent assistant of the Astronomical Observatory of Madrid, also being interim assistant teacher without salary in the Central University. He got, by exam, the post of professor of Arithmetic, Geometry and Principles of the Art of the Construction in the Arts and Occupations School which he was their director in 1892. In 1898 he sat in a competitive examination and he consent to be a professor of Mathematical Analysis I and II, of the University of Granada, of which he goes by competition of transfers to that of Saragossa until his retirement. He also was a councilman of the city council of Saragossa and founder of the Academy of Sciences of Saragossa.

Among the Spanish authors of the periodical it is possible to mention Esteban Terradas e Illa and Julio Rey Pastor[219] (like solver of problems), and among the foreigners to Francisco Gomes Texeira, R. Guimaraes, and E. Nunes Cardoso.

The reason of the disappearance of the periodical was, as always, the material impossibility of sustaining it on the part of its editor, the professor

---

[219] Both like students. Terradas was student of the Faculty of Sciences and of the School of Industrial Engineers from Barcelona, with an article titled "Propiedades de las raíces de la unidad", that it was rewarded in the First Competition of the Scholar Scientist Athenaeum of Saragossa, and Rey Pastor, like solver of problems, to whom the Quarterly Periodical of Mathematics granted their Prize to the Stimulus for Spanish Students.

111

Ríus y Casas, although his international fame is demonstrated with the exchange that it maintained with 25 foreign periodicals. In the last number the editor apologizes for taking only a census of the bibliographical references of newly published books that the authors and editors have sent him. The Faculty of Sciences of Saragossa began, little later, the publication of a general periodical, *Annals of the Faculty of Sciences* of Saragossa, which is a new intent to sustain a publication although it is not periodic neither monographic.

| Año V. | Zaragoza, Marzo de 1905. | Núm. 17. |

REVISTA TRIMESTRAL

DE MATEMÁTICAS,

PUBLICADA POR

J. Ríus y Casas,

CATEDRÁTICO NUMERARIO DE ANÁLISIS MATEMÁTICO
DE LA UNIVERSIDAD DE ZARAGOZA

Fig. 5 Cover of the *Quarterly Periodical of Mathematics*

GAZETTE OF ELEMENTARY MATHEMATICS – GAZETTE OF MATHEMATICS OF VITORIA, 1903-1906

It began its publication in Vitoria in 1903, by Angel Bozal y Obejero, who in the presentation of this new periodical alludes to the only existent periodical of Mathematics, *Quarterly Periodical of Mathematics*, directed by the intelligent and laborious professor D. José Ríus y Casas, to whom he request help in this patriotic work of publication.

The first number of this new periodical, *Gazette of Elementary Mathematics,* sees the light in Vitoria in January 31st 1903; it seems to be the first mathematical periodical that is published in the Basque Country. In this first number it is made a presentation indicating that the objective of the periodical will be writing about "all matter concerning Mathematics, exposed in an elementary way, without forgetting any of the multiple branches that form part of such universal science". During the first year of life the periodical has a monthly regular recurrence, but from 1904 it is published in Madrid and each number embraces several months. In the number of December of 1904, a change in the orientation of the publication is announced, suggested by a "considerable number of distinguishing becoming"; and after seeing the convenience, the director,

"is delighted in announcing that, starting from the next number, first that corresponds to the year of 1905, it will remain introduced the suitable reformation, suppressing for this purpose, in the title of the current periodical, the word "Elementary", with which this will remain reduced, gaining in generality, to *Gazette of Mathematics*, very understood that, in spite of this suppression, it will predominate in the bottom of their mathematical works, …., the character genuinely elementary. We will include, then, any article, note, problem, etc. of character a little more superior to the one used until now…".

Starting from this moment, the periodical became bimonthly, with exceptions. It stopped with the number of November-December of 1906, although some works remained unfinished: it is difficult to understand that this gazette disappeared without having said goodbye to readers.

This journal had centers of subscription in thirty foreign countries[220] for a price of twelve francs. In Spain, the price of subscription was of twelve pesetas. It also had announcements and publicity, so much of Academies, preparatory of students for the entrance in the special Schools and the Military Academies, like of Bookstores with extract of their catalogue. It is unusual the publicity of companies like the Gasmotoren-Fabrik Deuts, which manufactured the Otto motors in Madrid, and the Tnagyes Limited of Bilbao.

The periodical *"Gazette of Elementary Mathematics – Gazette of Mathematics"* had six sections: Biographical, Doctrinal, Mathematical Notes, Bibliographical, Information and Investigation. At the first section, that was part of all issues, had biographies of mathematicians Spaniards as well as foreigners. These biographies are anonymous, although it is thought that the author was the director of the publication A. Bozal. The information was obtained, in most of the cases, requesting directly to the person a photography and the curriculum. Among the Biographies are from Manuel Allende Salazar, minister of Public Instruction and Fine Arts, that it appears in the first number, passing by Echegaray, García de Galdeano, and other mathematical of prestige, standing out the directors or founders of the more excellent European mathematical periodicals in the moment. A complete relationship is in the work of Llombart Palet [1989, p. 13-14]

---

[220] France, Switzerland, Belgium, Italy, Portugal, Holland, Germany, England, Austria, United Status, Argentina, Chile, Mexico, Brazil, Cuba, Dominican, Peru, Uruguay, Venezuela, Paraguay, Salvador, Puerto Rico, Ecuador, Nicaragua, Guatemala, Bolivia, Colombia, Costa Rica and Trinidad.

Concerning the Doctrinal Section[221] there were up to fifty six authors, of which thirty one were foreigners, and the rest Spaniards. Works are counted up to eighty, half of which correspond to topics of Geometry, and a quarter to questions of Analysis. Most of these works expose methods in order to achieve results already well-known, generalizations of the same, and works of other sources. The Section of mathematical notes is "consecrated to brief works guided to simplify, specify and consolidate well-known results"[222], and it consists of a total of fifty three notes, of which twenty-one are of foreign authors, and the rest of Spaniards. These notes are brief and do not reach three pages. The Bibliographical Section consists of a total of hundred and nine works, of which sixty three of them correspond to foreign authors[223]. One of the most outstanding questions of this Section are the several comments on the low scientific and mathematical level, in particular from Spain at this time, criticizing to the public powers so that they act in the improvement of this level and they organize the teaching of the Mathematics. The creation of scientific associations is also supported and the creation of the future Spanish Society of Mathematics is encouraged, like one of the possible solutions to the mathematical problem of this time in Spain. In the last section of investigation mathematical questions are proposed and/ or solved. A total of one hundred and ninety nine proposed questions was collected

Pedro Ángel Bozal y Obejero was born in 1872 and in 1891 was named long-standing assistant of the Meteorological Observatory of the University of Saragossa. He graduated in 1894, worked like auxiliary professor in the General and Technician Institute of Bilbao and obtained the title of doctor in 1897[224]. From that moment he was long-standing auxiliary professor of the Faculty of Sciences of the University of Saragossa, and in 1899 he was named professor, by exam, of General Physics of the Special School of Industrial Engineers of Bilbao. In 1900 he occupied the chair of Mathematics in the General and Technical Institute of Vitoria, in January 1904 he moved to the Institute of San Sebastian, and in 1913 he was named interim professor of Geometry and Spherical Trigonometry of the Nautical School of Bilbao. The date of his death could not have been found. When he leaves the publication of the *Periodical Gazette of Mathematics*, he begins to write several books addressed to the students of secondary education.

---

[221] In this case to difference of what it happened with García de Galdeano *(The Mathematical Progress)* and Gascó *(Archive of Mathematics)* the almost only author of this section is not the director.

[222] Gazette of Elementary Mathematics, I, p. 1-3.

[223] Thirty books in French, twenty six in Italian, nine in German, three in English and three in Portuguese. There is a Mexican book and another Chilean.

[224] In this date he is named Gentleman of the Real Order of Isabel the Catholic.

In spite of his short life, thanks to the thousand eighty six pages published by several authors in the life of this periodical, some news about the Spanish scientists are known between the end of the XIXth century and the beginning of the XXth and they helped with their effort to the development of the Mathematical in Spain, as well as to the interests of the mathematical community at that time.

THE JOURNALS OF THE MATHEMATICAL SPANISH SOCIETY, MADRID, 1911-1917

The Mathematical Spanish Society (SME) was finally [González Redondo-Manuel de León, 2001, p. 280-291][225] created in 1911 with a great hope put on it, and a total of three hundred and fifty nine partners, that in February of the following year have increased up to four hundred twenty three. It began to publish journals, starting from this same year, in May of 1911, with a total of ten numbers in each academic course, organized in a volume[226]. This initial format was not continued with rigidity. The title of the journal, as displayed in its cover, is *Monthly Journal of Pure and Applied Mathematics, Historical and P edagogic Questions.* The person responsible for the Journal is Julio Rey Pastor who holds the position of Secretary of the SME.

The first volume of the Journal corresponds to the months from May 1911 to July 1912 (with the exception of the months of July, August and October of 1911 and January and June of 1912) and therefore it consists of ten numbers. The four following volumes go from October to July like the academic cycle, although in some occasions two numbers come out together[227]. For the course of 1916 to 1917, that would correspond to the sixth volume, there are only published a number in January of 1917 and another in April of the same year. The reasons of this interruption are the problems and discussions there have been on the Journal. When the Journal begins its fifth year of life, a publishing house appears[228] in which the structural problems of the Spanish Mathematics of that time are exposed to the readers. Not the most concrete problems of the journal are only

---

[225]The creation of the SME was brewing during this congress of the Association for the Progress of the Sciences, celebrated in Saragossa, where it is put like a model the Societé Mathématique of France, established in the Sorbonne. It has his first meeting on April 5th of 1911.

[226] The volume I of this magazine consists in 456 pages.

[227] For instance, they leave together February and March of 1914, June and July of 1915, and December 1915 with January of 1916, and those of April and May of 1916.

[228] The Mathematical Spanish Society Periodical, volume V, number 41 (1915-1916), p. 1-10.

commented (the low mathematical level of the addresses and the natural lack of the topics to deal with) but rather the problems of the mathematical Spanish community in comparison with some other Europeans are exposed clearly. This editorial finishes with an enthusiastic tone that, however, is enough in order to stay afloat the journal, which concludes its publication in 1917 , coinciding with the going of Rey Pastor[229] to Argentina[230].

The sections of this journal were Biographical Section, Doctrinal Section, Mathematical Notes, Diverse Articles, Bibliographical Section, Chronicle, Mathematical Vocabulary, Mediator of the Mathematicians (Questions and Answers) and Section of Investigation (Proposal questions and resolved questions).

In 1919, The Mathematical Spanish Society creates its second official journal, the *Hispano-American Mathematical Journal*, directed by Rey Pastor, which begins its activity with the publication of two volumes, opening the panorama to the twenty American nations that had been born to scientific life [Fig. 6]. Julio Rey Pastor not only directs the journal, but rather he commits to finance the publication, to pay the operations expenses of the SME and to send the Journal, free of charge, to the honorary members, the corresponding members and the patrons members of the Society, as it is stated in the IX article of the new statutes that are edited [Ríos-Santaló-Balanzat 1979, p. 18] & [Ausejo-Millan 1993, p. 180].

---

[229] Julio Rey Pastor (1888-1962) travelled to Argentine between 1917 and 1918, and in 1921, was employed by the University of Buenos Aires to promote the Third Year Mathematics studies. The stay in Argentine went on for several years, since Julio Rey Pastor was married there and he had two children. He could came back every austral summer to carry on with his teaching in the University of Madrid, and to stay the taking off time in Argentine, except from the period 1936-1947 (when the civil Spanish war break out). In the fifths when he went back to Spain he began a new stage to collaborating with the creation of new journals as *Arquímedes* (it would be the journal of the new Applied Mathematic Society, which was created in February 1955. Rey Pastor belonged to board of directors as vice-president and his journal will be published between 1955 and 1958, under his ....direction), and the journal *Theoria* (Journal of Theory, History and basics of the science, associated to the Society of Logic, Methodology and Philosophy of the Science in Spain, which was created in 1952, and at the present it continues to be published by the University of Basque Country). For more informations about Rey Pastor see : [Álvarez Polo 2013, pp. 354-372].

[230] In 1924, he founded there, the Argentine Mathematical Society and in 1938 he got Argentine nationality; therefore he was named as argentine representative in the International Academy of History of Science.

This Journal is continued to be published, even during the Civil Spanish War and later by the Institute "Jorge Juan" of Mathematics, affiliated to the Superior Council of Scientifical Investigations, and it will change its name in 1985 to *Ibero-American Mathematical Journal*, which continues being published at the present time, for the Department of Mathematics of the Autonomous University of Madrid, being from 2006 a scientific publication of the Society [Fig. 7].

Fig. 6 Cover of the *Hispano-American Mathematical Journal* signed by J. Hadamard as a souvenir of his Spanish visit.

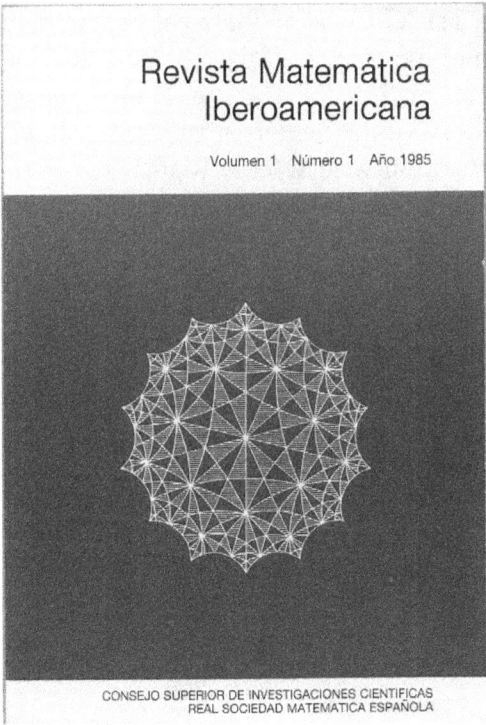

Fig. 7 Cover of the first number of the *Hispano-American Mathematical Journal.*

The *Mathematical Elementary Journal*[231] was created by Julio Rey Pastor, like an organ of the student's mathematical circles between Madrid and Buenos Aires, in 1931. It was published under the auspices of the Mathematical Spanish Society and the Mathematical Argentinean Society[232]. In 1932, José María Plans y Freyre in collaboration with José Barinaga Mata [Ausejo-Millan, 1989, p. 280] takes care of the composition of this *Mathematical Elementary Journal*. The first volume of the Journal is the corresponding to September 1931 – October 1932. This Journal is born like the breakdown of the elementary part of the *Hispano-American Mathematical Journal*. The editorial board of this new journal is awarded to Manuel Vázquez (Officer of the Tribunal of Bills), by the Committee for the Extension of Studies, in the record of the session of the 23rd January 1932 [Ausejo-Millan 1993, p. 179]. There are published a total of four volumes between 1931 and 1936.

The *Mathematical Gazette* appeared in 1949 in replacement of the *Mathematical Elementary Journal*. The *Gazette* of the Real Mathematical Spanish Society is the current organ of expression of the Society. At present it exist a digital version in electronic form of the Gazette. It also exists, at present time, another periodic periodical of the Society, that is titled *Bulletin of the RSME*, that is electronic publication with weekly regular recurrence, where the last news on the activities of the Society and the mathematical community are included [Fig.8].

Fig. 8 Anagram of the *Bulletin of the RSME*

---

[231] It is important not to confuse this periodical with the *Argentinean Periodical of Elementary Mathematics*, directed by Valentín Balbín, and published between September 1st of 1889 and January 15th of 1893, with biweekly periodicity (with a total of 82 numbers) [Cerutti 2004]. It was published in Buenos Aires. A wide study of this periodical could be found in the work of Babini [1964].

[232] The Argentinean Mathematical Society is created under the impulse of Julio Rey Pastor in 1924, and it arrives to their term in 1927.

JOURNAL OF THE CENTER OF SCIENTIFIC STUDIES, SAN SEBASTIAN, 1934-1936

In the Basque Country the Republic started at 1931 a nd some intellectuals like Carlos Santamaría and José Oñate[233] began the organization of what would be the origin of a future university in this Spanish region that until this moment, for political reasons, had not been possible. So, with the idea of the creation of a future Faculty of Science, like heart of this university, it was created on 28t h May 1932, the Center of Scientific Studies in San Sebastian with the purpose of giving an incentive to the studies of pure and applied sciences as a help to the industry and research. At the beginning it had two hundred partners among which were Julio Rey Pastor, José Barinaga, Blas Cabrera, Sixto Cámara, Julio Palacios, Pedro Puig Adam... Among their first activities was the publication of a journal of theoretical and applied studies, The General Journal of the Center that was published in separate section. However, only the Sections of Mathematics and Physics come to materialize this project [Llombart 1993, p.197].

This institution has credit facilities of the Provincial Autonomous Council of Guipúzcoa (7.500 annual pesetas), and of the city of San Sebastian (2.000 annual pesetas), as well as the quotas that their partners pay.

The *Journal of Center of Scientific Studies*, Section of Mathematics, is born in December of 1932 w ith a format inspired in the French mathematical periodicals of that time and with a monthly character. There are published a total of 19 numbers to two columns for page, with a total of 188 pages until December of 1934. T he Director of the Journal is Carlos Santamaría. The Journal is distributed mainly for subscription in Spain and Latin America. There is a record of seven hundred subscribers with a total edition of thousand copies. Their readers are mainly students that prepare the entrance to the Technical Schools and teachers of Secondary Education. It has two big blocks, one with several sections (doctrinal, notes, bibliographical, news, consultation and mathematical conversations with students of high school[234]); the second block has two sections, formulation and solution of problems[235].

---

[233] San Sebastian Institute's Professors.

[234] This section does not come to have much success and it is suppressed starting from the number six of the publication.

[235] In this section 167 pr oblems are formulated; of which 146 h ave the solutions. These problems give a very concrete idea on the level of knowledge of the applicants to entrance in the technical schools, in Sciences Faculties and other Oppositions of the State Administration, in the years that precedent to the Civil Spanish War. As a supplement it is

The section of Physics of the Journal of the Center of Scientific Studies began to publish in March of 1934, e very month, until December of the same year. However, from January of 1935, the two periodicals, section of Mathematics and section of Physics, were joined in a single publication. There were made a total of thirteen numbers until March of 1936. In this second stage, there were consolidated the following sections: doctrinal (with 36 works of 24 di fferent authors), notes, news, bibliography and it was added a new section titled study of topics, that published the investigations carried out in the Seminar of Elementary Mathematics, organized for the Center of Scientific Studies every week in San Sebastian. There were also published 72 formulated problems and the solutions of 69 of them.

Here one can find in the Table 1, the chronology of the *Spanish Mathematical Journal*:

Title of the periodicals	Year of creation	Year of the end of publication	City of publication	Responsible or editor
Periodical of the Progresses of the Exact, Physical and Natural Sciences	1850	1905	Madrid	Real Academy of Exact, Physical and Natural Sciences
The Monthly Newspaper of Mathematics and Physical Sciences	1848	1848	Cadis	José Sánchez Cerquero
The Mathematical Progress	1891	1900	Saragossa	Zoel García de Galdeano
The Applicant	1896	1897	Toledo	La Redacción
Archive of Pure and Applied Mathematics	1896	1899	Valencia	Luis García Gascó
Quarterly Periodical of Mathematics	1901	1906	Saragossa	José Ríus y Casas
Gazette of Mathematics	1903	1906	Vitoria	Ángel Bozal

settled down, from the number nine of the periodical, a n ew section of Elementary Problems, that encouraged the students of secondary education to publish, and that it got 36 proposal problems, of which 33 solutions were published.

				Obejero
(Elementals)				
Journal of the SME	1911	1917	Madrid	SME (Julio Rey Pastor)
Hispano American Mathematical Journal	1919	.....	Madrid	SME (Julio Rey Pastor)
Elemental Mathematics	1931	1936	Madrid-Buenos Aires	Julio Rey Pastor SME y SMA
The Mathematical Gazette	1949	.....	Madrid	SME
Journal of the Center of Scientific Studies	1934	1936	San Sebastian	*Center of Scientific Studies* (Carlos Santamaría José Oñate)

Table 1. Chronology of the *Spanish Mathematical Journal*

CONCLUSION

We consider that the relations between the Spanish mathematical journals and also between the foreign ones are at author's level, which not only send then papers but also are managing other journals. They are also translation of papers of foreign mathematical journals in the Spanish journals, see as an example the translation in *The Monthly newspaper of mathematical and phy sical sciences of Cadis*, of the Lobatto's paper published in the XII volume of the *Journal de mathématiques pures et appliquées* of Liouville (1848).

The scientific Spanish periodicals of the end of the XIXth century and the beginning of the XXth century have gone appearing and disappearing due to diverse reasons.

It is interesting to note that the first Spanish mathematics periodicals are born in provinces, in the shadow of teachers from province universities, when at this time the only Spanish University that teaches the doctorate and may be granted the title of Doctor was the Central University of Madrid. Those cities, provincial capitals where the first Spanish mathematics periodicals were published are located in the following map [Fig. 9]:

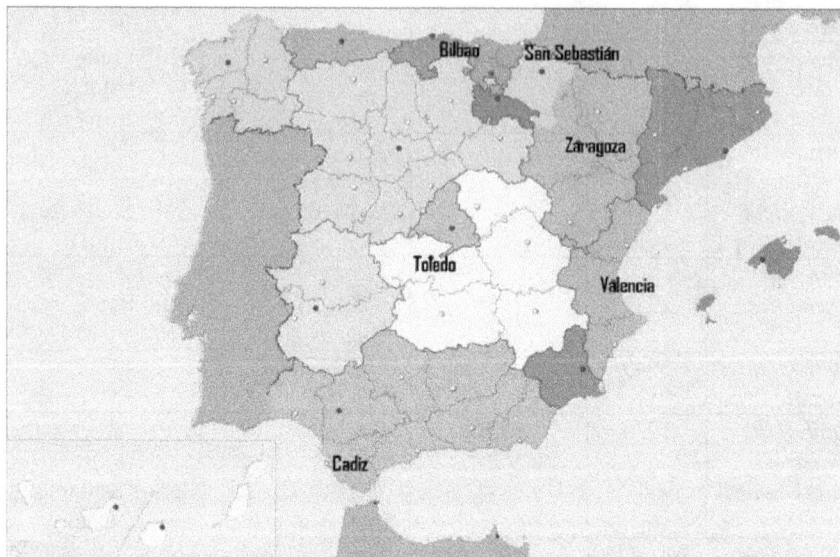

Fig. 9 Map of Spain including the cities where the earliest mathematical journals were published.

Durán Loriga's article, *¡Sursum Corda!*, that appeared in the first number of the Journal of the Mathematical Spanish Society, describes the purpose of the creation of most of the periodicals that we are analyzing in this work, in an excellent way. " ... The first that is imposed is creating mathematical atmosphere..." It is said, and atmosphere of reflection, exchange of ideas and opening to the exterior.

The main inconveniences for the publication of scientific periodicals in the XIXth century are the economic difficulties. These reasons led to the disappearance of the majority of the scientific periodicals, and in particular mathematical periodicals that were created in this XIXth century and the first third of the XXth century.

With regard to the articles of Spanish authorship published in our periodicals, it exists a s mall comparative analysis carried out by Peralta [2000, p. 105-109], where he compares the number of written articles, in a sample[236] of the previously mentioned periodicals, with the articles of Spanish author in the same periodicals, arriving to the conclusion of the considerable progress carried out by the Mathematics in Spain, between the end of the XIXth century and the beginning of the XXth century. The

---

[236] He chooses four periodical, *The Progresses of the Exact, Physical and Natural Sciences, The Mathematical Progress, The Quarterly Journal of Mathematics* and *The Magazine of the Spanish Mathematical Society*, of which himself affirms that they are not completely equivalent.

Spanish contributions begin a slow increase, so much in quality like in quantity [Table 2].

Table 2.- Percentage of Spanish authors contributions

Year	1853	1866	1892	1901	1911-12
Percentage	0%	18,18%	38,30%	76,92%	97,56%

Even Peralta dares to say in an abbreviated way that the Spanish Mathematical contributions in these periodicals grow in percentage, going from a null percentage in 1853 to a percentage of the 97.56 in 1911-1912 , as it can be observed in the previous table made with J. Peralta's data. All mathematical Journals studied in our Text are connections between international mathematical Community and "Iberian periphery" as Eduardo Ortiz wrote [Ortiz 1999].

REFERENCES

Álvarez Polo, Yolima [2013] *Introduccion del algebra en Espana y Colombia durante la segunda mitad del s. XIX y la primera del s. XX*, tesis doctoral, director: Luis Espagnol Gonzalez, universidad de la Rioja.

Aragón (Francisco) [1978] La política científica en la España del s. XVIII a través de la revista "Anales de Ciencias Naturales". Madrid 1799-1804, *Llull, revista de la Sociedad Española de Historia de las Ciencias y las Técnicas*, n° 2, p. 19-25.

Aznar García (José Vicente) [1984]: Contribución a la historia de la matemática española de finales del XIX: Luis G. Gascó (1846-1899) y el "Archivo de Matemáticas", Hormigón (Mariano)(ed.), Actas del II Congreso de la Sociedad Española de Historia de las Ciencias (Jaca 27 septiembre-1 de octubre, 1982). Zaragoza, Sociedad Española de Historia de las Ciencias, vol. 2, p. 47-59.

Ausejo (Elena) [1993] El Periódico Mensual de Ciencias Matemáticas y Físicas, *Revista de Storia delle Science*, vol. 3 n° 1, p. 55-66.

Ausejo (Elena) [2001] El fondo antiguo de revistas científicas en la Universidad de Zaragoza, U bieto (Agustín) (ed.), *III Jornadas de Estudios sobre Aragón en el umbral del siglo XXI, Caspe, 15-17 de diciembre de 2000*, Zaragoza, Instituto de Ciencias de la Educación, Universidad de Zaragoza, p. 1171-1177.

Ausejo (Elena); Hormigón (Mariano) [1986] Noticia del periódico mensual de Ciencias Matemáticas y Físicas (Cádiz, 18), Echevarría Ezponda (Javier); Mora Chasles (Marisol) (coords.), *Actas del III Congreso de la*

Sociedad Española de Historia de las Ciencias: San Sebastián, 1 al 6 de octubre de 1984, Vol. 2, ISBN 84-398-6327-6, p. 35-50.

Ausejo (Elena); Hormigón (Mariano) [1993] *Messengers of Mathematics: European Mathematical Journals (1800-1946)*. Siglo XXI de España Editores. Madrid.

Ausejo (Elena); Millan (Ana) [1989] La organización de la investigación matemática en España en el primer tercio del siglo XX: el laboratorio y Seminario matemático de la Junta para Ampliación de Estudios e Investigaciones Científicas (1915-1938)", *Llull, revista de la Sociedad Española de Historia de las Ciencias y las Técnicas,* vol. 12, p. 261-308.

Ausejo (Elena); Millan (Ana) [1993] The SME and its Periodicals in the First Third of the 20th Century", Ausejo (Elena); Hormigón (Mariano) [1993] *Messengers of Mathematics: European Mathematical Journals (1800-1946)*. Siglo XXI de España Editores, Madrid, pp. 159-187.

Babini (José) [1964] Valentín Balbín y la revista de matemática argentina, *Isis,* 55, p. 82-95.

Cerutti (Rubén) [2004] Zoel García de Galdeano en la revista de Matemáticas Elementales, *Llull revista de la Sociedad Española de Historia de las Ciencias y las Técnicas*, vol. 27, n º 60, p. 813-816.

Cobo Ávila (José) [1991] *Ventura Reyes Prósper*. Publicaciones de la Diputación de Badajoz.

Cobo Bueno (Jesús) [1994] Un geómetra extremeño del siglo XIX: Ventura Reyes Prósper, *Memorias de la Real Academia de Extremadura de las Letras y las Artes*, vol. II p. 91-137.

Díaz Díaz (Jesús Ildefonso) [2009] *Observación y Cálculo: Los comienzos de la Real Academia de Ciencias y sus primeros correspondientes extranjeros.* Discurso inaugural del año académico 2009-2010. Real Academia de Ciencias, Exactas, Físicas y Naturales. Madrid.

Durán Lóriga (Juan Jacobo) [1911] ¡Sursum Corda!, *Revista de la Sociedad Matemática Española,* nº 1 Madrid p. 21-25.

Escribano Benito (José Javier) [1998] Los elementos de Geometría analítica de Sixto Cámara Tecedor, Español (Luis) (coord.), *Matemática y región: La Rioja: sobre matemáticos riojanos y matemática en La Rioja*, p. 123-136

Escribano Ródenas (Mª del Carmen) (coord.) [2000] *Matemáticos Madrileños*. Anaya educación. Madrid.

Escribano Ródenas (Mª del Carmen); Fernández Barberis (Gabriela Mónica) [2012] Mathematical journals in Spain during the nineteenth century and the beginning of the twentieth century, Roca-Rosell (Antoni) (ed.) *The circulation of Science and T echnology: Proceedings of the 4th International Conference of the ESHS Barcelona, 18-20 november 2010.* SEHCYT. Barcelona.

Español González (Luis) [1985] *Actas I Simposio sobre Julio Rey Pastor*, Instituto de Estudios Riojanos. Colegio Universitario de La Rioja. Logroño.

Español González (Luis) [1996] Julio Rey Pastor en la Revista de la Sociedad Matemáticas Española (1911-1917), *Llull revista de la Sociedad Española de Historia de las Ciencias y las Técnicas*, vol. 19, p. 381-424.

Garma (Santiago) [1978] La enseñanza de las matemáticas en España durante el segundo tercio del s. XIX, *Llull, revista de la Sociedad Española de Historia de las Ciencias y las Técnicas*, nº 2, p. 26-34.

González Redondo (Francisco de Asís); León, (Manuel de) [2000] Aproximación a l a Historia de la Matemática en España. La Real Sociedad Matemática Española, *La Gaceta de la RSME*. Vol. 3, nº 2. Madrid p. 363-370.

González Redondo (Francisco de Asís); León, (Manuel de) [2001] El primer congreso matemático en España (Zaragoza, 1908) y los orígenes de la RSME, *La Gaceta de la RSME*. Vol. 4, nº 1. Madrid p. 280-291.

Hormigón (Mariano) [1977] *El progreso matemático* como protagonista de la primera transformación matemática contemporánea en España, *Actas de las IV Jornadas Matemáticas Luso-Españolas, Jaca, mayo 1977*. Tomo III. Secc. Matemáticas, p. 885-900.

Hormigón (Mariano) [1981] El progreso matemático (1891-1900). Un estudio sobre la primera revista matemática española, *Llull, revista de la Sociedad Española de Historia de las Ciencias y las Técnicas*, vol. 4, p. 87-115.

Hormigón (Mariano) [1987] Catálogo de la producción Matemática en España entre 1870 y 1920, *Cuadernos de Historia de la Ciencia nº 3. Seminario de Historia de la Ciencia y de la Técnica de Aragón*. Zaragoza.

Hormigón (Mariano) [1996] La ciencia, su historia, las revistas de historia de la Ciencia, la censura previa y la libertad de expresión, *Llull, revista de la Sociedad Española de Historia de las Ciencias y las Técnicas*, vol. 19, p. 551-560.

León (Manuel de) [1998] Carta abierta de Luís Octavio de Toledo, *La Gaceta de la RSME*. Secc. Mirando hacia atrás. Vol. 1, nº 2. M adrid p. 293-306.

León (Manuel de) [1998] Sección "Mirando hacia atrás", *La Gaceta de la RSME*. Vol.1, nº 3. Madrid p. 489-496.

León (Manuel de) [1999] Sección "Mirando hacia atrás", *La Gaceta de la RSME*. Vol. 2, nº 2. Madrid p. 389-393.

León (Manuel de) [1999] Sección "Mirando hacia atrás", *La Gaceta de la RSME*. Vol. 2, nº 4. Madrid p. 175-176.

León (Manuel de) [2000] Sección "Mirando hacia atrás", *La Gaceta de la RSME*. Vol. 2, nº 3. Madrid p. 583-587.

León (Manuel de); González Redondo (Francisco de Asís) [2001] El primer congreso matemático en España (Zaragoza, 1908) y los orígenes de la RSME, *La Gaceta de la RSME*. Vol. 4, nº 1. Madrid p. 279-291.

Llombart (José) [1989] Un estudio sobre la revista Gaceta de Matemáticas Elementales-Gaceta de Matemáticas (1903-1906), *Llull, revista de la Sociedad Española de Historia de las Ciencias y las Técnicas*, vol. 12, p. 7-32

Llombart (José) [1993] Mathematical journals in the Basque country in the first third of the 20th century, Ausejo (Elena); Hormigón (Mariano) *Messengers of Mathematics: European Mathematical Journals (1800-1946)*. Siglo XXI de España Editores. Madrid, pp. 189-202.

Llombart (José); Caballer Vives (María Cinta) [2012] Noticia de *El Aspirante*. Revista Quincenal de Matemáticas elementales (1896-1897), *Actas del XI Congreso SEHCYT*. San Sebastián, p. 455-465.

Navarro Brotons (Victor); Catalá Gorques (Jesús) [2000] Las Ciencias, Peset Reig (Mariano) (dir.) *Historia de la Universidad de Valencia*, vol. III La Universidad Liberal (siglos XIX-XX), p. 149-178.

Ortiz (Rafael) [1993] El contexto europeo de la revista matemática de Balbín: 1889-1893, Asua (Miguel de) (comp.), *La ciencia en Argentina*, p. 86-109.

Ortiz (Eduardo) [1996] « The nineteenth century international mathematical community and its connection with those on the Iberian periphery », in Goldstein, Catherine, Gray, Jeremy & Ritter, Jim (sous la direction de), *L'Europe mathématique/Mathematical Europe*, Éd. de la Maison des sciences de l'homme, Paris, 1999, pp. 323-343.

Peralta (Javier) [2000] *La matemática española y la crisis de finales del siglo XIX*. Colección Ciencia Abierta nº 1. Ed. Nivola, Madrid.

Pérez García (María Concepción); Muñoz Box (Fernando) [1988] La Revista de los Progresos de las Ciencias Exactas, Físicas y Naturales, *Estudios sobre historia de la ciencia y de la técnica: IV Congreso de la Sociedad Española de Historia de las Ciencias y de las Técnicas: Valladolid, 22-27 de Septiembre de 1986*, p 543-552.

Peset (Mariano) (coord.) [1999] *Historia de la Universidad de Valencia*, 3 vols. Servicio de Publicaciones de la Universidad de Valencia. Colección Cinc Segles. Valencia.

Ríos (Sixto); Santaló (Luis Antonio); Balanzat (Manuel) [1979] *Julio Rey Pastor, matemático*. Colección Cultura y Ciencia. Instituto de España. Madrid.

Roca Rosell (Antoni) Sánchez Ron (Juan Manuel) ÁNCHEZ, J. M. (1990): *Esteban Terradas. Ciencia y Técnica en la España contemporánea*, INTA, Ed. Del Serbal. Madrid.

Rodríguez Vidal (Rafael) [1980] Noticia y biografía de la Revista Trimestral de Matemáticas (En homenaje a la memoria de José Ríus y Casas), *Actas de las VII Jornadas Matemáticas Hispano Lusas*. Publicaciones de la Universidad Autónoma de Barcelona, 20, p. 55-59.

Chapter 5

The *"Rivista di Giornali"* (1859-1879) within the Italian and European Mathematical culture of the 19th century [237]

Giuseppe CANEPA, Giuseppina FENAROLI, Ivana GAMBARO

In the month of May 1852, Giusto Bellavitis from Padua wrote to his friend and colleague Placido Tardy, a professor of Mathematics at Genoa University:

> I sent Tortolini some of the opinions I developed about contributions recently published in Italy in the field of Geometry; they are just my opinions, maybe too adventurous judgements, which nevertheless I hope can contribute to a scientific exchange among mathematicians scattered throughout the peninsula[238].

In this way he wanted to stimulate Italian mathematicians to start debating with one another, with the purpose of creating a real cultural cohesion in the Italian scientific world.

In July 1853, in another letter to Tardy, Bellavitis regretted the many difficulties that young people interested in mathematics might face in their attempts to get acquainted with the themes and results available in literature, by observing:

> [...] It will be very hard to begin a systematic study on this subject. It is a very scary venture, isn't it? How can a young scholar aspire to create a framework of the state of the art for this particular science? We would need somebody who could collect and work it out, but who would take on such a Herculian project? [239]

Bellavitis' personal contribution took place six years later, in August 1859, with the publication of the *Rivista di Giornali* in *Atti dell'I. R. Istituto Veneto di Scienze, Lettere ed Arti* (after unification of Italy: *Atti del Reale Istituto ...*) [12].

---

[237] See also a contribution, by the same authors, to the *4th International Conference of the European Society for the History of Science*, held in Barcelona, 18-20 November 2010 [14].

[238] G. Bellavitis to P. Tardy, 30 May 1852, in [13], p.35.

[239] G. Bellavitis to P. Tardy, 11 July 1853, in [13], p.39.

The previous year E. Betti, F. Brioschi and F. Casorati had travelled to Europe on a journey which had been encouraged and organised especially by P. Tardy and A. Genocchi with the aim to enable Italian young mathematicians to get in touch with the most important scientific schools on the continent, so that they could come back to their home country enriched with new ideas, experiences and precious contacts with foreign countries[240].

In Italy the scientific milieu was opening to Europe. Within a few years, the process was also supported by the new industrialisation, which was bringing Italy in line with other European nations[241]. It was thanks to this that a new interest rose in establishing Schools of Application for Engineers, and in founding or renewing scientific journals and reviews, such as *Il Politecnico* and the *Annali di fisica chimica e matematiche*.

As well as being open to new ideas from abroad, Italian culture was working to spread its own ideas to be recognised in Europe.[242]

GIUSTO BELLAVITIS

Born in Bassano del Grappa (Vicenza) on the 22nd November 1803, Giusto Bellavitis died in Tezze (Vicenza) on the 6th November 1880. He began his studies under the guidance of his father Ernesto, but he was essentially a self-taught person and this experience made him especially gifted as a teacher [1].

After some time spent as a municipal employee, in 1843 he was appointed Mathematics teacher at the Liceo of Vicenza.

In 1845 he was awarded an honorary degree in Philosophy and Mathematics (*Laurea honoris causa*) at Padua University, where he taught descriptive geometry, and later advanced geometry, theory of probability, physics, complementary algebra and finally co-ordinate geometry. In 1840 he became a fellow of the Istituto Veneto. Having been elected member of

---

[240] The journey made in 1858 by Betti, Brioschi and Casorati played a central role in the innovation of Italian mathematical research and was extensively quoted by Volterra at the International Congress held in Paris in 1900 [38]. See also recent contributions by L. Giacardi [21] in particular p. 239 note 25, and by E. Luciano and C. S. Roero [27] in particular pp. 45-55.

[241] See C. G. Lacaita [25], and U. Bottazzini, "Francesco Brioschi, matematico e uomo politico", lecture at the meeting *Europa matematica e Risorgimento italiano*, held in Pisa, 19-23 september 2011.

[242] An interesting survey of the scientific Italian communities has been developed in 2011 to celebrate the 150 years from the Italian unification, making available a significant selection of the extraordinary documentary and iconographic collection related to the Conferences of Italian Scientists from 1839 to 1875. See:
http://www.museogalileo.it/en/explore/exhibitions/virtualexhibitions/scientistscongress.htm l.

the Society of the XL in 1850, in 1855-57 he served as Inspector of Scuola Reale Superiore di Venezia, in 1866 he became Senator of the Regno d'Italia, and in 1866-67 Rector of Padua University.

In 1880 his unexpected death was caused by falling down the stairs at home.

Fig.1 Giusto Bellavitis (1803-1880)

He published 223 works and the *Rivista di Giornali*, and he gave relevant contributions to analysis, resolution of equations, curves classification, algebra of complex numbers; he also developed some studies in physics, in particular optics and electric phenomena, and in chemistry.

He studied algebra of imaginary numbers on a geometric base and he achieved his first work on equipollences in 1832. In 1835 he published a fundamental paper on this topic [2], which was influenced by some articles and books by A.-Q. Buée [9], J. V. Poncelet [31] and J. Steiner [36].

Previous works on the same topics, but unknown to Bellavitis in 1832, were developed by L. Carnot [17] and A. Möbius [28]. Similar methods were later developed by H. G. Grassmann [22] and W. R. Hamilton [24][243]; and in Italy, after Bellavitis' death, by G. Peano and his collaborators C.

---

[243] In a session of the *4th International Conference of the European Society for the History of Science,* held in Barcelona, 18-20 November 2010, a very interesting contribution on these authors was delivered by J. M. Parra Serra "Geometric Algebra versus Vector Algebra as Physical Mathematics: Bridging Past and Future", for the *résumé* see the book of abstracts of the *Conference* at pp. 78-79.

Burali-Forti, F. Castellano, M. Bottasso, T. Boggio, A. Pensa, P. Burgatti and R. Marcolongo[244].

The scientific work of Bellavitis has been extensively analysed in recent publications [4], [10], [15], [16], [19], [20].

The reconstruction of the Italian mathematical community of the 19th century, with its position in the European panorama, has been deepened thanks to the studies started in the last two decades of the 20th century in Italy [5]. In this field a number of archives full of manuscripts and letters came to light. As it is well known, in the century of Positivism many scientific developments came out, firstly through the exchange of letters or in debates in cultural institutions, and only later on printed paper.

Recent research confirms that Bellavitis, together with A. Genocchi, P. Tardy and D. Chelini, belongs to a generation which played a relevant intermediary role between the group of the old masters in the pre-unitarian Italy (A. M. Bordoni, G. Piola, F. Chiò, O. F. Mossotti) and the generation of young mathematicians (E. Beltrami, E. Betti, F. Brioschi, F. Casorati, L. Cremona) who developed their research after the Italian unification. In the politically divided peninsula, the references and different contacts, which the young generation of mathematicians had, depended on which region they came from[245]. The *Italian Society of the XL* was the main institution that favoured moments of aggregation and debates among Italian scientists[246].

Several historical sources support the hypothesis that Bellavitis and his colleagues made the birth of the Italian school of Mathematics possible thanks to the international relationships they had developed in previous years[247]. Moreover, thanks to his main contribution to vector calculus by means of his *method of equipollences*, he can be considered the most important scientist to have introduced the new European developments in this field into the Italian scientific community.

THE *RIVISTA DI GIORNALI*

From 1859 to 1879 fifteen numbers of the *Rivista di Giornali* were issued and Bellavitis' biographer E. N. Legnazzi [26] stated that, at his death, there was material for three more numbers all ready. Bellavitis began the publication of the *Rivista* with the purpose, clearly expressed by the title, to deal with a relevant part of European scientific culture: "*Rivista di alcuni articoli dei Comptes Rendus dell'Accademia delle Scienze di Francia del*

---

[244] See also G. Canepa [11] and L. Dell'Aglio [18].
[245] On this topic see [34], [35], [37].
[246] On the history of the *Society* see [29].
[247] See [13] pp. 4-6, in particular the wide bibliography in footnote 3.

prof. Giusto Bellavitis, Membro effettivo dell' Imperial Regio Istituto Veneto di Scienze, Lettere ed Arti"[248].

In this First number [2a], published on the 22nd August 1859, he reviewed four works written by C. Hermite, J. L. A .Quatrefages, J. B. A. Dumas and C. Despretz.

The Second number of the *Rivista* [2b] was issued in July 1860 with the same title, and included 35 articles by 44 authors[249].

In the Third number of the *Rivista* [2c], published in March 1861, Bellavitis still paid attention to French journals, extending his interest toward the periodical *Nouvelles Annales de Mathématiques* by changing the title into *"Rivista di alcuni articoli dei Comptes Rendus dell'Accademia delle Scienze di Francia e di alcune questioni des Nouvelles Annales de Mathématiques del prof. Giusto Bellavitis, Membro effettivo dell' Imperial Regio Istituto Veneto di Scienze, Lettere ed Arti"*. More than 20 works and about 30 authors were quoted, while 7 were the *"Quéstions"* taken from the *Nouvelles Annales de Mathématiques* and answered by Bellavitis[250].

From the Fourth issue on [2d], dated 1862, the title simply became: *Rivista di Giornali*, still published in Venice at the Istituto Veneto. Here Bellavitis intended to increase the number of periodicals and publications reviewed. For his purpose he could extensively use all articles and books from Italian and foreign publishers sent to the Istituto Veneto, and carefully listed in a section of the *Atti dell'I. R. Istituto Veneto di Scienze, Lettere ed Arti*[251].

---

[248] The *Rivista* was published as part of the *Atti dell'I. R. Istituto Veneto di Scienze, Lettere ed Arti,* each volume of which included *Dispense* from November up to October of the following year, consequently the volume of the *Atti,* containing the first number of the *Rivista,* has to be quoted as published in 1858-59. Similarly for the following numbers.

[249] Further details in [14].

[250] Here are the seven "Quéstions": *Teorema del Côtes, Sul perimetro dell'ellisse, Classificazione di una tritoma, Generazione di una triattomena, Tetraedro dato dalle posizioni di tre altezze, Problema di situazione, Disposizione sullo scacchiere di otto regine.* See [2c] VI (1860-61) pp. 423-435.

[251] We are still improving the statistical data present in [14] by adding for each journal information on editors, countries, cities, number of reviews by Bellavitis and sections where they were inserted. Here we give a list of periodicals analysed by Bellavitis from 1858 to 1879 in his *Rivista: Analectes, ou mémoires et notes sur les diverses parties des mathématiques; Annales de chimie et de physique; Annali di matematica pura e applicata; Annali di scienze matematiche e fisiche compilati da Barnaba Tortolini; Annalen der Physik; Annali della Scuola Normale Superiore di Pisa; Annali delle Università Toscane; Archiv der Mathematik und Physik; Atti della Accademia Nazionale dei Lincei; Archives Néerlandaises des Sciences Exactes et Naturelles; Atti del Reale Istituto d'Incoraggiamento di Napoli; Atti della Società Reale di Napoli (Atti della Reale Accademia delle Scienze Fisiche e Matematiche di Napoli); Atti della Reale Accademia delle Scienze (e Belle-Lettere); Atti dell' Accademia Gioenia di Scienze Naturali; Atti della Reale Accademia delle scienze di Torino; Atti del Reale Istituto Lombardo di Scienze, Lettere ed Arti; Bulletin de l'Academie Imperiale des Sciences de Saint-Pétersbourg; Comptes Rendus Mathématique;*

At the beginning of this *Rivista* the author remarked that the increasing number of the publications in Europe and America made it difficult to know progress achieved in mathematical research, and, although he was in favour of gathering all the mathematical knowledge in a single well structured work, he thought a person alone was unlikely to achieve this on his own. He hoped that in the future a team of mathematicians could accomplish it as a *Repertoire*. In order to give an example of procedure he remarked:

> Now mathematicians could avoid this reciprocal waste of time by publishing the articles of a Repertoire; and everyone could study the article he liked most [...]. Allow me to outline the arrangement of a repertoire suitable for my own use. The different subjects of human knowledge are included in separate pages in one book only. For each subject I write down all the articles and abstracts following a progressive number and then register the author's name, and the title of the review or the work in general. Then, in a proper column, I also write the quotations of the previous or following articles that were related to it[252].

In this way he explained how he had created his "Otto Repertori": a fundamental tool in his personal method of study and of data collection.

Bellavitis went on showing the topics he adopted in his own eight Repertoires: *Enciclopedia, Filosofia, Scienze sociali, Matematica, Scienze naturali, Arti e belle arti, Letteratura* e *Storia*, specifying that they dealt with very general subjects completed with wide bibliographic notes by himself edited. He created an extended cultural mapping which was related

---

Cosmos; *Giornale di matematica*; *Il Filocritico. Periodico della Società*; *Journal für die reine und angewandte Mathematik*; *Journal de l'École polytechnique/ publié par le Conseil d'instruction de cet établissement*; *Journal des Mathématiques Pures et Appliquées*; *Mathematische Annalen*; *Memorie della Accademia delle Scienze dell'Istituto di Bologna*; *Memorie della Società degli Spettroscopisti Italiani*; *Memorie di Matematica e di Scienze Fisiche e Naturali della Società Italiana delle Scienze*; *Memorie Accademia delle scienze di Torino*; *Memorie della Reale Accademia delle Scienze Napoli*; *Messenger of Mathématics*; *Monthly Notices of the Royal Astronomical Society*; *Nouvelles annales de mathématiques*; *Nuovo Cimento*; *Philosophical Magazine*; *Proceedings of the Royal Society*; *Il Politecnico - Repertorio mensile di studj applicati alla prosperità e coltura sociale*; *Rendiconti Acc. Istit. Bologna*; *Rendic. e Mem. Accad. Sci. fis. mat. Napoli*; *Sitzungsberichte der königl. böhmischen Gesellschaft der Wissenschaften in Prag*; *The educational times*; *The Philosophical Magazine*; *The Quarterly journal of pure and applied mathematics*; *Transactions of the Cambridge Philosophical Society*.
[252] [2d] VI (1860-61) p. 626.

to both previous and contemporary literature, extremely useful for those who approached the study of these subjects for the first time[253].

According to Bellavitis' words these "topics in details" were:

Aritmetica, algebra in due parti riservando alla seconda ciò che suole intendersi per calcolo sublime esclusa pertanto ogni considerazione geometrica, geometria elementare e descrittiva, geometria delle figure piane, geometria sferica, geometria delle figure nello spazio, geodesia, analisi della probabilità, meccanica, idraulica, meccanica dell'universo, merilogia ossia scienza delle azioni molecolari e dei relativi fenomeni, teoria delle vibrazioni ed acustica, aerologia, scienza del calorico, ottica [..] azioni chimiche della luce, magnetismo, elettricismo, chimica, meteorologia, astronomia, mineralogia, fitologia, zoologia, microbiologia, geografia fisica e geologia, arte dell'ingegnere, agricoltura ed economia domestica, medicina, arti, belle arti ed estetica, letteratura, geografia e statistica, storia civile, storia letteraria, biografie, miscellanea[254].

Fig.2 A page from a *Repertorio* (10 november 1849)

---

[253] Some of the Repertoires are missing, the others, belonging to the *Fondo Bellavitis*, are available in Venice at the Archive of the Istituto Veneto di Scienze, Lettere ed Arti, [12] and [15].

[254] [2d] VI (1860-61) p. 627. In general all these titles were the same used in the sections of the following issues of the *Rivista di Giornali* except for: *merilogia ossia scienza delle azioni molecolari e dei relativi fenomeni, aerologia, azioni chimiche della luce, arte dell'ingegnere, medicina, arti, belle arti ed estetica, storia civile, storia letteraria, biografia, miscellanea*, which were treated under different denominations. On the contrary, some more subjects can be found in its pages: *arti scientifiche, scienze sociali, fisica, filosofia*. A first analysis can be found in E. N. Legnazzi [26] pp. 25-27. See also footnotes 24-29 at pp. 88-105.

In case of the creation of a team of reviewers for the international scientific literature, the author hoped for the publication of two Repertoires, one about *Matematica Pura* and the other about *Fisica e Chimica*[255]. Both should enable scholars to draw up indexes and subdivisions in subtopics according to their own personal needs.

Finally he declared he would take inspiration from the Repertoires to write the *Rivista* and he supported the creation of a first bibliographic data base available to everyone:

> I want to add some articles to the index of the ones that I already know, which deal with the same topic; if other learned and skilled people followed this method, a systematic index regarding plenty of published works could be created[256].

Moreover he indicated his purpose to communicate the high relevance of mathematics to young people and to show them helpful material for their studies. This aim became evident in the Fifth *Rivista* [2e] where he hoped that his work would encourage an exchange among all the Italian mathematicians:

> I would be very happy if Italian geometers paid attention to my Rivista by providing me with the titles of all the works they have published with all their references. If they included their date of birth and the place they live in, I would help Italian mathematicians to meet, as far as I can[257].

Our research on this topic in the correspondence and documents of Bellavitis is still in progress.However, at the moment, there is no evidence of structured answers to his requests from the Italian community of mathematicians. By remarking on the lack of a periodical with all Italian mathematicians' works, he made the same proposal at the beginning of the Sixth *Rivista* [2f]:

> [...] therefore I renew my request [to Italian scientists] to send me information about all their published works[258].

He complained about the delay in the publication of the contributions by the Academies, their lack of regularity and care in the circulation, even among the members. This was the reason why, in his opinion, one did not have to blame those Italian mathematicians who published their works in foreign journals, scattered all over Europe.

---

[255] [2d] VI (1860-61) p. 627.
[256] [2d] VI (1860-61) pp. 629-630.
[257] [2e] VII (1861-62) p. 893.
[258] [2f] VIII (1862-63) pp.171-172.

In 1863 it was with great satisfaction that Bellavitis witnessed the birth of the *Giornale di Napoli*, a periodical that recalled the style of the *Nouvelles Annales de Mathématiques*[259]:

> In this Rivista I am glad I can deal more extensively with Italian mathematicians' works. A host of mathematicians combine ancient studies with modern progress also in Naples, where distinguished geometers always uphold the honour of mathematics, and especially its main base (i.e. ancient geometry). They write a journal specifically meant for the spread of mathematics among the young mathematicians. [...] Because of the importance of this journal, I shall take the liberty of submitting appropriate remarks to my distinguished colleagues in order to direct it to its aim more efficiently[260].

In 1867 Bellavitis met the editor of the *Giornale di Napoli*, Giuseppe Battaglini, together with Raffaele Rubini, Nicola Trudi, and other Neapolitan mathematicians[261].

For many years he had had contact with Enrico Betti, Francesco Brioschi, Angelo Genocchi, editors of the *Annali di matematica pura e applicata*[262].

During the first years of the *Rivista*, Bellavitis' purpose was to introduce important mathematical ideas from Europe into Italy, later on, after the birth of these Italian journals, his aim also became the diffusion of the best works by Italian scholars wherever his *Rivista* could arrive[263]. The attention shown by the European scientific community to the *Rivista dei Giornali* is well witnessed on the *Nouvelles Annales de Mathématiques* in an article published in 1869 by J. Hoüel[264].

SOME SIDE-NOTES ON THE *RIVISTA DI GIORNALI*

The articles of the *Rivista* could include both a short summary of a particular work and the solutions of problems posed by other scientists, as well as some reviews enriched with personal contributions by Bellavitis and analysis of questions suggested by a specific article. That was a pretext for

---

[259] The full title of the periodical is *Giornale di Matematiche ad uso degli studenti delle Università italiane pubblicato a cura di G. Battaglini* in Naples.

[260] [2f] VIII (1862-63) p. 553.

[261] See [13] p. 88.

[262] See [6].

[263] For documentation and details on the diffusion of the *Rivista di Giornali* see G. Gullino, *L'Istituto Veneto di Scienze, Lettere ed Arti dalla rifondazione alla seconda guerra mondiale (1838-1946)*, Istituto Veneto di Scienze, Lettere ed Arti, 1996, pp. 538-541. On the current availability of the journal at the European libraries see [14] p. 600.

[264] See [14] p. 600.

considering wide sectors of literature about a specific subject, as well as for providing articulate reconstructions of scientific debates, both belonging to the past and the present times. As Bellavitis himself admitted, the choice of the works taken into consideration, the approach to the problems and the "rational" reconstructions of the several *querelles* were influenced by his expertise and his personal interests[265].

In the fourth part of the Twelfth *Rivista* [2n] Bellavitis provided an accurate list of all the works he had published till then[266]. He assembled all his works dealing with the same topics, by briefly mentioning the content of every writing and adding the word *Citazioni* (bibliography) where he quoted significant works by well-known authors. All that in order to help young researchers in their studies. The topics were assembled in the following groups:

> Filosofia, Scienze Sociali, Matematica, Algebra, Calcolo Sublime, Geometria Elementare e Descrittiva, Geometria Piana, Geometria Sferica, Geometria dello Spazio, Analisi delle Probabilità, Meccanica, Idraulica, Fisica, Calorico, Ottica, Elettricismo, Astronomia, Chimica, Mineralogia, Fitologia, Zoologia, Microbiologia, Metereologia, Geodesia, Arti Scientifiche, Geografia, Letteratura, Bibliografia.

This synthesis is still appreciated by science historians who can find a precious help for their research here[267].

We will report some of the topics that Bellavitis carefully considered reviewing published articles and providing a wide bibliography of the subject treated[268].

In the Fourth *Rivista* [2d] Bellavitis pointed out the studies on the number of values that a function can have when the variables are permuted[269], on Lagrange series with regard to the expansion of a root of the equation $x = a + t\varphi(x)$, on the expansion of the function $\dfrac{1}{c \cdot e^x - 1}$ and a new expression for the Bernoulli numbers[270], on the study of the foci of the curves[271], and on the analytic determination of rigid body rotation according to the principles of Poinsot[272].

---

[265] [2e] VII (1861-62) p. 449 and pp. 619-620; [2f] VIII (1862-63) p. 171.

[266] [2n] I (1874-75) pp. 1147-1161.

[267] See as examples [10], [19], [20]·

[268] In the following footnotes we refer to articles including extended and rich bibliography on the subjects.

[269] [2d] VI (1860-61) p. 638.

[270] [2d] VI (1860-61) pp. 644-647.

[271] [2d] VI (1860-61) pp. 658-659.

[272] [2d] VII (1861-62), pp. 53-70.

In the Fifth *Rivista* [2e] he recalled the studies on the congruent "ditomoidi" with an evanescent sphere[273] and on the attraction exerted on a heterogeneous ellipsoid[274].

In the Seventh *Rivista* [2g] he considered the works on the duplo-anharmonic dependency[275] and on the surfaces of light waves[276].

In the Eighth *Rivista* [2h] he made some references to the studies of the properties of algebraic curves[277].

In the Tenth *Rivista* [2l] he pointed out works on the principles of the calculus of the equipollences[278], on the curvature of the surfaces at their ordinary points[279], on the points of the triangle and on some kinds of related curves[280], on the surface of an ellipsoid[281].

In the Eleventh *Rivista* [2m] he dealt with extended bibliographies on twisted curves with special concern for their infinitesimal parts[282] and on the divisors of numbers[283].

In the Twelfth *Rivista* [2n] he proposed several wide bibliographies concerning: the method by Brisson for linear differential equations with constant coefficients[284], the theory of the substitutions[285], the classification of algebraic curves[286], the twisted curves and the developable surfaces[287].

In the Thirteenth *Rivista* [2o] he provided an interesting bibliography on the classification of algebraic curves and especially of the tritomas[288].

It is worth remarking that Bellavitis' attention to the spread of the most important results led him to develop lists of his friends' and colleagues' publications, not always complete, like those created for works by L. Cremona, F. Brioschi and F. Siacci[289].

---

[273] [2e] VII (1861-62) pp. 458-462.

[274] [2e] VII (1861-62) pp. 629-633.

[275] [2g] IX (1863-64) pp. 314-317.

[276] [2g] IX (1863-64) pp. 410-412.

[277] [2h] XI (1865-66) pp. 944-948 .

[278] [2l] XV (1869-70) pp. 854-856.

[279] [2l] XV (1869-70) pp. 1691-1708.

[280] [2l] XVI (1870-71) pp. 749-772.

[281] [2l] XVI (1870-71) pp. 1671-1678.

[282] [2m] XVI (1870-71) pp. 2347-2358, in particular pp. 2355-2358.

[283] [2m] I (1871-72) pp. 393-396.

[284] [2n] II (1872-73) pp. 1128-1131.

[285] [2n] III (1873-74) pp. 1035-1040.

[286] [2n] III (1873-74) pp. 1049-1059.

[287] [2n] III (1873-74) pp. 1206-1213.

[288] [2o] II (1875-76) pp. 163-176.

[289] As for L. Cremona see [2d] VII (1861-62) pp. 46-48; for F. Brioschi see [2f] VII (1862-63) pp. 936-942, 958-959, 962-964, 969-970; for F. Siacci see [2f] VII (1862-63) pp. 954-955.

His comments on books for students in scientific faculties were always to the point. So were his reviews concerning important treatises such as: *La Teorica delle funzioni di variabili complesse* (1868) by F. Casorati[290], *Elementi di Geometria proiettiva* (1873) by L. Cremona[291] and W. Fiedler's *Trattato di geometria descrittiva* translated by A. Sayno and E. Padova (1873)[292].

THE METHOD OF EQUIPOLLENCES AND THE NEW GEOMETRIES

According to Bellavitis the *Rivista di Giornali* gave the opportunity of pointing out the potentialities of his *method of equipollences* that allowed him to solve all the problems of plane geometry and a large part of analytic questions. It is a geometric calculus in which the segments are geometric oriented elements, employed to perform any algebraic operation; every segment has a length and an inclination. Thanks to the equipollences, the curves in the plane can be described. As far as the inclinations of segments are concerned, the geometric representation of complex numbers is introduced. According to the author complex numbers can find their only correct place in mathematics here. The principles of this method led, in a certain way, to vector calculus, which was developed by the end of the 19th century. The most complete article written in 1854 was translated into French by C.-A. Laisant in 1874[293]. J. Hoüel dealt with it in some of his works and K. Zahradnik translated it into Bohemian in the same years.

Here there is an example of the application of the method taken from the Fourteenth *Rivista* [2p] starting from a question on the *Nouvelles Annales de Mathématiques*[294]. Bellavitis wrote[295]:

---

[290] Felice Casorati, *Teorica delle funzioni di variabili complesse*, Tip. dei Fratelli Fusi, 1868. See [2i] XIII (1867-68) pp. 1470-1474; in his review Bellavitis praised both the valuable historical introduction and the wide bibliography.

[291] Luigi Cremona, *Elementi di Geometria proiettiva*, Volume primo, Paravia, Torino, 1873. See [2n] II (1872-73) pp. 1142-1152 and [2n] III (1873-74) pp. 205-229.

[292] Wilhelm Fiedler, *Trattato di geometria descrittiva*, translated by Antonio Sayno and Ernesto Padova, Firenze, Le Monnier, 1873. See [2n] III (1873-74) pp. 205-229. On the pages of his *Rivista* Bellavitis did not have words of appreciation for Fiedler's book.

[293] G.Bellavitis "Sposizione del metodo delle equipollenze", *Memorie Società Italiana*, Vol. XXV, 1854, pp. 225-309, where the method of equipollences is extensively treated.
http://gallica.bnf.fr/ark:/12148/bpt6k995084/f4.image.r=g%C3%A9om%C3%A9trie.langFR

[294] See *Nouvelles Annales de Mathématiques*, 2e série, tome 16, 1877, p. 335: *Toute corde menée par le foyer d'une parabole est égale au quadruple du rayon vecteur du point de contact de la tangente parallèle à cette corde.* (P. Sondat)

[295] P. Sondat, Q. 1245, *N. Ann.*, juill. 1877, XVI, p. 335

Every chord passing through the focus of a parabola is equal to the quadruple of the radius vector from the focus to the point where the tangent is parallel to the chord[296].

Here is the proof proposed by Bellavitis, that testifies his way of solving this kind of geometric problems by means of the method of equipollences[297].

Given a focal chord M'M (passing through the focus F of a parabola), according to Bellavitis' notation, the oriented line segment FM is given by

$$FM \simeq (x + \sqrt{})^2 \simeq x^2 - 1 + 2x \sqrt{}$$

and the oriented line segment FM' by

$$FM' \simeq (-\frac{1}{x} + \sqrt{})^2 \simeq \frac{1}{x^2} - 1 - \frac{2}{x} \sqrt{}$$

Since the chord MM' is composed by the two oriented line segments M'F and FM we obtain

$$M'M \simeq FM\text{-}FM' \simeq x^2 - \frac{1}{x^2} + 2\left(x + \frac{1}{x}\right)\sqrt{}$$

The tangent at the point T on the parabola, being the oriented line segment FT given by $FT \simeq (t + \sqrt{})^2$, has the direction dT parallel to $(t + \sqrt{})^{298}$.

This tangent is parallel to FM when $t = \frac{x}{2} - \frac{1}{2x}$; then the lenght of FT is

$$grFT = t^2 + 1 = \frac{x^2}{4} + \frac{1}{2} + \frac{1}{4x^2} = \left(\frac{x}{2} + \frac{1}{2x}\right)^2$$

while for the length of M'M we have

$$grM'M = \sqrt{\left(\left(x^2 - \frac{1}{x^2}\right)^2 + 4\left(x + \frac{1}{x}\right)^2\right)} = x^2 + 2 + \frac{1}{x^2}$$

and hence grM'M = 4grFT *quod erat demonstrandum* [299].

---

[296] [2p] III (1877-78) pp. 386-387.
[297] In the *Rivista* usually Bellavitis did not provide any figures, stimulating the reader to develop them by himself.
[298] According to Bellavitis the equipollence contains more information than the algebraic equations (i.e. length and inclination). This is the reason why, since the works of 1833-35, the author had introduced a new symbol $\simeq$ (the zodiacal Libra). As for the inclination instead of $\sqrt{-1}$ or the unit vector i or j, he used a symbol similar to this one: $\sqrt{}$ called "ramuno" (a contraction for "radice di meno uno").
[299] The analytic proof, proposed by Bellavitis, is given below (skipping some passages):

141

It has to be remarked that grM'M$=\left(x+\dfrac{1}{x}\right)^2$, and hence every chord passing through the focus is the third proportional after the parameter 4 and the projection $2\left(x+\dfrac{1}{x}\right)$ of the chord on the directrix.

It is worth observing that Bellavitis published his *Rivista* in a period characterized by a great development of mathematics that was undergoing a deep transformation. The author's approach changed totally towards certain branches of the discipline from the first years of the publication 1858-59 up to the 1870s. The first approach was oriented to summarize and spread scientific knowledge, in perfect agreement with Italian and international academies. On the contrary, during the last period, he took a very critical

---

Given the equation of a parabola p $y = ax^2 + bx + c$, the equation of the line s passing through the focus F $(y - y_F) = m(x - x_F)$ or $y = mx - mx_F + y_F$, the tangent t to the parabola at the point T (parallel to s), we have to prove that $\overline{AB} = 4\overline{FT}$ (where AB is the chord on the line s and FT is the distance from the focus F to the point of tangency T).

Substituting   in s the   coordinates   of $F\left(-\dfrac{b}{2a};\dfrac{1-b^2+4ac}{4a}\right)$ we   get

$$y = mx + \frac{mb}{2a} + \frac{1-b^2+4ac}{4a}$$

We can easily calculate the coordinates of A and B:

$$x_{A,B} = \frac{m \pm \sqrt{m^2+1}}{2a} + x_F \quad y_{A,B} = m\left(\frac{m \pm \sqrt{m^2+1}}{2a}\right) + y_F$$

So we obtain $\overline{AB} = \dfrac{1}{a}\left(m^2+1\right)$

The slope of the tangent t is $m = 2ax_T + b$

so we get $x_T = \dfrac{m-b}{2a} = \dfrac{m}{2a} + x_F$ and $y_T = \dfrac{m^2-1}{4a} + y_F$

then $\overline{FT} = \dfrac{1}{4a}\left(m^2+1\right)$

and finally we obtain $\overline{FT} = \dfrac{1}{4}\overline{AB}$ *quod erat demonstrandum*

attitude in the field he loved most, geometry, which he had always taken into a great consideration in the *Rivista*[300].

Infinitesimal calculus and partly algebra had provoked great debates among mathematicians, which led to deep changes in the foundations of the discipline in the first half of the 19th century. At the same time geometry went through radical transformations during the years of the *Rivista*: we especially refer to the diffusion of the works dealing with *non-Euclidean geometries*[301].

In Italy mathematicians held three different attitudes: some embraced *non-Euclidean geometries* with enthusiasm like G. Battaglini in Naples, some studied them for a long time and then gave important contributions like E. Beltrami in Bologna, and finally others opposed them, but in various ways, like A. Genocchi in Turin and Bellavitis in Padua.

Showing a positivistic realistic view of science, Bellavitis conceived geometry as a representation of three-dimensional space. The inclusion of *complex numbers* into the field of analysis had left Bellavitis unsatisfied, since he considered geometry encompassing every mathematical theory. He treated this subject both in *Saggio sull'algebra degli immaginarii* [302] and in *Elementi di Geometria, Trigonometria e Geometria analitica* [303], as well as in letters to friends and colleagues like P. Tardy, L. Cremona and A. Genocchi. At the beginning of the Fifth issue of the *Rivista*, paraphrasing C. V. Mourey, he wrote:

> [the theory] of the imaginary quantities is totally opposite to evidence, since one cannot admit that operating on imaginary beings can lead to real truths [...][304].

The author was also critical towards *non-Euclidean geometries*, which were also called anti-Euclidean geometries or pangeometry. We can notice some quotations in the *Rivista*, where Bellavitis remarked:

> I have often expressed my opinion about pangeometry: if all the geometers published their profession of faith, one could count the number of sects. As for plane geometry, I believe what the Euclideans believe; on the other hand I assume that theorems

---

[300] See for instance a letter to P. Tardy, 9 september 1867 in [13] p. 89, and to P. Tardy, 21 june 1872 in [13] p. 115, or to L. Cremona, 4 june 1870 still unpublished.

[301] On Bellavitis' criticism about these geometries see as examples [2f] VIII (1862-63) p. 1267 and [2n] II (1872-73) pp.1136-1142.

[302] See G. Bellavitis, "Saggio sull'algebra degli immaginarii", in *Memorie Istituto Veneto*, Vol. IV, 1852, pp. 243-344.

[303] G.Bellavitis, *Elementi di Geometria, Trigonometria e Geometria analitica esposti in via facile e spedita per servire di introduzione alla Geometria descrittiva, vi è aggiunta l'esposizione del calcolo delle Equipollenze,* tip. del Seminario, Padova, 1862, see note 1 at p.131.

[304] See [2e] VII (1861-62) pp. 244-245.

are neither necessary consequences of definitions, nor results of experiences They are consequences of those evident principles created by my mind when observing the material world. I believe that this world does exist and hence there is no contradiction in it[305].

On the one hand he behaved as a conservative not willing to accept new ideas, while on the other hand he has undoubtedly given his contribution by making his correspondents and readers think more thoroughly.

In the Eleventh *Rivista* [2m], after long disquisitions on Beltrami pseudosphere, he went on to examine one of F. Klein's works in the following terms:

> [...] Space being unlimited, it does not necessarily mean that it is infinite; on the contrary we can suppose that it is finite and folding on itself; the geometry of our space could hence appear as the geometry on a three-dimensional sphere placed in a four-dimensional manifold (Manning faltigkeit, varietas)[306].

ON THE PHYSICAL SIDE

As we have already pointed out, in his *Rivista* Bellavitis dealt with several other topics besides the mathematical ones[307].

Since the First issue of the *Rivista* [2a] he had written some reports on biological subjects, such as the spontaneous generation discussed in a paper by J. L. A. Quatrefages, or, on chemical topics, such as the analysis of the

---

[305] In Italian: "*Ho più volte esposta la mia opinione sulla pangeometria: se tutti i geometri pubblicassero il loro atto di fede si potrebbe contare il numero delle sette. Per la geometria del piano io credo quanto credono gli Euclideani; peraltro ammetto i teoremi non quali conseguenze necessarie delle definizioni, né quali risultati della esperienza; bensì li ammetto come conseguenze di quei principii di evidenza che si sono formati nella mia mente per l'osservazione del mondo materiale, e perché credo che questo mondo esista e quindi non vi sia in esso alcuna contraddizione*" in [2n] II (1872-73) p.1210.

[306] In Italian: "*[...] Dall'essere lo spazio illimitato non ne segue necessariamente che esso sia infinito; al contrario si potrebbe supporre che esso fosse finito e rientrante in se stesso; la geometria del nostro spazio si presenterebbe allora come la geometria sopra una sfera di tre dimensioni posta in una molteplicità (Manning faltigkeit, varietas) di quattro dimensioni [...]*" [2m] II (1872-73) p. 441, which refers to Felix Klein "Sur la géométrie dite non euclidienne", *Bulletin des sciences mathématiques et astronomiques*, tome 2, 1871, pp. 341-351.

[307] Bellavitis had correspondence and contacts with many Italian scholars, among them: Giovanni Battista Amici, Giovanni Bizio, Paolo Frisiani, Ambrogio Fusinieri, Silvestro Gherardi, Stefano Marianini, Macedonio Melloni, Ottaviano Fabrizio Mossotti, Giacinto Namias, Francesco Rossetti, Giovanni Santini, Quintino Sella, Francesco Zantedeschi. For more details see [10] p. 54.

concept of "simple element"[308], dealt with by J. B. A. Dumas and C. Despretz [309].

From the Second issue onwards [2b] he focused his attention on the problem of combustion of matter, with reference to the phlogiston theory and to the caloric theory also in a historical perspective:

> [...] if I could give my opinion I would say that the science of caloric is in a state of transition between the old and the new theory, therefore it has not yet developed either principles or adeguate terminology[310].

Nevertheless both in this First issue of the *Rivista* and in the following ones, Bellavitis did not show any doubt when he reported on the hypothesis about the material nature of heat :

> [...] latent heat [is] like a spring kept between two molecules which attract each other because of cohesion, and the heat developed in chemical reactions [has to be ascribed] to the latent heat *enfermé*[311] in the bodies which combine[312].

Finally, with reference to the studies developed by the French chemist H. Sainte-Claire Deville, he concluded:

> Simple bodies are made of heat and matter, and heat or phlogiston develop when they combine with oxigen[313].

The most controversial physical topics at the time were approached by Bellavitis taking both innovation and tradition into consideration. He extensively reported on the atomic theory of matter, though he quoted Deville, one of the most active opponents to the atomic theory. On the other hand he belonged to the group of scientists who still believed in the old theory of caloric, at a time when the works by R. Clausius, Lord Kelvin and J. C. Maxwell already marked the birth of the kinetic theory of gases. One wonders whether his deep interest in French scientific publications, at the time when the first numbers of *Rivista* were issued, drove him away from the debate on the nature of heat, which had developed more extensively in the German and British communities. This debate led to the ultimate withdrawal of the caloric theory by the second half of the 19th century.

In the Eighth *Rivista* [2h] we can still read a long review of the *"Principes de thermodynamique"* by Paolo Ballada di Saint Robert, who was an officer from the Piedmont army and a professor of ballistics. The

---

[308] Or "chemical element".

[309] [2a] IV (1858-59) pp. 1114-1122.

[310] [2b] V (1859-60) p. 842.

[311] In French in the original.

[312] [2b] V (1859-60) p. 842.

[313] [2b] V (1859-60) p. 842 where Bellativits quoted a paper by Henry Sainte-Claire Deville, a 19th century French chemist known for his research on aluminium.

treatise, published in French in Turin in 1865, widely circulated as a book of thermodynamics and was translated into English. The review gave Bellavitis the opportunity to make his point on the actual nature of caloric, and on his refusal to accept the mechanical theory of heat:

> [...] Affirming that a warm or cold body has its molecules in continuous vibration relies on the power of words and strains men's credulity [...]. There are very few phenomena which differ one from the other like the ones showing radiating caloric and the ones due to true vibrations. The loudest sound and the brightest light extinguish themselves suddenly when the reason which produces vibrations disappears, while the bodies keep their heat for years or centuries[314].

Sometimes he used very effective methaphors suggesting images which could suit the debates of the following century on the nature of atomic and subatomic particles, better than the ones on the theories of heat :

> The caloric is a being or a power, which, as a force, makes the molecules in bodies push each other away. It sometimes turns into work, or into semivisviva of vibration, and in this case we call it radiating caloric. It is a being which can look like a grub, a chrysalis or a butterfly[315].

In the Tenth[316], Twelfth[317] and Thirteenth[318] issues he resumed the subject, according to contributions from research developed in the Seventies, and definitely withdrew the hypothesis of the caloric as a matter *sui generis*, but still criticizing the model which ascribed heat to molecular motion. Thermal phenomena are nothing but effects of a vibration of the ether:

> Once these objects, so different from each other, were called: Light, Electric, Caloric, Magnetic, now they are banished into an imaginary world; all those effects are produced by the vibrations of the ether [...] we must not assume beings whose existence cannot be proved; fire and lightning cannot prove the existence of caloric and electric[319].

Among the physical topics dealt with by Bellavitis in his reviews and surveys on the scientific literature published in France or Europe, we find electricity and magnetism. They were widely analysed in the Eighth [2h] and Twelfth [2n] *Rivista* with reference to electrolysis and to magnetic

---

[314] [2h] XI (1865-66) pp. 292-293.

[315] [2h] XI (1865-66) pp. 292-293.

[316] [2l] XVI (1870-71) pp. 1689-1707.

[317] [2n] I (1874-75) pp. 1280-1282 and 1283-1284.

[318] [2o] II (1875-76) pp. 191-199.

[319] [2o] II (1875-76) p. 197, see also [2p] IV (1877-78) pp. 1116-1119.

phenomena which are related to electric currents. These subjects had been extensively studied by scientists most sensitive to new ideas[320]. Here Bellavitis focused on a pure phenomenological study of nature:

> Assuming that each magnet corresponds to a solenoid could be useful to calculate the interactions between electric currents and the magnet itself [...]; though I am not convinced that Ampère or other skilful physicists might have believed in the existence of such currents inside the magnet[321].

A few years later we can find arguments related to a positivistic attitude:

> Caloric and electric or magnetic fluids are but imaginary, only ponderable matter and ether exist, they cause every effect in the physical world and everything has to be explained by them[322].

Finally in one of the last issues Bellavitis pointed out the limits of our knowledge when he underlined the existence of

> [...] the darkness that surrounds us when we guess about the intimate essence of matter, when we want to get out of the experimental observations to investigate the causes, when sense cannot tell us anything and imagination lead us astray[323].

Led by the curiosity of the scholar he became keen on the latest developments in chemical research. He reported on publications which dealt with the solubility of chemical substances or with heat developed in some chemical reactions[324]. He analysed what he called the allotropic states of hydrogen[325] and accounted for several problems related to the creation of chemical nomenclature[326]. Being sensitive to the most controversial topics, he stressed the relevance of chemical nomenclature that a few years before, in 1860, had been extensively discussed during the Karlsruhe Congress, together with problems of chemical notation and atomic weights[327].

---

[320] [2h] XI (1865-66) pp. 958-961 and [2n] I (1874-75) pp. 1286-1287.

[321] [2h] XI (1865-66) p. 961.

[322] [2o] II (1875-76) p. 193.

[323] [2p] IV (1877-78) p. 1117.

[324] [2b] V (1859-60) pp. 842-843.

[325] [2p] IV (1877-78) pp. 1116-1119.

[326] [2n] I (1874-75) p. 1288.

[327] This Congress was the first international meeting of chemists which led to the eventual founding of the International Union of Pure and Applied Chemistry. See Charles-Adolphe Wurtz (1817-1884), *Account of the Sessions of the International Congress of Chemists in Karlsruhe, on 3, 4, and 5 September 1860*, originally published in Richard Anschütz, *August Kekulé*, 2 vols. (Berlin, Verlag Chemie, 1929) as Appendix VIII (pp. 671-688 of vol. 1); English translation by John Greenberg and William Clark published in Mary Jo Nye, *The Question of the Atom* (Los Angeles, Tomash, 1984).

Themes from scientific research closer to application fields are also present in the issues of the *Rivista di Giornali*.

In 1866 Bellavitis took an interest in the problem of establishing the "prime meridian" to which he devoted some pages of the Eighth *Rivista* [2h], and which is treated in several issues published in the Seventies[328]. Later he dealt with topics from geodesy and with planimetric reliefs[329]. He also devoted some of his efforts and reflections to teaching problems, which had emerged at technical schools, to the best definition of methods for planimetric reliefs and to the technical problems related to the development of the telegraph, analysed in the Fifth [2e], in the Seventh [2g] and the Twelfth *Rivista* [2n][330].

CONCLUDING REMARKS

Yet Bellavitis was not an intellectual locked into an Ivory Tower, engaged in pursuits totally disconnected from the real world. He was well aware of the complex problems shown by the contemporary society both on the political and the social side. He was keen on the contemporary events which led to the Italian unification, and he gave his contribution which addressed the many-sided problems of education in profound analysis[331].

Finally he was very sensitive to copyright problems, a subject which is still being extensively discussed both in the scientific communities and on social media. He was so open-minded that he was against any attribution of an exclusive legal right to somebody who had brought innovations, both in scientific research and in other intellectual activities. This topic was addressed several times in the Sixth *Rivista* [2f] and in the Twelfth *Rivista* [2n][332]. Here Bellavitis emphazised the legality of an extensive use of ideas thought about by a few but useful to many:

> When someone by his own choice spreads his ideas, he does not lose his intellectual property, though they belong to everyone who likes them and keeps them in mind. There is a deep difference between ideas and things, because the former and not the latter can be shared without losing their original ownership. [...] But Poli claims that printing fixes ideas and generates intellectual copyright, [...] [a right] which entails indefinite continuity [...] and in that case we are not allowed to

---

[328] [2h] XI (1865-66) pp. 303-304, [2m] I (1871-72) pp. 455-458, [2n] I (1874-75) p. 1294.

[329] [2n] III (1873-74) pp. 1336-1337.

[330] [2e] VII (1861-62) pp.920-930, [2g] X (1864-65) pp.1376-1386 and [2n] I (1874-75) pp. 1292-1294.

[331] [2n] I (1874-75) pp. 1162-1165.

[332] [2f] VIII (1862-63) pp. 172-179 and pp. 924-929, and [2n] I (1874-75) pp. 1165-1166.

reprint the Divine Comedy nor to translate the Iliad without the permission of the heirs of Dante or Homer[333]!

How could Bellavitis have expressed himself differently, he who had spent so much energy and time for the diffusion of scientific knowledge and culture[334]?

REFERENCES

[1] F. Baldassarri,

"L'evoluzione della matematica a Padova dal 1800 alla stagione d'oro", in *I Matematici nell'Università di Padova dal suo nascere al XX secolo*, Padova, Università degli studi di Padova, Dipartimento di Matematica, Esedra editrice, 2008

[2] G. Bellavitis,

"Saggio di applicazioni di un nuovo metodo di Geometria analitica - Calcolo delle equipollenze", *Annali delle Scienze del Regno Lombardo-Veneto*, T.V, 1835, pp. 2-18.

[2a] *Rivista di alcuni articoli dei Comptes Rendus dell'Accademia delle Scienze di Francia,* Adunanza del 22 agosto 1859, in *Atti Istituto Veneto di Scienze, Lettere ed Arti*, pp. 1109-1122, Serie III, T. IV, (1858-59)

[2b] [Seconda] *Rivista di alcuni articoli dei Comptes Rendus*, Adunanza del 18 giugno 1860, pp.821-852, Serie III, T. V, (1859-1860)

[2c] *Terza Rivista di alcuni articoli dei Comptes Rendus della Accademia delle Scienze di Francia e di alcune questioni des Nouvelles Annales de Mathématiques,* pp. 376-392, 411-436, Serie III, T. VI, (1860-61)

[2d] *Quarta Rivista di giornali*, Adunanza del14 luglio 1861, pp. 625-692, Serie III, T.VI, (1860-61); pp. 5-79, 123-151, Serie III, T.VII, (1861-62)

[2e] *Quinta Rivista di giornali*, Adunanza del 19 gennaio 1862, pp. 244-257, Adunanza del 16 marzo 1862, pp. 449-464, Adunanza del 29 maggio 1862, pp. 619-646, 887-933, Serie III, T. VII, (1861-62)

---

[333] [2f] VIII (1862-63) pp. 173-174, and p. 176. In 1862 B. Poli had published a paper where he argued with Bellavitis over the copyright (*Atti dell'Istituto Lombardo* 20 feb. 1862, vol III, p.5 and pp.31-43).

[334] We owe thanks to the unknown referee who has corrected errors in the text and the bibliography and has suggested many useful improvements, to the editors who have kindly supported us during the writing of this contribution, and to our friend Rosella Bonelli who has patiently reviewed our English translation. However all errors and inaccuracies have to be referred only to the authors who fully share the responsibility for the contents of the chapter.

[2f]   *Sesta Rivista di giornali*, Adunanza del 28 dicembre 1862, pp. 171-221, 553-594, Adunanza del 18 maggio 1863, pp. 920-976, 1266-1289, Serie III, T. VIII, (1862-63)

[2g]   *Settima Rivista di giornali.* Adunanza del 27 dicembre 1863, pp. 304-323, 405-424, Serie III, T. IX, (1863-64); p.17-57, 124-137, 139-184, 307-331, Adunanza del 22 maggio 1865, pp. 1019-1068, Adunanza del 16 agosto 1865, pp.1352-1386, Indice pp. 1386-1390, Serie III, T. X, (1864-65)

[2h]   *Ottava Rivista di giornali.* Adunanza del 28 gennaio 1866, pp. 275-308, 880-963, Serie III, T. XI, (1865-66); Adunanza del 22 giugno 1868, pp. 53-142, Serie III, T. XIII, (1867-68)

[2i]   *Nona Rivista di giornali.* giugno 1868, pp. 1461-1498, Serie III, T. XIII, (1867-68); febbraio 1869, pp.456-485, pp. 1249-1286, Adunanza dell'8 agosto 1869, pp. 1993-2046, Serie III, T. XIV, (1868-69)

[2l]   *Decima Rivista di giornali.* Adunanza del 23 gennaio 1870, pp. 840-881, Adunanza del 29 maggio 1870, pp. 1659-1708, Serie III, T. XV, (1869-70); Adunanza del 18 dicembre 1870, pp. 729-797, Adunanza del 21 maggio 1871, pp. 1651-1708, Indice pp. 1708-1711, Serie III, T. XVI, (1870-71)

[2m]   *Undecima Rivista di giornali.* Adunanza del 14 agosto 1871, pp. 2297-2370, Serie III, T. XVI, (1870-71); dicembre 1871, pp. 393-458, Serie IV, T. I, (1871-72), Adunanza del 25 novembre 1872, Serie IV, T. II, pp. 383-455, Indice pp. 455-459, (1872-73)

[2n]   *Duodecima Rivista di giornali.* Adunanza del 27 aprile 1873, pp. 1127-1152, Serie IV, T. II, (1872-73); aprile 1873, pp. 1197-1241, Serie IV, T. II, settima dispensa, (1872-73); 29 novembre 1873, pp. 203-249, pp. 311-367, Adunanza del 22 marzo 1874, pp. 1035-1078, pp. 1189-1222,, pp. 1323-1340 Serie IV, T. III, (1873-74); agosto 1875, pp.1147-1297, Indice 1298-1303, Serie V, T. I, settima dispensa, (1874-75).

[2o]   *Tredicesima Rivista di giornali.* gennaio 1876, pp. 121-148, 163-199, Adunanza del 27 febbraio 1876, pp. 317-367, Adunanza del 16 luglio 1876, pp. 889-921, Serie V, T. II, (1875-76); Adunanza del 17 dicembre 1876, pp. 173-237, Indice pp. 237-239, Serie V, T. III, (1876-77)

[2p]   *Quattordicesima Rivista di giornali.* Adunanza del 29 giugno 1877, pp. 1147-1178, Serie V, T. III, (1876-77); Adunanza del 15 novembre 1877, pp. 247-278, 357-388, Adunanza del 26 maggio 1878, pp. 1069-1088, 1099-1119, Indice pp. 1120-1121, Serie V, T. IV, (1877-78)

[2q]   *Quindicesima Rivista di giornali.* Adunanza del giorno 23 marzo 1879, pp. 299-345, Serie V, T. V, (1878-79)

[3]   A. Belcastro, G. Canepa, G. Fenaroli, M. Modonesi
"Alcuni manoscritti relativi all'insegnamento del calcolo delle probabilità presenti nelle carte di Giusto Bellavitis (1803-1880)", *Atti Istituto Veneto di Scienze, Lettere ed Arti*, vol. 161, II, 2003, pp. 331-370

[4]   M. Borga, P. Freguglia, D. Palladino
I contributi fondazionali della scuola di Peano, Milano, Franco Angeli,1985

[5]   M.T. Borgato
"On the Historiography of Mathematics in Italy", *Organon*, to appear

[6]   U. Bottazzini
Va' pensiero: immagini della matematica nell'Italia dell'Ottocento, Bologna, il Mulino, 1994

[7]   U. Bottazzini
Il Flauto di Hilbert: storia della matematica, Torino, UTET, 2003

[8]   U. Bottazzini
"I matematici nell'Italia del Risorgimento: osservazioni sull'emergere di una comunità scientifica" in V. Ancarani (a cura di) *La scienza accademica nell'Italia post-unitaria: discipline scientifiche e ricerca universitaria*, Milano, Franco Angeli, 1989, pp. 37-52

[9]   A.-Q. Buée
"Mémoire sur les quantités imaginaires", comunicated by William Morgan, read June 20, 1805, *Philosophical Transactions*, 1806, pp. 23-88

[10]   G. Canepa
"Le carte Bellavitis" in *Le Scienze Matematiche nel Veneto dell'Ottocento*, Venezia, Istituto Veneto di Scienze, Lettere ed Arti, 1994, pp. 49-59

[11]   G. Canepa
"Tematiche affini nelle opere di G. Bellavitis and G. Peano" in C. S. Roero (ed.) *Giuseppe Peano e la sua Scuola fra matematica, logica e interlingua*. Atti del Congresso internazionale di studi, Torino, 6-7 ottobre 2008, Deputazione Subalpina di Storia Patria, 2010, pp. 531-543

[12]   G. Canepa
"L'Istituto Veneto di scienze, lettere e arti e i suoi matematici alle soglie dell'Unità" in L. Pepe (ed.), *Europa matematica e Risorgimento Italiano*, Bologna, CLUEB, 2012, pp. 365-375

[13]   G. Canepa, G. Fenaroli

Il Carteggio Bellavitis-Tardy (1852-1880). Volume inserito nella collana "Materiali per la ricostruzione delle biografie di Matematici italiani dell'Unità" diretta da A. Brigaglia e P. Testi, Milano, Mimesis, 2009, pp. 1-248

[14] G. Canepa, G. Fenaroli, I. Gambaro
"The *Rivista di Giornali* (1859-1880) and the circulation of the European mathematical culture in XIX century Italy: a case study, in A. Roca-Rosell (ed.), *The Circulation of Science and Technology: Proceedings of the 4th International Conference of the ESHS, Barcelona, 18-20 November 2010*, Barcelona: SCHCT-IEC, 2012, pp. 593-601

[15] G. Canepa, G. Fenaroli, P. Freguglia
"Giusto Bellavitis e le matematiche nel Veneto" in L. Pepe (ed.), *Europa matematica e Risorgimento Italiano*, Bologna, CLUEB, 2012, pp. 349-364

[16] S. Caparrini
"Early theories of vectors", in M. Corradi, A. Becchi, F. Foce, O. Pedemonte (eds.), *Essays on the History of Mechanics: in Memory of Clifford Ambrose Truesdell and Edoardo Benvenuto*, Basel-Boston-Berlin, Birkhäuser, 2003, pp.179-198

[17] L. Carnot
Géométrie de Position, Paris, de l'Imprimerie de Crapelet, 1803

[18] L. Dell'Aglio
"Dal calcolo geometrico alle forme differenziali" in C. S. Roero (ed.) *Giuseppe Peano e la sua Scuola fra matematica, logica e interlingua*. Atti del Congresso internazionale di studi, Torino, 6-7 ottobre 2008, Deputazione Subalpina di Storia Patria, 2010, pp. 475-492

[19] P. Freguglia
Dalle equipollenze ai sistemi lineari, Urbino, QuattroVenti, 1992

[20] P. Freguglia
"Il calcolo delle equipollenze di Giusto Bellavitis" in *Le Scienze Matematiche nel Veneto dell'Ottocento*, Istituto Veneto di Scienze, Lettere e Arti, Venezia, 1994, pp. 11-48

[21] L. Giacardi
"«Pel lustro della scienza italiana e pel progresso dell'alto insegnamento». L'impegno dei matematici risorgimentali" in A. Ferraresi, E. Signori (eds.), *Le Università e l'Unità d'Italia (1848-1870)*, Bologna, CLUEB, 2012, pp. 233-254.

[22] H. G. Grassmann
Die Lineale Ausdehnungslehre ein neuer Zweig der Mathematik, Leipzig, Wiegand, 1844

[23] A. Guerraggio, P. Nastasi
L'Italia degli scienziati. 150 anni di storia nazionale, Milano, Bruno Mondadori, 2010

[24] W. R. Hamilton
Lectures on Quaternions, Dublin, Hodges and Smith,1853

[25] C. G. Lacaita
"Scienza e modernità nelle riviste milanesi dell'800: *Il Politecnico* e gli *Annali di fisica chimica e matematiche"*, in L. Pepe (ed.), *Europa matematica e Risorgimento Italiano,* Bologna, CLUEB, 2012, pp. 267-281

[26] E. N. Legnazzi
Commemorazione del Conte Giusto Bellavitis letta il 6 Dicembre 1880 trigesimo della sua morte nell'Aula Magna della R^a. Università di Padova, Padova, Prosperini, 1881

[27] E. Luciano, C. S. Roero
"From Turin to Göttingen: dialogues and correspondence (1879-1923)", *Bollettino di Storia delle Scienze Matematiche*, 31, 2012, pp. 1-232

[28] A. Möbius
Der barycentrische Calcul, Leipzig, J. A. Barth, 1827

[29] G. Penso
Scienziati italiani e Unità d'Italia. Storia dell'Accademia Nazionale delle Scienze detta dei XL, Roma, Bardi, 1978

[30] L. Pepe
"Esperienze internazionali di matematici e fisici italiani prima dell'Unità" in A. Ferraresi, E.Signori (eds.), *Le Università e l'Unità d'Italia (1848-1870)*, Bologna, CLUEB, 2012, pp. 321-332

[31] J. V. Poncelet
Traité des propriétés projectives des figures, Paris, Gauthier-Villars,1822

[32] B. J. Reeves
"Pensieri sulla decadenza della fisica in Italia, 1861-1911", *Atti del IV Convegno di Storia della Fisica*, Milano, 1984, pp. 147-154

[33] B. J. Reeves
"Le tradizioni di ricerca nella fisica italiana nel tardo diciannovesimo secolo" in V. Ancarani (a cura di) *La scienza accademica nell'Italia post-unitaria: discipline scientifiche e ricercauniversitaria*, Milano, Franco Angeli, 1989, pp. 53-96

[34] C. S. Roero
"La Facoltà di Scienze Matematiche Fisiche Naturali di Torino 1848-1998", vol. 1, *Ricerca, Insegnamento Collezioni scientifiche*, Torino, Deputazione Subalpina di Storia Patria, 1999, pp. 283-314

[35] C. S. Roero
"Politica e istruzione scientifica a Torino nell'età del Risorgimento" in L. Pepe (ed.), *Europa matematica e Risorgimento Italiano,* Bologna, CLUEB, 2012, pp. 219-242

[36] J. Steiner
Systematische Entwickelung der Anbhangigkeit geometrischer Gestalten von einander, Berlin, G. Fincke, 1832

[37] P. Tucci
"The Diary of Schiaparelli in Berlin (26 October 1857-10 May 1859): a guide for his future scientific activity", *Mem. Soc. Astr. It.* 82, 2011, pp. 240-247

[38] V. Volterra
"Betti, Brioschi, Casorati, trois analystes italiens et trois manières d'envisager les questions d'analyse", *Compte rendu du deuxième Congrès international des mathématiciens tenu à Paris du 6 au 12 août 1900,* Paris, Gauthier-Villars, 1902, pp. 43-57

Chapter 6

The *Annali di Matematica* and the *Rendiconti del Circolo Matematico di Palermo*: two different steps in the dissemination and progress of mathematics in Italy

Aldo BRIGAGLIA

In the year 1848 many young Italian mathematicians took part in the first war of the *Risorgimento*. Among them, the best known are Enrico Betti and Ottaviano Mossotti (who fought in the famous battle of Curtatone), Francesco Brioschi (who participated in the uprising known as the Five Days of Milan), and Luigi Cremona (who was engaged in the long and bloody Defence of Venice).[335] After the Italian defeat, these men all turned their efforts to Italy's scientific development. One of their primary concerns was to provide Italian schools with better mathematics textbooks, so in the late 1850s Betti, with the help of his colleagues from the University of Pisa, began to translate a large number of French textbooks. These included Joseph Bertrand's *Traité d'arithmetique* (translated by Giovanni Novi, August 1856); Bertrand's *Traité élémentaire d'algèbre* (translated by Betti, October 1856); Joseph Alfred Serret's *Traité de trigonométrie* (translated by Antonio Ferrucci, October 1856); in 1857, Novi published his *Elementi di Aritmetica* as an introduction to Bertrand's treatise; Antoine Amiot's *Traité de Géométrie élémentaire* (translated by Novi, 1858). As Cremona pointed out in his review of the publication of this last textbook, published in March 1859), just before the beginning of second Italian War of Independence, Italian mathematicians saw a strict connection between national unity and problems of education:

> Now that the foreign yoke is no longer around our necks, imposing on us the wicked texts of Moznik, Toffoli, etc., which have inundated our schools for several years ... now it is finally time to throw into the fire some of the awful books of mathematics that are still being used in our secondary schools and that point so accusingly at those who have adopted them. Let's be frank: we do not have good elementary books that are original to Italy and arrive at the level of scientific progress today. Perhaps the Neapolitans have them, since they have

---

[335] See U. Bottazzini, *Va' pensiero*, Il Mulino, Bologna, 1994.

always been and still are estimable mathematical researchers; but how can we find out certain things if that country is further away from us than China? The best books, indeed, the only really good ones that a conscientious teacher of elementary mathematics can adopt for his teaching are the treatises of Bertrand, Amiot and Serret, so well translated and extended by those capable Tuscans. My friends will recall that long before today I began to advocate the use of those excellent works.[336]

The young Italian scholars were deeply aware of the growing detachment from the most advanced European mathematical schools, above all those of France and Germany. The primary means of bridging the gap was deemed to be the foundation of a new mathematics journal capable of standing up to the most renowned European ones. The only Italian journal that existed during the 1850s was the *Annali di Scienze Matematiche e Fisiche*, published in Rome by Barnaba Tortolini, but it was far from being on the same level of the most important European journals.

So, on 28 April 1857, Brioschi wrote to Betti:

You probably agree with me that Tortolini's Annali do not answer to what ought to be the purpose of all our scientific journals. This purpose seems to me to be that of making the Italian scientific movement known among us in Italy, and of keeping Italians apprised of the scientific movements in other civilised nations. Now serving the first aim there is only the publication of original articles and serving the second only critical bibliographical journals. This second aim is in fact excluded from Tortolini's Annali, and the first is only partially fulfilled, since as you will have had occasion to observe, our works are still but little known abroad, and I know that

---

[336] *Ora che il giogo straniero non ci sta più sul collo a imporci gli scelleratissimi testi di Moznik, Toffoli, ecc., che per più anni hanno inondate le nostre scuole, (...) ora sarebbe ormai tempo di gettare al fuoco anche certi libracci di matematica che tuttora si adoperano in qualche nostro liceo e che fanno un terribile atto d'accusa contro chi li ha adottati. Diciamolo francamente: noi non abbiamo buoni libri elementari che siano originali italiani e giungano al livello de' progressi odierni della scienza. Forse ne hanno i Napoletani che furono sempre e sono egregi cultori delle matematiche; ma come può aversene certa notizia se quel paese è più diviso da noi che se fosse la China? I migliori libri, anzi gli unici veramente buoni che un coscienzioso maestro di matematica elementare possa adottare nel suo insegnamento, sono i trattati di Bertrand, Amiot e Serret, così bene tradotti e ampliati da quei valenti toscani. I miei amici si ricorderanno che io non ho cominciato oggi ad inculcare l'uso di quelle eccellenti opere* (Luigi Cremona, "Considerazioni di storia della geometria in occasione di un libro di geometria elementare pubblicato a Firenze", Il Politecnico, vol. IX (1860), pp. 286-323. Reprinted in L. Cremona, Opere Matematiche, 3 vols. (Milan: Hoepli, 1914-17), I, pp. 176-207.

because several foreign mathematicians with whom I am in contact have told me so. The bibliographic part is then, in my opinion, extremely important for us, there being in Italy very few centres where the means for study are available. With regard to these ideas, which I could better formulate if need be, I have had long discussions with Mr Genocchi, having found myself in Turin at the beginning of this month, and together we reached the conclusion that if you wanted to join us, we could present Prof. Tortolini with the following proposal (which you could modify). The Annali di Matematica would continue to be published in Rome, at the expense and to the benefit of Prof. Tortolini, but it would be edited by a group composed of Prof. Tortolini himself, you, Genocchi, and me. (I am quite keen on the collective editing by a group of men from various Italian states). The publication would consist in an issue every two months, divided into two parts; one would contain original papers that deal strictly with mathematics or mathematical physics, or better, with pure or applied mathematics; the second would contain bibliographical articles and extracts of works that are mainly English and German, which are generally less well known among us. You would have to attend mainly to this second part. ... T he idea of collective editing is not new, in fact it was suggested by what has been done other times in Germany for Crelle's Journal. This journal is now edited by Borchardt, Kummer, Weierstrass ... geometers who do not all live in Berlin; this idea seems to me to be quite useful for the distribution of the journal itself. The Cambridge Journal and the Quarterly Journal have given examples of bibliographic articles written by distinguished mathematicians, the name Cayley is enough; but where the bibliographic part has a special section dedicated to it is in Schlömilch's new journal published in Leipzig, of which I have seen the five issues of 1856 and the first of 1857.[337]

---

[337] *Probabilmente Ella sarà d'accordo con me che gli Annali del Tortolini non corrispondono allo scopo al quale dovrebbe tendere ogni giornale scientifico fra noi. Questo scopo parmi debba essere di far conoscere fra noi d'Italia il movimento scientifico Italiano, e di tenere al fatto gli Italiani del movimento scientifico degli altri paesi civilizzati. Ora al primo intento giungesi soltanto la pubblicazione di articoli originali ed al secondo mediante riviste bibliografiche critiche. Questo secondo intento è affatto escluso dagli Annali del Tortolini; ed il primo non è che incompletamente raggiunto giacchè come Ella avrà avuto occasione di osservare i nostri lavori sono ancora poco noti al di fuori e ciò è anche a me noto per confessione di alcuni matematici stranieri con i quali mi trovo in*

Thus the main goals of the new journal were to be:
1. To make the Italian scientific results known to the Italian scholars (remember that in 1857 the Italian peninsula was still divided into many different states);
2. To allow Italian scholars to remain up to date with the main results of scientific developments in Europe.

THE *ANNALI DI MATEMATICA*

In short, the primary aim of the new journal was to contribute to the growth of a national scientific community. This could be achieved with a collective editorial board representing different regions of Italy (Betti worked in Tuscany, Brioschi in Lombardy, Genocchi in Turin and Tortolini in Rome). The models that Brioschi indicate are the newly reorganised *Journal für die reine und angewandte Mathematik* of August Leopold Crelle (known simply as *Crelle's Journal*) and James Joseph Sylvester's *Quarterly Journal*.

On 3 February 1858 – almost exactly a year before the beginning of the second Italian War of Independence – the first issue of the new journal was published. At the same time, Betti and Brioschi wanted to develop close contacts with the main European scholars, so they arranged to get acquainted with them during a long journey (from 20 S eptember to 30

---

relazione. La parte bibliografica è poi a mio credere di moltissima importanza per noi; essendo in Italia pochissimi i centri dove si trovino mezzi di studio. Intorno a queste idee, che potrei meglio sviluppare all'occorrenza, ebbi lunghi colloqui col Sig'. Genocchi nei primi giorni di questo mese trovandomi a Torino, e d'accordo giungemmo a concludere che se Ella volesse associarsi con noi, potremmo fare al Prof. Tortolini la seguente proposizione (la quale però potrebbe essere modificata da Lei). Gli Annali di Matematica continuerebbero a pubblicarsi in Roma, a spese e a v antaggio del prof. Tortolini, ma avranno una redazione collettiva composta dal medesimo Professore, da Lei, da Genocchi, e da me. (a questa redazione di uomini scielti [sic] in varj stati italiani io tengo assai). La pubblicazione sarà di un fascicolo ogni due mesi, distinta in due parti; nell'una si conterranno memorie originali strettamente di matematica o di fisica matematica o meglio di matematica pura od applicata; nella seconda articoli bibliografici ed estratti di memorie principalmente inglesi e tedesche le quali sono meno note generalmente fra noi. A questa seconda parte dovrebbe attendere principalmente la redazione.(...) L'idea di una redazione collettiva non è nuova, anzi venne suggerita da quanto si fa ora in Germania pel giornale altre volte di Crelle. Questo giornale viene ora redatto da Borchardt, Kummer, Weierstrass ... i quali geometri non si trovano tutti a Berlino; questa idea sembrami anche molto utile per la diffusione del giornale stesso. Il Giornale di Cambridge ed il Quarterly Journal diedero esempi di articoli bibliografici scritti anche da matematici distinti, basti nominare il Cayley; ma dove la parte bibliografica ha una sezione apposita è nel nuovo giornale di Schlömilch che pubblicasi a L ipsia di cui ho v eduto i cinque fascicoli del 1856 e il primo del 1857 (letter from Brioschi to Betti, quoted in Bottazzini, 1994, cit. pp. 125 – 126).

October 1858) which to them to the main universities of Germany and France:

> We have taken this route: Zurich, Munich, Leipzig, Dresden, Berlin, Göttingen, Heidelberg, Karlsruhe, Strasbourg, Paris. We stayed nine days in Berlin, eleven in Paris, and three days at most in the other cities. … In Berlin we spent many hours with Borchardt, Kronecker, Kummer, Weierstrass, and we also met Aronhold , S chellbach. In Göttingen Stern, Riemann, Dedekind; in Heidelberg Hesse, Cantor; in Karlsruhe Dinger, Clebsch. In Leipzig we visited Moebius and in Dresden Baltzer and Schloemilch … I would like to be mistaken, but I am afraid that Hermite is affiliated with the Jesuits. He is however the only mathematician, French or German, who gave me the impression of being gifted with an extraordinary intelligence.[338]

On 4 June 1859, the troops of France and Piedmont defeated the Austrian army at Magenta, and four days later Napoleon III and Vittorio Emanuele entered Milan. Brioschi witnessed first-hand the elations and disappointments of the Italian patriots. This is what he wrote:

> June 26: We are having days of indescribable enthusiasm here in Milan. I nourish the hope that Italy will finally be for Italians

> July 26: The disappointments of these days were unfortunately extremely serious; and even though I don't think we ought to lose faith as many have, I still feel the great difference between a solution whose means and whose aims are so well defined, or at least so they seemed, and one that now must be expected to emerge either from chaos, or from the opposing interests of the great powers

> September 7: Tomorrow is a splendid day for us! The Tuscan delegates are coming to visit Milan; here they will be received as they deserve to be. What a s ublime moment for

---

[338] *Abbiamo tenuto questa via: Zurigo, Monaco, Lipsia, Dresda, Berlino, Gottinga, Heidelberg, Carlsruhe, Strasbourg, Parigi. A Berlino ci fermammo nove giorni, undici a Parigi, nelle altre città due o tre giorni al più. ... A Berlino passammo molte ore con Borchardt, Kronecker, Kummer, Weierstrass, conoscemmo anche Arohnold [sic], Schellbach. A Gottinga Stern, Riemann, Dedekind; ad Heidelberg Hesse, Cantor; a Carlsruhe Dinger, Clebsch. A Lipsia abbiamo visitato Moebius ed a Dresda il Baltzer e lo Schloemilch ... Vorrei essermi ingannato, ma temo l'Hermite un affigliato ai gesuiti. Esso è però l'unico matematico sia francese che tedesco che mi ha lasciato l'impressione di essere dotato di un'intelligenza straordinaria* (Letter of Brioschi to Genocchi, November, 9, 1858, in Carbone, Mercurio, Palladino and Palladino, La corrispondenza epistolare Brioschi – Genocchi, *Rendiconto dell'Accademia delle Scienza Fisiche e Matematiche di Napoli,* 2006, p. 325).

Italy! I nourish the hope that from this moment on there will be new glories. Let us do all we can to cooperate in them.[339]

Tuscany and Emilia were soon annexed to Piedmont, and, after Garibaldi's Expedition of the Thousand, so were Sicily and Naples; with the battle of Castelfidardo, most of the Papal states were conquered by the army of Piedmont. Finally, on 17 March 1861, Italian unity was solemnly proclaimed in Turin. The young mathematicians who had worked so intensively for the creation of the Italian scientific community turned into very influential political and cultural leaders in the framework of the new nation.

Now I would like to describe briefly the main figures of in Italian mathematics who played a major role in Italian cultural politics, and were particularly involved with the foundation of the "Annali" and with their scientific life in the first years.

The older member of the editorial board was Barnaba Tortolini (1808 – 1874). A catholic priest and a mathematician, he was professor of higher calculus in the University of Rome. In 1850 he founded (and published till 1857) the "Annali di Scienze Matematiche e Fisiche" (well known as the "Annali di Tortolini"), the forerunner of Brioschi's Annali[340].

One of the main figures of the older generation was Placido Tardy. A representative of Sicilian mathematics, he was born in Messina on 26 October 1816. In 1837 he studied in Milan with Gabrio Piola. In 1838 he studied in Paris with Liouville and Poisson, and entered into contact with Ottaviano Mossotti and Guglielmo Libri. After his return to Sicily in 1841, he became professor of advanced mathematics (*matematiche sublime*) in

---

[339] *Giugno, 26: Noi abbiamo a Milano giorni di entusiasmo indescrivibile. Io nutro fiducia che l'Italia sarà finalmente per gli italiani*

Luglio, 26: Le disillusioni di questi giorni furono purtroppo gravissime; e sebbene non creda il caso di lasciarsi abbattere d'animo come molti fanno, Pure sento la gran differenza tra una soluzione con mezzi e scopo così ben definiti, quali almeno sembravano; ed una s oluzione la quale deve ora attendersi dal Caos; o dagli interessi opposti delle grandi potenze

Settembre, 7: Domani è per noi una stupenda giornata! I deputati toscani vengono a visitare Milano; qui saranno accolti come meritano. Che momento sublime per l'Italia! Io nutro fiducia che da questo momento incomincino le nuove glorie. Facciamo di tutto per cooperarvi (Letters from Brioschi to Cremona, in Palladino N., Mercurio A. M., Palladino F., *Per la costruzione dell'Unità d'Italia. Le corrispondenze epistolari Brioschi-Cremona e Betti-Genocchi*, Olschki, Firenze, 2009).

[340] On Barnaba Tortolini, see also L. Martini, "The Politics of Unification: Barnaba Tortolini and the Publication of Research Mathematics in Italy, 1850–1865," in "Il sogno di Galois: Scritti di storia della matematica dedicati a Laura Toti Rigatelli per il s uo 60° compleanno". Edited by R. Franci, P. Pagli and A. Simi (Siena: Centro Studi della Matematica Medioevale, Università di Siena, 2003); pp. 171–198.

Messina. Here he met Carl Gustav Jacob Jacobi and Jakob Steiner, who visited southern Italy in 1844, and began to have significant international relations with influential European scholars. So, in 1858 when Brioschi and Betti met at his house in Genoa to plan the new journal and their scientific journey, he was able to make valuable suggestions. In the year 1848, owing to his involvement in the Sicilian riots, he was compelled to leave Sicily to Florence, where he met Betti. In 1850 he became a teacher in a secondary school in Genoa and in 1851 professor of higher mathematics at the Nautical Institute. On 19 October 1859 he became a professor at the University of Genoa, where he was also rector. His wife, Laurette Tighe, was the daughter of the colourful Margaret King, Lady Mount Cashell. He died in Florence on 1 November 1914, when he was almost one hundred years old.

Angelo Genocchi was born on 15 March 1817 in Piacenza (so he was the same age as Tardy). He took a degree in law there in 1838, where he also began to teach law. In 1848, when the Austrian troops returned to Piacenza, he fled to Turin, where he began to study mathematics in 1849 with Giovanna Plana and Felice Chiò. In 1857 he began to teach in Turin, becoming full professor in 1859. In 1858 he was on the editorial board of the *Annali*. Starting in 1861 he taught analysis in Turin, where he had among his students Giuseppe Peano. He died on 17 March 1889.

We can now pass to the younger generation and particularly to the group of scholars I think of as the 'Pavia Connection', all of whom studied and worked in the University of Pavia, which was the real centre of the development of the Italian School of mathematics.

Francesco Brioschi was born in Milan on 22 December 1824 and earned his degree in Pavia in 1845 under the advisement of Francesco Bordoni. After having participated in the uprisings in Milan, and having been barred from teaching for some years as a result, in 1852 he became a professor of applied mechanics at the University of Pavia. In 1854 he published his book *Determinanti*, which was translated into French and German in 1856, making him famous throughout Europe. His early words on the solution of fifth-degree equations using elliptical functions date to 1858. These were the works that brought him into close contact with Charles Hermite, who, as we have seen, he admired greatly. In 1863 the Istituto Tecnico Superiore (today the Politecnico) was founded in Milan, one of the most important initiatives for modernising Italian structures carried out by this group of mathematicians. The Politecnico would have an enormous influence on the development of industry in Italy. It is worthwhile to recall that one of the characteristic features of this group was the emphasis placed on the close connection between pure research, to which the principal works of all of them were dedicated, and applied research, to which Brioschi devoted a large part of his organisational skills. In 1865 Brioschi was nominated Senator of the Kingdom of Italy, and in 1884 became president of the Accademia dei Lincei, which in itself amounted to a very large number of prestigious responsibilities. In 1888 he presented his solution to sixth-degree equations using hyperelliptic functions (described by Hermite as a *Grand et belle découverte qui a été le couronnement de la carrière mathématique de Brioschi,* a great and beautiful discovery which was the culmination of Brioschi's career in mathematics).

Luigi Cremona was born in Pavia on 7 December 1830. In 1848-49, barely eighteen years old, he took part in the Defence of Venice. Back home in Pavia, he earned his degree in mathematics in 1854. After a few years of teaching secondary school, in 1860 he became professor of higher geometry in Bologna. His first works on birational transformations date to 1863. The widespread fame these earned him was crowned by his winning the Steiner prize in 1866, one of the most prestigious awards of the day. That same year he was called by Brioschi to become a professor of geometry at the Politecnico di Milano. In 1873 he transferred to Rome, becoming director of the school for engineers. He was nominated Senator in Parliament in 1870. In 1898, for a single month, he was Minister of Public Education. He died in Rome on 10 June 1903.

Eugenio Beltrami also studied at the University of Pavia. Born in Cremona on 16 November 1835, he began to study mathematics in Pavia, but quit in 1856. In spite of the fact that he had not completed his degree, he was called in 1862 to become a professor of algebra in Bologna. He then took a series of posts – in Pisa, then back in Bologna, then in Rome, in Pavia, and back in Rome – showing a remarkable restlessness. In 1868 he wrote his famous article on hyperbolic geometry, putting an end to a large part of the disagreement over the validity of non-Euclidean geometry. In 1897 he because president of the Accademia dei Lincei, and in 1899, Senator. He died in Rome on 16 November 1900.

Felice Casorati, another native of Pavia, is the youngest of this group. He was only twenty-two years old when he started to travel through Europe with Betti and Brioschi. He was born in Pavia on 17 December 1835 and was awarded his degree there in 1856, becoming a professor in 1859 at only twenty-three years old. Among his important results is the development of Riemann's ideas on functions of complex variables, which was then set out completely in a book published in 1868. This would have a great influence on the entire next generation of Italian mathematics. In contrast to the others, Casorati spent his whole academic life at the University of Pavia and in his native city, dying there on 11 September 1890.

Other young protagonists of this great season of Italian mathematics worked in two other important centres, Pisa and Naples.

Enrico Betti was the leading member of the Pisa School of mathematics, which included such great figures as Volterra, Bianchi, Enriques and Ricci. He was born in Pistoia on 21 October 1823, and was awarded his degree in Pisa in 1846. As mentioned earlier, in 1848 he was a volunteer in the battle of Curtatone. Starting in 1857 he was a professor at the University of Pisa and in 1865 be came director of the Scuola Normale Superiore there, contributing decisively to its transformation into a school renowned for excellence that became a genuine breeding ground for high-level researchers in mathematics. During the Unification of Italy, Betti, like other mathematicians, remained active in politics, becoming a member of Parliament in 1866 and Senator in 1884. He died in Pisa on 11 August 1892.

Giuseppe Battaglini, of Naples, was born on 11 January 1826. Ousted from the university because of his political ideas, in 1860 he was nominated professor of higher geometry by Garibaldi. In 1863 he founded the *Giornale di Matematiche*, which soon became a fundamental instrument for the dissemination of non-Euclidean geometry In 1871 he became a professor in Rome. He returned to Naples in 1885, where he died on 29 April 1894.

As can be seen, what we have here is a group of young – sometimes very young – mathematicians. As such, they showed a definite propensity towards the areas on the cutting edge of European mathematics at the time. I will cite only a few examples, without going into any of the technical details: Betti was one of the first in Europe to grasp the revolutionary significance of the theories of Galois and to devote himself completely to the attempt to make them clear to specialists and non-specialists alike; it was again Betti who, followed then by Beltrami and Casorati, who understood the innovative spirit of Riemann's vision regarding functions of complex variables; Brioschi grasped the profound relationship between algebra and analysis, using hyperelliptic functions to solve six-degree equations; Cremona, fully comprehending the geometric vision of Plücker and Möbius, introduced the transformations that bear his name and that signalled a profound turning point in algebraic geometry; Battaglini became an unflagging advocate of non-Euclidean geometries.

As already mentioned, the first issue of the *Annali* appeared in February 1858. It is interesting to read the editorial published in this first volume, which furnished a description of the lines to be followed by future developments:

> The rapid and continuous growth in the Mathematical Sciences in recent times is principally due to the ease with which the many and various investigations undertaken, the new truths just discovered, can be immediately extended and fertilised by many geometers contemporaneously in various parts of Europe. Thus in all nations that want to cooperate in this

progress, there is the need for periodicals which disseminate quickly and regularly the new findings of their scholars, and which facilitate the way of following the general advancement of Science. In Italy the *Annali di Scienze Matematiche e Fisiche*, founded back in 1850 by one of us, was intended only for the first of these two aims, nor does there exist up to now any periodical that proposes to fulfil the second. We have thus believed that we are doing something useful for the mathematical studies of our country, joining forces to transform the aforementioned *Annali* into a journal with this dual intention. The new journal will be divided into two parts. In the first will find a place the original writings containing either new truths acquired by science or new proofs of important truths already known. In the second part will appear extracts, of greater or lesser length, of papers published in foreign mathematics journals and in the proceedings of academies, enriching them with all the bibliographical information and indications of original sources that make the abstracts effective as a means of instruction, and in order to achieve this end, there will also be given some monographs on those new branches of science, knowledge of which, when specialised treatises are lacking, requires the study of many papers scattered in various publications.[341]

---

[341] *Il rapido e continuo incremento delle Scienze Matematiche di questi ultimi tempi, è dovuto principalmente alla facilità con cui le molte e varie ricerche appena intraprese, le nuove verità appena scoperte possono subito estendersi e fecondarsi da m olti geometri contemporaneamente in varie parti d'Europa. Quindi per tutte le nazioni che vogliono cooperare per questo progresso, la necessità di periodici che diffondano con prontezza e regolarità i nuovi trovati dei loro dotti, e che agevolino il modo di seguire il generale avanzamento della Scienza. In Italia gli Annali di Scienze Matematiche e Fisiche, fondati fino dal 1850 da uno di noi, intendevano soltanto al primo di questi due fini, né esisteva finora alcun periodico che si proponesse il secondo. Noi abbiamo perciò creduto di potere fare cosa utile agli studj matematici nel nostro paese, associandoci per trasferire i suddetti Annali in un gi ornale che avesse questo doppio intendimento. Il nuovo giornale sarà distinto in due parti. Nella prima di esse troveranno luogo gli scritti originali contenenti nuove verità acquistate alla scienza, o dimostrazioni nuove di importanti verità conosciute. Nella seconda parte si daranno estratti, più o m eno estesi, di memorie pubblicate nei giornali matematici stranieri e negli Atti delle Accademie, corredandoli di tutte quelle notizie bibliografiche, e di quelle indicazioni di fonti originali, che possono dare agli estratti medesimi l'efficacia di un mezzo di istruzione, ed a raggiungere questo scopo si daranno anche alcune monografie di quei nuovi rami della scienza, a c onoscere i quali richiedesi per difetto di trattati speciali, lo studio di molte memorie sparse in varie pubblicazioni* (Annali di Matematica pura ed applicata, I, 1858, p. 1).

Here, in order to give a further indication of the lines followed, I reproduce the table of contents of the first volume of the journal, which consisted in various issues over the course of the year. The first part, as mentioned in the introduction, contained original articles, almost all of which were due to the group of mathematicians described above, the true lifeblood of the journal. As of yet, there were but few foreign mathematicians represented all of them French: among these the most famous were Ernest de Jonquières, Amédée Mannheim and Joseph Bertrand.

The second part consists in reviews and is particularly indicative of the lines of development that would be characterise Italian mathematics in the years to come. Some of them seem particularly significant, for example, Cremona's article on Karl von Staudt's *Beiträge der Geometrie der Lage*, one of the very first signs at the international level of the interest in the geometric work of the German mathematician (which would be complete reassessed by Felix Klein only fourteen years later). This interest, sparked by Cremona, would become a fixed feature of the Italian School; we can point out the later works of Corrado Segre and Mario Pieri in this direction.

Also worthy of careful note is Brioschi's review of the solution of fifth-degree algebraic equations, entirely dedicated to the examination of the article by Hermite that had appeared just a few months earlier.[342] More than a review, this constitutes one of Brioschi's most important works, whose ideas, because immediately preceded by Hermite, and immediately followed by Kronecker, were acknowledged and appreciated, earning him international renown.

An analogous structure is given to Betti's review, entitled "Sopra le funzioni simmetriche delle radici di una equazione" (On the symmetrical functions of the roots of an equation), which refers to an analysis of a recent (1857) article by Arthur Cayley.[343] Again, this is more than a simple review. In the final part Betti gives his proof of what he believes to be a significant result of the British mathematician's work (and of which he had provided no proof). Thus this is no mere review, but an original work. Again, to give an idea of the working method of the *Annali*'s group of editors, it is interesting to note that in a June letter to Genocchi pointing out this work of Cayley's,[344] Brioschi, even though believing that this work 'can be called a cluster of tables (or examples)', declared himself 'desirous of being able to proof exactly' that part of the paper addressed by Betti in his review, which was of July. Thus, as we can see, in its first years of life, the *Annali* was a genuine instrument of work for the group of mathematicians who were behind it.

---

[342] C. Hermite, Sur la résolution de l'équation du cinquième degré, *Comptes rendus des séances de l'Académie des Sciences*, XLVI (1858) p. 508. Brioschi's review appeared in June of that same year; an appendix to the review, in which mentions a direct communication from Hermite to Brioschi, is dated September 1858. It can thus be presumed that the appendix is the result of the conversation between the two mathematicians during the course of the travels mentioned earlier. All of this might provide confirmation of the elevated scientific content of the trip, and its immediate repercussions on research activities, as well as of the absolute up-to-date nature of the bibliographical reviews as intended by the Italian mathematicians and their close connections with research ongoing at the time. Of course, Cremona's review of von Staudt's *Beiträge* also concerns a work that was very recent (1857).
[343] A. Cayley, A Memoir on the symmetric functions of the roots of an equation, *Phil. Trans. of the Royal Soc. of London*, 147 (1857), pp. 489-496.
[344] Brioschi a Genocchi, 5 June 1858, in [Carbone, ... cit., 2006, p. 312].

RIVISTA BIBLIOGRAFICA

IMPRIMATUR
Fr. Th. M. Larco Ord. Praed. S. P. A. Mag. Soc.
IMPRIMATUR
Fr. A. Ligi—Busci Min. Conv. Archiep. Icon. Viceg.

In its first years, just as its young promoters intended, the *Annali* played an essential role in bringing the scientists of the new Italy into contact with the most advanced trends in European mathematics. In addition to the papers cited above regarding the works of von Staudt and Hermite, it should be noted that Cayley contributed five works to the new journa l (three in the second volume and two in the third), in which also appeared the translation (by Beltrami) of the famous work of Gauss on surfaces, and above all, the translation by Betti of Riemann's Inaugural Dissertation. The dissemination of Riemann's ideas would constitute one of the guiding threads of the *Annali*'s cultural policy, and in particular, of Betti.

As we have said, Betti had met Riemann during the trip to Germany, in September 1858. O nce back in Italy, Betti dedicated himself to the translation of the Dissertation just mentioned, and in 1960, in the inaugural lecture of his course in Pisa (a lecture that forms a pair with that given at the same time by Cremona in Bologna, and which can be considered as the origin of the Italian School of algebraic geometry), Betti described the importance, and shortcomings, of the German mathematician's work:

> This method has over others the advantage of its immense generality and complete satisfaction of the principal tendencies of modern analysis, since the mechanism of calculation hardly enters into it at all, and it is almost entirely the magnificent fruit of thought. But the concision and obscurity of style of this

eminent geometer is as great as the power of his intellect, such that it is almost as though none of his works exist in the scientific world.[345]

After Riemann's period of residence in Pisa (1863-1865), the program of grasping and developing his ideas, and those of the German geometers more in general, found fertile ground in Italy, and a means of widespread distribution in the Annali (which in the meantime, as we shall see, changed its structure once again). Over the years several papers would be published, including: E. Betti, "Sopra gli spazi a un numero qualunque di dimensioni", 1868; F. Casorati, "Le relazioni fondamentali tra i moduli di periodicità degli integrali abeliani", 1869; B. Riemann, "Sur les Hypotheses qui servent de fondement à la géométrie", trans. Houel, 1870; F. Casorati, "Sopra le coupures del sig. Hermite i Querschnitte e le superfici di Riemann", 1884; F. Klein, "Considerazioni comparative su ricerche geometriche recenti", trans. G. Fano, 1890.

It is worthwhile to document the great attention with which Italian mathematicians followed the study and understanding of Riemann's points of view. Thus Cremona carefully followed the preparation and then the understanding of the classic book by Clebsch and Gordan.[346] In 1865 he wrote to Tardy:

I too want to know Riemann's theory, but to that end I have decided to await either a work by Clebsch which is expected on t he topic or the publication of the lectures that [Casorati] will give this year ... who has been able to penetrate into and see clearly the mysteries of that theory.[347]

He wrote to Tardy again from Milan in 1867: 'I hope you don't want to compare the book by Clebsch to that by Neumann ... it is the work of a

---

[345] *Questo metodo ha sopra gli altri il vantaggio della sua immensa generalità e di soddisfare compiutamente alle principali tendenze dell'analisi moderna poiché il meccanismo del calcolo non ci entra quasi per niente ed è quasi tutto un magnifico frutto del pensiero. Ma quanta è la forza della mente altrettanta è la concisione e l'oscurità dello stile di questo eminente geometra, in modo che tutti i suoi lavori è quasi come non esistessero nel mondo scientifico.* Betti's inaugural lecture, undated, is conserved in the Betti Archives in Pisa. It was dated and described for the first time in [Bottazzini, 1994, p. 194].

[346] R. F. A. Clebsch – P. A. Gordan, *Abelsche Functionen*, Leipzig, 1866.

[347] *Anch'io ho voglia di conoscere la teoria di Riemann, ma a tal scopo sono deciso ad aspettare o un l avoro del Clebsch che si attende su quell'argomento o la pubblicazione delle lezioni che farà in quest'anno ... il Casorati, il quale è riuscito a penetrare e veder chiaro ne' misteri di quella teoria* (Letter from Cremona to Tardy, 18 December 1865, in C. Cerroni, G. Fenaroli (eds), *Il Carteggio Cremona Tardy*, Mimesis, Milano, 2007, p. 103).

decidedly superior mind: it is a marvellous book, at least that is the effect it has on me'.[348]

The onset of the process of assimilation can be dated to 1868 with the publication of Casorati's book, eagerly awaited by the entire group of his colleagues at the *Annali*. The triple course given on the subject by Brioschi (who used Jacobi's point of view), Casorati (who followed Riemann) and Cremona (who followed Clebsch) constituted a turning point, making a fundamental contribution to the formation of a genuine School of mathematics. Once again, Cremona sent news to his friend Tardy in 1869:

> In addition to the course in graphic statics, I also teach that of the geometric applications of Abelian functions. I am truly happy that Brioschi had the idea of combining this triple course: thus, on the one hand we can help each other, and on the other the obligation of giving lessons to young people who are truly outstanding (such as [Angelo] Armenante, [Giuseppe] Jung, [Eugenio] Bertini, [Guido] Ascoli and others) forces us to study and work fervently. The book that I deal with the most is the one by Clebsch, where I have been able, if I'm not mistaken, to simplify and complete several important points: and perhaps I will have an opportunity to publish something in this regard. Casorati too will shortly print an article on periodicity, since he was able to simply enormously Clebsch's 4th Abschnitt. I attend Casorati's classes, and thus am beginning to see inside the Riemannian mysteries a little bit. It is really true that there is strength in numbers: on my own I would never have been able to undertake these studies, whose complete importance for geometry as well I can now see.[349]

---

[348] *Spero che non vorrete paragonare il libro di Clebsch a quello di Neumann ... è il lavoro di un ingegno decisamente superiore: è un libro meraviglioso, almeno a me fa quell'effetto* (Letter from Cremona to Tardy, 10 January 1867, in Cerroni, Fenaroli, 2007, cit., p. 144).

[349] *Oltre al corso di Statica grafica faccio anche quello sulle applicazioni geometriche delle funzioni abeliane. Sono veramente felice che a Brioschi sia venuta l'idea di combinare questo corso triplice: così, da un lato ci aiutiamo a vicenda e dall'altro l'obbligo di far lezioni a dei giovani veramente distinti (come Armenante, Jung, Bertini, Ascoli e altri) ci costringe a studiare e lavorare con fervore. Il libro che più mi occupa è quello di Clebsch dove m'è riuscito, se non m'inganno, di semplificare e completare alcuni punti importanti: e forse avrò occasione di pubblicare qualche cosa in proposito. Anche Casorati stamperà presto un articolo sulla periodicità, essendogli venuto fatto di semplificare moltissimo il 4° Abschnitt del Clebsch. Assisto alle lezioni di Casorati, e così comincio a vedere un po' entro ai misteri riemaniani. È proprio vero che l'unione fa la forza: da me solo non sarei mai riuscito a fare questi studi, dei quali ora vedo tutta l'importanza anche per la geometria* (Letter from Cremona to Tardy, 20 February 1869 in Cerroni, Fenaroli, 2007, cit., p. 156.

This is only one example of the integral role played by the *Annali* in the construction of a genuine School of Italian mathematics.

A glance at some of the principal contributions to the early volumes of the journal will be helpful:

	Brioschi	Betti	Cremona	Casorati	Beltrami	Foreigners
N.1 1858	7+9	4+1	1+1	1+1	0	5
N. 2 1859	2+5	0	3+0	0	0	17
N. 3 1860	2+0	2+1	3+1	1+0	0	7
N. 4 1862	1+0	1+0	2+1	1+0	1+1	10
N. 5 1863	1+0	0	2+1	0	0	10
N. 6 1864	0	0	1+1	0	1+0	5
N. 7 1865	0	0	0	0	3+0	4

As the statistical data given above makes clear, after the first three or four years the *Annali* began to decline rapidly. Many points of view changed. While in the first years before and immediately after Italian Unification, the main concern was to have an editorial board comprising men selected from various Italian states, now a much more centralistic view of the journal prevailed.

The journal was radically restructured in 1867, when its editorial offices were transferred to Milan, and the work of editing, at least at first, was carried out only by Brioschi and Cremona. The initial project called for a journal that was radically new to take the place of both the old *Annali* and the newly-founded *Giornale di Matematiche*. Cremona wrote to Thomas Hirst about this at the beginning of the year:

Brioschi and I have decided on the foundation of a good journal of advanced mathematics that will be published in Milan in issues that will come out at intervals that are not fixed, like Crelle's Journal does. We already have the cooperation of Betti, Genocchi, Beltrami, Casorati and others; we are waiting to hear from Tortolini and Battaglini, because we want the Annali of Rome and the Giornale of Naples to stop publication: by now they are in miserable condition.[350]

As it turned out, not only did the *Giornale* stay alive, it was decided to conceive the new journal as a continuation of the earlier one, comprising the third series. As for the *Annali*, once the first phase, in which it constituted the venue for gathering the developing community of mathematicians together, was over, it remained an important journal for a community that was by that time established at the international level.

Before going on to the Circolo Matematico di Palermo, let us look briefly at the founding of another mathematics journal, the *Giornale di Matematica*. The *Giornale di Matematica* was founded in 1863 by three Neapolitan mathematicians, Giuseppe Battaglini, Vincenzo Jannì and Nicola Trudi. Its purpose was quite different from that of the *Annali*: officially at least, it was aimed at university students and, above all, at schoolteachers. It played a fundamental role in some aspects of Italian mathematical culture, especially in the spread of non-Euclidean geometry. It carried Italian translations of fundamental articles by Lobatchevsky[351] and Boliay,[352] as well as – and most importantly – Beltrami's famous article of 1868.[353] I don't wish to dwell on the journal here, but I will reproduce the editor's note that appeared in its first issue:

> The constantly growing development of the mathematical sciences in our age, and on the other hand, the difficulties encountered by those who intend to keep up with this incessant

---

[350] *Brioschi e io abbiamo deciso la fondazione di un buon giornale d'alte matematiche che si pubblicherebbe in Milano per fascicoli senza vincoli di tempo, come il Giornale di Crelle. Abbiamo già l'adesione di Betti, Genocchi, Beltrami, Casorati e d'altri; ed attendiamo quella di Tortolini e Battaglini, perché desideriamo che cessino gli Annali di Roma ed il Giornale di Napoli: ormai caduti in misero stato* (letter from Cremona to Hirst, January, 12th , 1867, in Laura Nurzia (ed.), *La corrispondenza di Luigi Cremona, v. IV*, Università Bocconi, 1999, p. 117.).

[351] Pangeometria di N. Lobatschewsky, tranlated by Giuseppe Battaglini, *Giornale di Matematica*, 5, 1867, pp. 273-336.

[352] J. Bolyai, Sulla scienza dello spazio assolutamente vera ed indipendente dalla verità o falsità dell'assioma XI di Euclide, translated by Giuseppe Battaglini, *Giornale di Maematiche*, 6, 1868, pp. 97-115.

[353] E. Beltrami , Saggio di interpretazione della geometria non-euclidea, *Giornale di matematiche*, 6 1868, pp. 284-312.

growth, due as much to the need to know foreign languages as to the wealth of books and knowledge required for understanding the works of many illustrious geometers now living, led us to the idea of founding the journal we are now announcing. It is principally addressed to the young students in Italian universities, because it will serve as a link between university lectures and advanced academic questions, so that they can render themselves of use in the cultivation of the superior levels of science and read without hindrance the learned compilations of Tortolini, Crelle, Liouville and others.[354]

THE *RENDICONTI DEL CIRCOLO MATEMATICO DI PALERMO*

Instead, the other Italian mathematics journal that I would like to examine, the *Rendiconti del Circolo Matematico di Palermo*, was of a completely different nature. In order to look at the circumstances of its founding and its early development, it is necessary to focus on another aspect of European mathematical life in the second half of the nineteenth century: the birth of national mathematical societies. Although preceded by that of Moscow, the first mathematical society that succeeded in capturing the attention of the scholarly community was undoubtedly the *London Mathematical Society*, founded in 1867. The relationship between the needs of research in England and the birth of the society is effectively characterised by Collingwood:

It was quite exceptional in the first half of the XIXth century for a British mathematician to study abroad or to visit professional colleagues in foreign centres. The difficulty of travel .... was no doubt an obstacle, but not the only one. Tradition and prejudice played a part as well .... The absence of analysis reflected the isolation of British pure mathematics from

---

[354] *Il sempre crescente sviluppo che prendono in questa nostra età le scienze matematiche, e d'altra parte le difficoltà che s'incontrano da chi intende seguire questo incessante incremento, tanto per necessaria conoscenza di lingue straniere, come per corredo di libri, e cognizioni sufficienti a comprendere i lavori di molti illustri geometri viventi; ci han fatto sorgere il pensiero di fondare il giornale che annunziamo. Esso è dedicato principalmente ai giovani studiosi delle università italiane perché loro serva come di anello fra le lezioni universitarie e le alte quistioni accademiche, cosicchè possano rendersi utili a coltivare le parti superiori della scienza e leggere senza intoppi le dotte compilazioni del Tortolini, del Crelle, del Liouville ed altri* (Battaglini, Jannì, Trudi, Presentazione, *Giornale di Matematiche*, 1, 1863, p. I).

the continent ... By the turn of the century the isolation had been broken [355]

The international community did not fail to see this intimate connection between the development of research and structures for association, the clear inadequacy of the old Academies, and the need for instruments that were more flexible and suitable for the new age. I quote the interesting reflection of Chasles, which made a great impression on G iovan Battista Guccia, who called it *le cri d'alarme de Chasles*:

> On voit par ce qui précède que les Mathématiques prennent, à l'étranger des développements considérables. La variété et l'élévation des matières qui s'y traitent dans de nombreux recueils périodiques ... le prouvent incontestablement. Mais un s imple fait suffirait pour montrer aux yeux de tous combien nous devons craindre de nous laisser arriérer dans cette partie des sciences Nous possédons dans notre Société philomatique une section des Mathématiques, d'un nombre de membres limité, dont les communications ne paraissent que de loin en loin avec d'autres matières dans un bulletin trimestriel fort restreint; or il s'est formé à Londres, en 1865, une Société mathématique d'une centaine de membres, et le nombre s'en accroît encore; société dont les Proceedings, à l'instar de la Société royale de Londres ...., font connaître les travaux par des analyses plus ou m oins étendues. Ce fait, auquel nous applaudissons, n'est-il pas, dans la culture des Mathématiques, un élément de supériorité future qui doit nous préoccuper?[356]

Thus the doyen of French mathematics even saw in the English society *un élément de supériorité future*, an element of future superiority, which worried him. His concern was shared by the youngest generation of French mathematicians. Gaston Darboux wrote to Jules Houel in that same year, 1870:

> Je crois que si cela continue les Italiens nous dépasseront avant peu. Aussi tâchons avec notre <u>Bulletin</u> de réveiller ce f eu sacré et faire comprendre aux français qu'il y a un tas de choses dans le monde dont ils ne se doutent pas, et que si nous sommes toujours la Grande nation, on ne s'en aperçoit guère à l'étranger.[357]

---

[355] G. F. Collingwood, A century of the London Mathematical Society, *Journal of the London Mathematical Society*, 41, 1965, p. 550

[356] M. Chasles, *Rapport sur les progrès de la Géométrie*, Imprimerie Nationale, Paris, 1870

[357] Letter of G. Darboux to J. Houel, in H. Gispert, La correspondance de G. Darboux avec J. Houël. Chronique d'un rédacteur, *Cahiers du Séminaire d'histoire des mathématiques*, 8, 1987, pp. 67-202

It is worthwhile to point out that scarcely ten years after the birth of united Italy, the efforts of the group of mathematicians described earlier had been largely realised: Italy was fully inserted into the exclusive circle of the most mathematically developed nations, as Darboux completely acknowledged. The *Société Mathématique de France* was finally founded in 1873.

A summary of the years of the founding of some of the major mathematical societies in the world will help bring this trend into focus: 1864, The Moscow mathematical society; 1865, The London Mathematical Society; 1873, La Societé Mathématique de France; 1877, The Tokyo Mathematical Society; 1884, The Circolo Matematico di Palermo; 1888, The American Mathematical Society (New York Mathematical Society until 1894); 1890, The Deutsche Mathematiker-Vereinigung.

As can be seen, for many years Italy remained outside this trend.

In the meantime, in Sweden Gösta Mittag-Leffler had developed another, completely successful idea: that of an international mathematics journal, the *Acta Mathematica*, which he founded in 1882 with the support of Poincaré, Cantor and Weierstrass.

Even in this context of mathematical societies and international journals, the idea of Giovan Battista Guccia, a young mathematician of Palermo who had studied with Cremona, was truly original: to found a new national association with a great international journal. Thus in 1884 was founded the Circolo Matematico di Palermo, followed, in 1887 by the founding of the *Rendiconti del Circolo Matematico di Palermo*.

Here I will not discuss the life of the Circolo and its *Rendiconti* in depth, as I have examined this elsewhere;[358] rather, I will limit myself to noting some of the fundamental facts.

In 1880 Guccia earned his degree in Rome under the advisement of Cremona, and went that same year to Reims, where he participated in the congress of the *Association Française pour l'Advancement des Sciences.* In Reims he met Darboux, Laguerre and Laisant; in Paris, Chasles. In 1884 the Circolo Matematico di Palermo was founded. Between 1886 and 1888 almost all of the most important Italian mathematicians joined the Circolo, which became, practically speaking, the Italian national mathematics society. In 1887 was published the first volume of the *Rendiconti del Circolo Matematico di Palermo*. In 1888 new by-laws were enacted, and a new editorial board elected to reflect the Circolo's status. In 1891 Henri Poincaré became a member of the editorial board. The *Rendiconti* became the first journal in the world to have a truly international editorial board (the board of Mittag-Leffler's *Acta* was entirely formed of Scandinavian

---

[358] A. Brigaglia, G. Masotto, *Il Circolo Matematico di Palermo*, Dedalo, Bari, 1984

mathematicians). In 1894 Mittag-Leffler also became a m ember of the editorial board. In 1897 the first International Congress of Mathematicians took place in Zurich.

One significant data point which gives a good idea of the Circolo's development and Guccia's politics, is that related to how membership grew, first that of the Italian mathematicians, and then that of the international community. Membership was somewhat exclusive: prospective members had to be presented by two active members and approved by the assembly. Between 1886 and 1888 the number of Italian mathematicians who joined included: in 1886, G iuseppe Battaglini; in 1887, Ernesto Cesàro, Corrado Segre, Francesco Gerbaldi, Francesco Brioschi, Luigi Cremona, Enrico D'Ovidio, Giuseppe Peano, Vito Volterra, Enrico Betti; in 1888, E ugenio Beltrami, Felice Casorati, Eugenio Bertini, Cesare Arzelà, Salvatore Pincherle, Giuseppe Veronese; shortly after: Guido Castelnuovo, Federigo Enriques, Tullio Levi-Civita, Francesco Severi. These were followed by many others.

Also interesting is the data regarding the mathematicians who published in the first two volumes of the *Rendiconti*. Among others, in the first volume (1887) were: Eugene Catalan, Thomas Hirst, Pieter Heinrich Schoute and Corrado Segre; in the second (1888), Betti, George Halphen, Emile de Jonquières, Camille Jordan, Giuseppe Peano, Corrado Segre, Alexis Starkov and Vito Volterra. As we can see, from the very first the *Rendiconti* was on the level of the great European mathematics journals.

As I mentioned above, the editorial board of 1888 w as effectively representative of Italian mathematics as a whole. It was composed of: five members from the University of Palermo: Giuseppe Albeggiani, Francesco Albeggiani, Francesco Caldarera, Michele Gebbia and Guccia; three from Pavia : B eltrami, Bertini, Casorati; three from Pisa: Betti, Riccardo De Paolis, Volterra; two from Naples: Battaglini and Pasquale Del Pezzo; two from the Politecnico di Milano: Brioschi and Giuseppe Jung; two from Rome: Valentino Cerruti and Cremona; two from Torino: Eugenio D'Ovidio and Segre; and last but not least, one from Bologna, Salvatore Pincherle. As we can see, this roster includes all the principal Italian mathematicians, both those of the old guard, such as Betti, Brioschi, Beltrami, Casorati and Cremona, and those of the younger generation, such as Volterra, Pincherle, Segre and Peano.

However, the true leap forward of the Circolo, which went according to Guccia's plan, took place later, in 1904, and in particular in connection to the third International Congress of Mathematicians in Heidelberg. As is known,[359] the venue for the fourth congress was to be decided during the meeting in Heidelberg. The fact that Rome was chosen (after a hard-fought competition against Cambridge) was justly seen by Italian mathematicians as an acknowledgment that Italy's scientific community now occupied the third place of importance in the world, after France and Germany. The scientific section of the Accademia dei Lincei and Circolo Matematico di Palermo were charged with organising the congress. The preparation of the congress was exactly the terrain that Guccia had in mind for the great international leap that was destined to change the face of the Circolo and its *Rendiconti*. In what follows I will give a general outline of this change.[360]

First of all I would like to provide a graph in order to give an idea of the numerical order of this leap. The graph shows the development of the number of members of the Circolo from its founding in 1884, when its members numbered 24, and 1914, when that number had grown to almost a 1,000. The graph shows clearly the rapid increase after 1904.

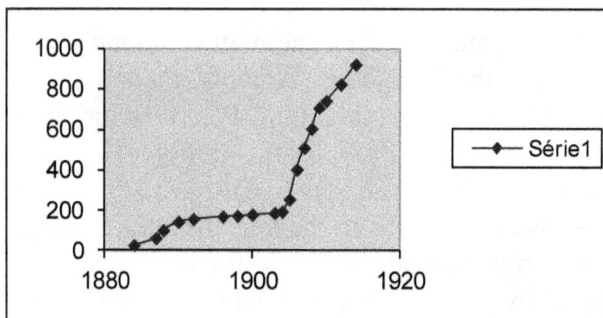

Other interesting data regards the Circolo's rapid process of internationalisation after 1904. While in that year foreign members formed a small minority (about 40 out of 200), by 1908, the year of the ICM in Rome, the members numbered 605 (a three-fold increase over 1904), of which the majority were foreigners; in 1914, out of a total of 924 members, only 306 (33.4%) were Italian, while the other 618 were foreign, of which the largest groups were German and American (140 each), Austrian (77) and French (67). The internationalisation of the Circolo at this point was complete! The internationalisation of the *Rendiconti* went forward hand in hand with that of the Circolo, while its scientific level also rose. Here is further information:

In 1904, Max Noether became a member of the Circolo; in 1905, Felix Klein, Hieronymus Zeuthen, William Osgood, Georg Cantor, Jacob Lüroth,

---

[359] See for example, A. Guerraggio, P. Nastasi, , *Roma 1908: il Congresso internazionale dei matematici*, Boringhieri, Torino, 2008
[360] See Brigaglia, Masotto, 1984, cit.

Oswald Veblen, Darboux, Edmund Landau and Eliakim Hastings Moore; in 1906, Ivar Fredholm, Émile Borel, Maurice Fréchet, David Hilbert, Jacques Hadamard and James Wedderburn; in 1907, Peter Sylow, Pierre Duhem, Kurt Hensel, Henri Lebesgue; in 1908, I ssai Schur, Max Dehn, Ernst Zermelo, Hermann Weyl, Emmy Noether. The Circolo thus presented itself at the 1908 Rome congress (where also Francesco Severi was awarded of the "Medaglia Guccia") as representing not only Italian mathematics, but international mathematics; and not only the most famous mathematicians of the day (the Poincarès, the Hilberts, the Kleins, the Cantors), but also the youngest generation: Veblen was 28 a t the time, and those under 40 included Landau, Borel, Fréchet, Wedderburn (26, still working on hi s doctorate) Lebesgue, Schur, Dehn, Zermelo and Emmy Noether.

The upward trend continued after the congress as well: among others, in 1909, Hurwitz, Harald Bohr and Sierpinski joined; in 1910, Ludwig Bieberbach, R. Courant, Hausdorff, Hardy and William Burnside; in 1911, Coolidge and Friedrich Noether; in 1912, B ertrand Russell and Polya; in 1913, Steinhaus and George David Birkhoff; in 1914, S olomon Lefschetz and Fraenkel.

Going back to the *Rendiconti*, to see the profound change in its organisation, we need only look at the composition of the new editorial board elected in 1909.[361] This time there are fifteen Italians (among whom only one from Palermo), six Germans, five Frenchmen, three Austrians, two each of Englishmen, Americans, Russians, and Swedes, and one Greek, one Belgian and one Dane. The university with the most representatives was Paris. Reading the list of names (given in the note), we have to agree with Guccia: the board was a genuine *Almanach de Gotha* of the mathematics of the period!

Just as impressive is the quality of the works published in the early years of the twentieth century. These range from the great contributions to the theory of relativity, especially by Poincaré ("Sur la dynamique de l'électron", 1906), and Levi-Civita ("Nozione di parallelismo in una varietà

---

[361] The composition of the editorial board in 1909 was: Italians: G. Bagnera (Palermo), M. De Franchis (Catania), C. Segre and C. Somigliana (Torino), G. Loria (Genova), G. Vivanti (Pavia), T. Levi-Civita and F. Severi (Padova), F. Enriques and S. Pincherle (Bologna), E. Bertini, L. Bianchi and U. Dini (Pisa), R. Marcolongo and E. Pascal (Napoli); French: È. Borel, J. Hadamard, G. Humbert, È. Picard e H. Poincaré (Paris); Germany: D. Hilbert, E. Landau e F. Klein (Göttingen), C. Caratheodory (Hannover), M. Noether (Erlangen), P. Stæckel (Karlsruhe); England: A. R. Forsyth (Cambridge) and A. Love (Oxford); Austria: L. Fejer (Koloszovar), F. Mertens and W. Wirtinger (Wien); U.S.A.: E. H. Moore (Chicago) and W. Osgood (Cambridge-Mass); Russia: A. Liapunov and A. Steklov (S. Pietersbourg); Sweden: E. I. Fredholm and G. Mittag-Leffler (Stockholm); Greece: Stéphanos (Athene); Belgium: C. J. de la Vallée Poussin (Louvain); Danemark: H. G. Zeuthen (Copenhagen).

qualunque e co nseguente specificazione geometrica della curvatura riemanniana", 1917) to the controversial but very stimulating papers by Max Abraham ("Zur Elektrodynamik bewegter Körper", 1909 and "Sull'Elettrodinamica di Minkowski", 1910). Those same years saw the publication of well-grounded articles such as the thesis by Maurice Frèchet ("Sur quelques points du C alcul fonctionnel", 1906), a milestone for the development of the study of abstract metric spaces. I could go on, but this is not my purpose here. I will limit myself to citing, from among the large number of articles due to Poincarè, in addition to that just mentioned, two others that are particularly significant. One is the well-known article which contains the famous conjecture that was resolved only a century later ("Cinquième complément à l'analysis situs", 1904); the other his so-called 'testament' ("Sur un théorème de géométrie", 1912).

I believe we can conclude that the founding and development of the Circolo and its *Rendiconti* can be considered an ideal continuation of the spirit of Risorgimento that inspired the founding of the *Annali*. From a national journal oriented towards an international dimension, a bridge to the most advanced research in Europe, we arrive at a great journal that is fully international, a prototype for the most prestigious mathematical journals of the twentieth century. Perhaps one final consideration is needed: while the *Annali* were the fruit of a strategy that involved a homogeneous group of young mathematicians aimed at the creation of high-level Schools of mathematics, the *Rendiconti* are much closer to being the product of the extraordinary activity of a single individual, Giovan Battista Guccia. The man most able to follow and appreciate the line taken by Guccia was Vito Volterra, and it may have been for this very reason that relations between the two were not always easy.[362] But the history of the relationship between the Circolo and the Italian mathematical community of the twentieth century is beyond the scope of this paper.

---

[362] See Brigaglia, Masotto, 1984, cit. and Guerraggio, Nastasi, 2008, cit.

PARTIE III
Études de cas géométriques

Présentation

L'histoire des mathématiques passe selon nous par une étude mêlant intrinsèquement et extrinsèquement texte et contexte sans que l'un prime sur l'autre. Le cinquième chapitre consacré au journal italien *Rivista di Giornali* (1859-1879) est un exemple d'étude intrinsèque où le corpus de textes consacrés à l'émergence des géométries non euclidiennes a été attentivement étudié. Dans notre troisième partie, nous poursuivrons avec la géométrie en proposant deux cas d'études extrinsèques sachant que les éléments de contextualisation ont été essentiellement donnés dans notre première partie. Ces analyses dans le corps de texte sont constitutives du métier d'historien des sciences : apprendre à lire des mémoires d'hier avec les yeux d'hier et non pas d'aujourd'hui. En effet, lire un texte du passé avec un regard construit d'apports *a posteriori* est le principal écueil à éviter. Puissions-nous dans nos études consacrées à des thèmes de géométrie, ne pas avoir péché d'anachronisme.

Ainsi, l'objectif de cette troisième partie est de montrer comment certaines caractéristiques d'un paysage éditorial peuvent être saisies à partir d'une thématique précise, et, réciproquement, comment la prise en compte des différents supports de diffusion informe sur le thème en question. La thématique choisie relève ici de la géométrie mais nous disposons d'autres études relevant d'autres champs des mathématiques. Nous pensons aux travaux de Catherine Goldstein centrés sur la théorie des nombres[363] et à ceux de Jenny Boucard plus particulièrement focalisés sur la théorie des congruences[364]. Nous pensons également à nos travaux en cours autour des probabilités et statistiques dans la presse mathématique au dix-neuvième siècle[365]. Les méthodologies sous-jacentes à ces travaux – relevant du quantitatif (statistiques sur les productions) et du qualitatif (analyse des

---

[363] Voir Goldstein, Catherine, « La théorie des nombres dans les Notes aux Comptes rendus (1870-1914), *Prépublications*, Université Paris-Sud 11, 4ème trimestre 1993 et « Sur la question des méthodes quantitatives en histoire des mathématiques : le cas de la théorie des nombres en France (1870--1914) », *Acta historiae rerum naturalium nec non technicarum*, New series 3, **28** (1999), 187-214.

[364] Voir Boucard, Jenny, *Un « rapprochement curieux de l'algèbre et de la théorie des nombres » : études sur l'utilisation des congruences de 1801 à 1850*, Thèse de doctorat sous la direction de Catherine Goldstein & Pierre Lamandé, université Paris 6, 2011 ainsi que Boucard, Jenny & Verdier, Norbert, « Journaux et congruences dans la première moitié du XIXe siècle », *en préparation*.

[365] Voir Gerini, Christian & Verdier, Norbert, « Les probabilités et les statistiques dans la presse mathématique, au XIXe siècle » (titre non définitif), *Journal Électronique d'Histoire des Probabilités et de la Statistique*, en cours.

181

corps de texte) – permettent de dépasser le cadre étroit qui consisterait à restreindre la production d'une époque à celle d'une élite. En ce sens, l'étude d'un journal avec ses centaines ou ses milliers d'acteurs permet de saisir une image beaucoup plus proche de la réalité d'un temps que celle qu'on dégagerait en se restreignant aux productions de quelques « grands noms » des mathématiques.

Même si les cas étudiés dans la troisième partie font tous partie de la géométrie, nous ne prétendons pas à l'exhaustivité. La géométrie est un vaste sujet d'étude au XIXème siècle. Il suffit, pour s'en convaincre, de consulter les différentes sous-classifications proposées par Gergonne dans ses *Annales* [Chapitre 1]. La géométrie y est déclinée en des dizaines d'items. En ce sens, les deux études proposées ici sont une invitation à en faire d'autres selon le même principe : explorer aussi finement que possible un corpus de textes relativement réduit et relevant d'une thématique donnée.

CHAPTER 7

Annales de Gergonne et *Nouvelles annales de mathématiques*: de la géométrie élémentaire à la géométrie supérieure
Jean DELCOURT

Dans ce texte, nous nous sommes fixés deux buts.

    – Faire une étude comparée, sur le thème de certains contenus en géométrie, d e deux revues, les *Annales de Mathématiques pures et appliquées* - que nous nommerons plus rapidement *Annales de Gergonne* et qui ont paru de 1810 à 1832, et les *Nouvelles annales de Mathématiques*, revue créée en 1842 e n partie pour remplacer celle de Gergonne. Nous étudierons seulement les premières années de ces *Nouvelles annales*, à savoir de 1842 à 1851.

    – Observer le développement de la géométrie dans la première moitié du XIXème siècle, en nous intéressant plus précisément à l'évolution qui conduit de la géométrie élémentaire (celle de Legendre) à la géométrie supérieure (celle de Chasles).

Nous avons choisi pour cela de nous restreindre (mais c'est une limite relative comme nous le verrons) aux articles de ces revues qui concernent les coniques. Notre étude commence par le recensement exhaustif de ces articles, avec une étude de leurs contenus, de leurs auteurs ; nous examinons également comment ces articles se citent et se répondent.

Nous ne nous sommes pas contentés des articles proprement dits, nous avons également dépouillé les énoncés d'exercices et leurs solutions : les *Annales de Gergonne* ou les *Nouvelles annales* sont pour partie destinées aux lycéens et étudiants et à l eurs professeurs, même si une part de leur lectorat est également constituée de mathématiciens « professionnels » et de mathématiciens amateurs.

LES REVUES

Les *Annales de Mathématiques pures et appliquées*, publiées par Joseph Diez Gergonne (Nancy 1771 - Montpellier 1859) est, si l'on se réfère à certains critères, le premier grand journal de mathématiques (cf. Ch. 1). Elles sont entièrement « portées » pendant près de vingt-deux ans par leur fondateur, jeune militaire devenu rapidement professeur de mathématiques au lycée de Nîmes, d'où il lança son journal, puis d'astronomie à l'université de Montpellier où il en poursuivit la publication de 1816 à 1831.

Elles ne survécurent que peu de temps après sa nomination au poste de recteur en cette même ville en 1830.

Ces *Annales* sont donc publiées de 1810 à 1832 et pr écèdent la *Correspondance Mathématique et Physique* de Quetelet (1825-1839) et le *Journal de Crelle*[366] qui commence à paraître en 1826.

Les *Nouvelles annales de Mathématiques*, éditées à partir de 1842 (et jusqu'en 1927) font partie des journaux héritiers des *Annales de Gergonne*, ne serait-ce que par leur titre. Créée par Camille-Christophe Gérono (1799-1891, professeur de mathématiques, auteur et co-auteur de nombreux ouvrages d'enseignement) et Olry Terquem (1782-1862, ancien polytechnicien et bibliothécaire au dépôt d'artillerie de Vincennes), cette revue est sous-titrée « *Journal des candidats aux écoles Polytechnique et Normale* », ce qui lui donne une orientation bien particulière, au moins dans l'intention. C'est plutôt le *Journal de Mathématiques Pures et Appliquées* de Liouville [367] qui revendique nettement l'héritage de Gergonne comme l'a montré Norbert Verdier au chapitre 2.

Néanmoins, dans la mesure où l 'objet de notre comparaison est la géométrie, ce sont les *Nouvelles annales* qui sur ce plan donnent le corpus le plus important, ce qui permet de légitimer notre choix. Nous renvoyons aux chapitres 1 et 2 et aux références [16] et [10-a] de notre bibliographie en fin de chapitre pour des études détaillées du *Journal de Liouville* et des *Annales de Gergonne*. Le contexte géométrique peut être retrouvé dans les historiques de Michel Chasles [6] et [8] ou bi en dans des ouvrages plus généraux comme [9] et [11].

RESULTATS QUANTITATIFS

Les *Annales de Gergonne*: les articles

La période étudiée représente toute la vie de la revue. Sur les vingt-deux volumes parus, nous avons répertorié 152 a rticles sur les coniques, sur un total de 1057. Comme annoncé, ce compte est quasi exhaustif : il concerne également les « Questions posées » ainsi que leurs réponses. Chaque tome annuel compte environ 400 pa ges, mais le nombre des articles est relativement restreint (entre 40 et 60) : cela est dû à l eur longueur moyenne et à la typographie.

---

[366] Dont le titre est *Journal für die reine und angewandte Mathematik*, à savoir *Journal de mathématiques pures et appliquées*.

[367] Liouville semble donc ne pas être rancunier : il a été étrillé de belle manière...« *Je crois devoir m'excuser, vis-à-vis du lecteur, de lui livrer un m émoire aussi maussadement, je puis même dire, aussi inintelligiblement rédigé* » assène Gergonne à la suite d'un mémoire de Liouville sur la théorie de la chaleur : cf. [12] et également [13, p. 20].

Les textes qui nous intéressent se répartissent en : 33 articles contenant des « *Questions proposées* » ; 36 articles intitulés « *Questions résolues* » ou « *Réponses* » ; 83 articles dont 26 dont le titre commence par *Géométrie Analytique*, 12 intitulés *Géométrie des courbes*, 20 avec des titres divers (*géométrie pure, géométrie de la règle, géométrie descriptive, élémentaire, de situation*.., et enfin 5 articles de philosophie mathématique.

On constate que, globalement, un peu moins de la moitié des articles concernant les coniques sont des « Questions proposées » ou leur résolution.

Les *Annales de Gergonne*: les auteurs

On trouve parmi les auteurs les plus prolixes les grands noms de la géométrie de l'époque, et le champion toute catégorie est le rédacteur Gergonne lui-même (17 articles) :

– Bobillier : 8 articles
– Poncelet : 7 articles
– Chasles, ainsi que Bret (professeur à l'université de Grenoble) : 6 articles

Parmi les autres contributeurs : Dandelin (2 articles), Frégier(3), Plücker (3), Steiner (3). Certains articles des auteurs étrangers sont des reprises (partielles) d'articles parus ailleurs (principalement dans le journal de Crelle).

De nombreux articles sont signés par des professeurs (plus de 60), mais fort peu par des élèves (en tout cas répertoriés en tant que tels) ; il y a également 11 articles de militaires (dont ceux de Poncelet) et une dizaine d'auteurs sont présentés comme « ancien élève de polytechnique ».

Les *Nouvelles annales*: les articles

Le recensement se fait sur une période plus courte, de 1842 à 1851, mais la recension donne un nombre d'articles nettement supérieur à ceux des *Annales de Gergonne*. Le nombre de pages est certes plus importants (parfois approchant 600 dans la livraison annuelle) et la typographie est nettement plus resserrée. Enfin, il y beaucoup d'articles fort courts. On atteint ainsi un total de 297 articles sur les coniques en dix années seulement. Les années se ressemblent, à part curieusement l'année 1851 qui ne contient que quatre articles sur les coniques :

1842	1843	1844	1845	1846	1847	1848	1849	1850	1851
26	31	31	41	32	43	36	31	21	5
119	112	130	130	134	134	123	107	133	95

Figure 1. Nombre d'articles sur les coniques dans les *Nouvelles annales* de 1842 à 1851

Au total, il y a donc 297 articles sur 1217, soit un pourcentage de 24%, alors que c'est 16% pour les Annales de Gergonne. Pourquoi cette année 1851 est-elle exceptionnelle ? Elle correspond, ainsi que l'année 1852 à un relatif effacement de Terquem, l'omniprésent rédacteur. À partir de 1855, Terquem publie son bulletin bibliographique ; il meurt en 1862 et est remplacé par Prouhet.

Voici la répartition des articles (en se bornant à ceux qui concernent les coniques) :

1. On décompte 69 « Questions proposées » et 90 « Questions résolues ».
2. On compte 138 Articles : 138, dont la quasi-totalité sous la rubrique « Géométrie Analytique à deux dimensions », deux plus historiques (Mélanges), quelques uns sous la rubriques « Coniques ». A partir de 1850, en effet, le rubriquage des articles se modifie, devient plus complexe et mouvant d'une année sur l'autre.

En comparaison, il y a un peu plus de questions posées et résolues, mais sans que cela soit significatif. La première impression, que les *Annales de Gergonne* sont plus une revue « de fond » que les *Nouvelles annales*, n'est pas concrétisée par cette première comparaison.

Les *Nouvelles annales: les* auteurs

Tous les articles ne sont pas signés (en particulier ceux qui soumettent des questions), et tous les auteurs ne sont pas identifiés. Voici la répartition que l'on obtient :

– Élèves : 86
– Ingénieurs, militaires, divers... : 20
– Professeurs : 54
– Rédacteurs : 62.

La différence avec les *Annales de Gergonne* est cette fois plus marquée : les élèves sont nettement mis à contribution. Ils sont nommés, avec souvent leur établissement, parfois le nom de leur professeur. Nous verrons également qu'ils ne sont pas seulement les auteurs de réponses et que parfois (comme Paul Serret et son collègue-concurrent Mention), ils sont auteurs de vrais articles.

Passons maintenant aux individus :

– Terquem : 54 articles
– Paul Serret : 12 articles
– Mention et Gerono : 8 articles
– Quelques auteurs avec 5, 4 ou 3 articles (Catalan, Breton (de Champ), Lebesgue, Midy.)

Il y a donc deux points à noter : l'omniprésence des rédacteurs et surtout de Terquem (18% des articles, sans prendre en compte les innombrables notes et remarques à la fin des autres articles), le rôle important de certains élèves, l'émiettement des autres contributeurs. Rappelons que les 17 articles de Gergonne représentent 11% du corpus-conique des *Annales de Gergonne*.

LA GEOMETRIE DES CONIQUES DANS LES *ANNALES DE GERGONNE*

Nous allons maintenant entrer un peu plus dans le corps des articles : en faisant une sélection cependant, ce qui est surtout indispensable pour les *Nouvelles annales*. Pour situer le sujet dans son contexte, rappelons les principaux ouvrages de géométrie publiés dans la période étudiée.

Rappels sur les publications dans le thème
Voici la liste des ouvrages parus au moment où débute la publication des *Annales de Gergonne* :

1. Carnot : *Essai sur la théorie des transversales* (1801-1802-1806) ; l'édition de 1806 contient, à la fin, une application à l'hexagone inscrit et circonscrit à un cercle et cite les travaux de Brianchon [3] et [5].
2. Carnot : *Géométrie de position* (1803), [4]
3. Brianchon : *Mémoire sur les surfaces courbes du s econd degré* (1806), [1]

Au cours de leur publication puis au début de la période des *Nouvelles annales* paraissent :

1. Brianchon : *Mémoire sur les lignes du second ordre* (1817) (faisant suite aux recherches publiées dans les journaux de l'École Royale Polytechnique), [2]
2. Poncelet : *Traité des propriétés projectives des figures* (1822) [14]
3. Plücker : *Analytisch-geometrische Entwicklungen* (1828-1831) [13]
4. Steiner : *Systematische Entwicklung der Abhangigkeit geometrischer Gestalten voneinander* (1832),
5. Chasles : *Traité de géométrie supérieure* (1852), [7]

Mis à part Carnot, tous ces auteurs seront contributeurs des revues, et leurs travaux y seront discutés, parfois âprement.

Autour de l'hexagramme de Pascal
Nous allons suivre un premier fil : celui du théorème de Pascal-Brianchon. Rappelons l'énoncé du t héorème de Pascal. Si un hexagone *ABCDEF* est inscrit dans une conique, alors les points de rencontre *P*, *Q* et *R* des droites (*AB*) et (*DE*), (*AF*) et (*CD*), (*EF*) et (*BC*) sont alignés. Le théorème de Brianchon est l'énoncé dual, il concerne un he xagone

circonscrit à une conique. L'article de Brianchon est assez récent quand parait le premier numéro des *Annales de Gergonne*.

On trouve de rapides allusions aux deux théorèmes dans divers articles (une note à la fin d'un article de Servois [AG, 1, p. 332-335]). Nous choisissons comme premier exemple un problème résolu dans le tome III :

> Si à une ellipse on circonscrit un quadrilatère quelconque, le point d'intersection des deux droites qui joindront les points de contact de l'ellipse avec les côtés opposés de ce quadrilatère, coïncidera avec le point d'intersection de ses deux diagonales.

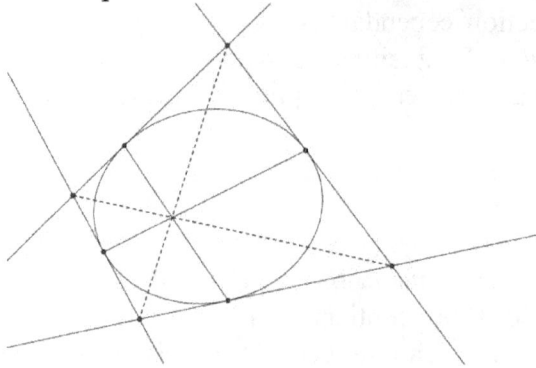

Figure 2. Illustration du théorème de Pascal

Ce problème, d'énoncé très simple, est résolu dans le tome II de quatre façons différentes :

- M. Peschier, inspecteur et professeur de philosophie à Genève traite le cas du cercle, à grand renfort de triangles semblables. Il en déduit le théorème par perspective.
- Rochat, professeur de navigation à Saint-Brieuc utilise une méthode analytique, en le généralisant quelque peu.
- Ferriot, professeur de mathématiques donne une troisième méthode, se ramène, également par perspective, au cas où le quadrilatère est un parallélogramme.
- Enfin, dernière démonstration, par Fornier, élève du lycée de Nîmes : il résout le problème en deux temps trois mouvements, en remarquant que c'est un cas particulier du théorème de Brianchon. Il le généralise également à un quadrilatère circonscrit.

On ne peut s'empêcher de penser que Gergonne procède ici à une mise en scène des différentes solutions proposées, la plus fine étant celle du moins titré...Par ailleurs, Gergonne étant professeur à Nîmes, on peut également imaginer que Fornier est un de ses élèves.

En 1817 (AG, IV p. 78-84), Gergonne propose une démonstration des deux théorèmes. L'article est intitulé « Géométrie de la règle », sous-titre

Application de la théorie des projections à la démonstration des propriétés des hexagones inscrits et circonscrits aux sections coniques ;

Voici le schéma de sa démonstration (Fig. 3). Il commence par énoncer, et démontre en note, le cas particulier que nous appellerons *hexagone circulaire parallèle*. La démonstration repose sur « les éléments » : il utilise des arcs de cercle.

$$BC+CD=EF+FA, \quad FA+AB=CD+DE \Rightarrow AB+BC=DE+EF$$

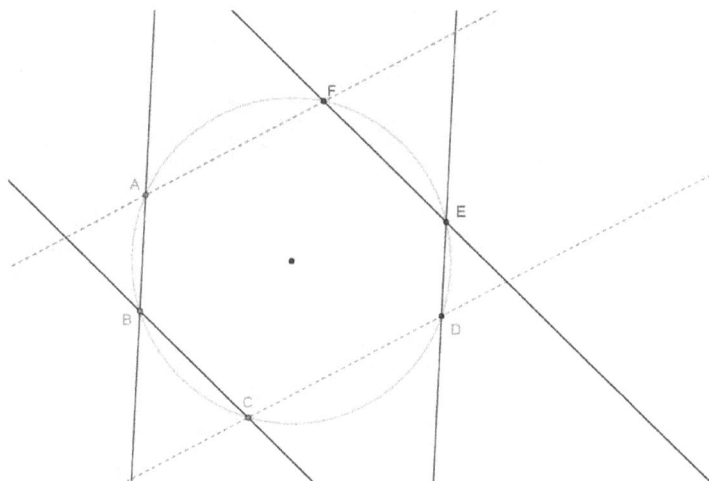

Figure 3. L'hexagone circulaire parallèle

Il déduit dans un premier temps l'énoncé *hexagone ellipse parallèle*, en faisant une projection parallèle. L'ellipse tourne autour de son petit axe, de sorte que sa projection soit un c ercle. Il en déduit ensuite l'*hexagone circulaire*, en faisant cette fois une perspective. Une nouvelle perspective donne l'*hexagone conique*, c'est-à-dire le théorème de Pascal proprement dit.

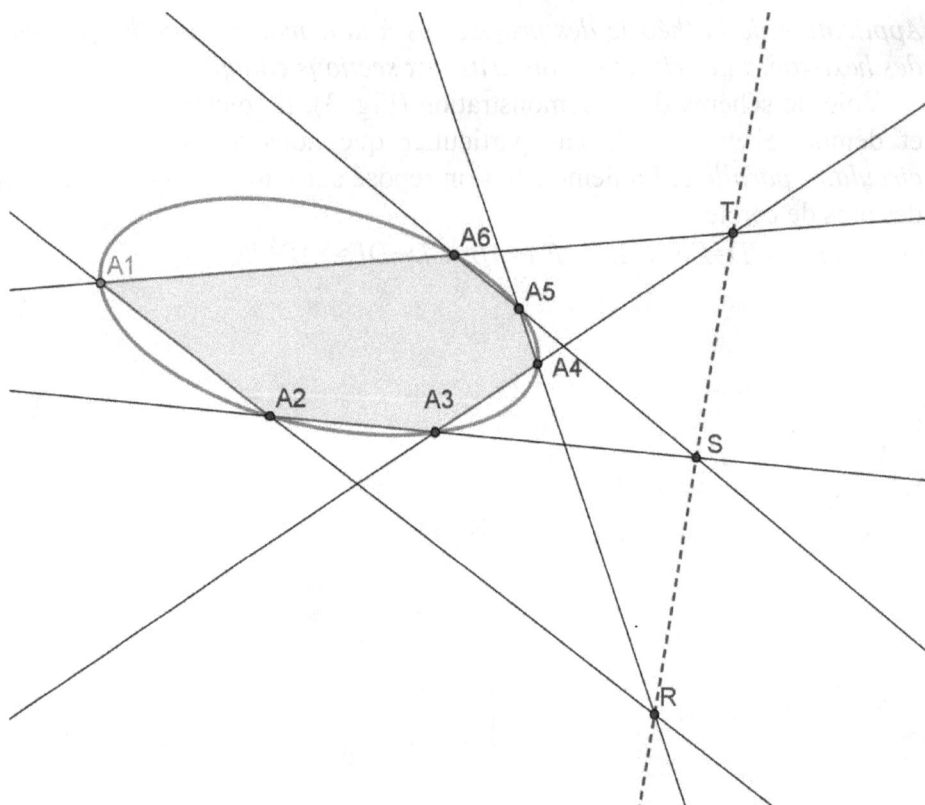

Figure 4. L'hexagone ellipse parallèle

Vient ensuite le théorème de Brianchon en suivant la même démarche, mais avec comme théorème initial : « Si deux des diagonales joignant des sommets opposés d'un hexagone circonscrit au cercle se coupent à son centre, la diagonale joignant les deux autres sommets opposés passera aussi par le centre du cercle »et comme théorème final « Les diagonales qui joignent les sommets opposés de tout hexagone circonscrit à une section conique se coupent au même point.»

Dans le même volume, Gergonne revient sur ce théorème de l'hexagone, en donnant cette fois une démonstration analytique. Cette démonstration utilise un moyen détourné : il part de cinq points sur une conique et suppose l'alignement des points d'intersection des diagonales... reconstruisant l'hexagone. Derrière cette démonstration, il y a le théorème de Chasles-Steiner sur la génération des coniques. Gergonne précise dans une note :

> C'est à dessein que je sous-entends la figure. Un des
> principaux titres de supériorité de l'analyse sur la géométrie est
> que, cette dernière raisonnant sur des figures construites d'une
> manière déterminée, on est souvent en droit de craindre que les

résultats auxquels elle conduit ne dépendent de la nature individuelle de ces figures. Les solutions purement analytiques ne présentent point un pareil inconvénient.

On ne peut s'empêcher d'être sceptique... Il est difficile de suivre la démonstration sans faire soi-même la figure dont l'auteur prétend se passer.

Par la suite, diverses articles reviennent sur la situation, en envisageant, par exemple, une multitude de cas particuliers : sous le titre *Géométrie des courbes*, Coste, officier d'artillerie et ancien élève de l'École polytechnique propose de nombreux théorèmes et lemmes (cas du pentagone, du quadrilatère, de la parabole) et applique la mécanique du théorème a des problèmes de construction (VIII, p. 262-284).

Dans le tome XI, p. 205, Brianchon et Poncelet se mettent à deux pour étudier l'hyperbole équilatère. Ils commencent, par exemple, par déduire le théorème sur l'orthocentre d'un triangle inscrit du théorème de Pascal. Ce théorème est suivi de nombreux autres. Dans une note finale, Gergonne manifeste un léger reproche :

> Quel que soit le mérite de ces diverses recherches ; on ne doit pas désespérer toutefois de parvenir un jour à les faire dépendre comme cas particulier d'un problème unique : celui où il s'agit de décrire une conique qui en touche cinq autres données sur un plan ; problème que nous avons proposé (Tome VIII, p. 284) et qui est peut-être susceptible d'une construction élégante et d'un facile énoncé. C'est ainsi que nous sommes parvenus à faire dériver la solution des dix problèmes de Viète et des quinze problèmes de Fermat sur les contacts des cercles et des sphères de celle du plus difficile d'entre eux (Voir tome IV, p. 349, tom. VII, p. 289, et tome XI, p. 1). J.-D. G.

En 1823, Durrande, professeur de physique à Cahors, revient sur le thème. Le traité de Poncelet vient de paraître, et Durrande se propose de réhabiliter la Géométrie Élémentaire, conçue comme opposée à la géométrie analytique. Il (re)démontre les théorèmes de Pascal-cercle, en déduit Brianchon par polarité. L'article se poursuit en examinant des cas particuliers, des problèmes de construction (style problème de Pappus), et des cas particuliers du théorème de Poncelet (XIV, p. 29-62).

Le feuilleton continue. Gergonne fait quelques concessions :

> Si quelquefois, dans ce recueil nous avons montré une prédilection marquée pour l'emploi de l'analyse algébrique dans les recherches relatives aux propriétés de l'étendue, cette prédilection ne va pourtant pas jusqu'à méconnaître le mérite des recherches de géométrie pure lorsque ces recherches sont élégamment conduites, lorsqu'elles sont dégagées de tout emploi des proportions et du calcul, et sur-tout lorsqu'elles

peuvent être aisément suivies sans qu'il soit nécessaire d'avoir une figure sous les yeux.

Dans l'introduction d'un article de Dandelin (XV p. 387, sous le titre *Géométrie pure* et adapté par Gergonne), on retrouve une nouvelle fois le théorème, mais issu d'un théorème sur un hexagone gauche inscrit dans un hyperboloïde.

Dans le tome XVII (p. 214-252), sous le titre Géométrie de situation, Gergonne annonce :

> Nous observions, il n'y a pas long-temps, qu'au point ou les sciences mathématiques sont aujourd'hui parvenues, et encombrés comme nous le sommes de théorèmes, dont la mémoire la plus intrépide ne saurait même se flatter de conserver les énoncés, on servait peut-être moins utilement la science en cherchant des vérités nouvelles qu'en s'efforçant de ramener à un petit nombre de chefs principaux les vérités déjà découvertes.

Gergonne inaugure alors le style « deux colonnes », en utilisant une courbe du second ordre, tout énoncé peut être transformé par polarité. Et il énonce une « forte »généralisation de Pascal-Brianchon :

> THÉORÈME I Si, parmi les points d'intersection de deux lignes du $(p+q)^{\text{ième}}$ ordre, situées dans un même plan, il s'en trouve $p(p+q)$ appartenant à une seule et même ligne du $p^{\text{ième}}$ ordre, les $q(p+q)$ points restant appartiendront tous à une seule et même ligne du $q^{\text{ième}}$ ordre.

> THÉORÈME II Si parmi les tangentes communes à deux lignes du $(p+q)^{\text{ième}}$ ordre situées dans un même plan, il s'en trouve $p(p+q)$ touchant toutes une seule et même ligne du $p^{\text{ième}}$ ordre, les $q(p+q)$ tangentes communes restantes toucheront toutes une seule et même ligne du $q^{\text{ième}}$ ordre.

Ce théorème s'applique en particulier au cas où les lignes sont des cubiques (dégénérées) formées de trois droites, en prenant $p=2$ et $q=1$. Le (long) article de Gergonne se poursuit avec des surfaces algébriques.

Les « grands » géomètres et les *Annales de Gergonne*

Nous allons considérer, toujours dans le cadre des coniques, l'intervention des « grands» géomètres dans les *Annales de Gergonne* : ce seront, de façon un peu arbitraire, Poncelet, Plücker, Dandelin, Bobillier, Steiner et Chasles.

Commençons par observer qu'elle n'est pas immédiate : Poncelet intervient le premier, en 1817, alors que la revue en est déjà au tome VIII. Son article (p. 1-13) concerne des propriétés angulaires des coniques, il est très banal quant à sa méthodologie (et rectifié un peu plus loin). Dans le même volume (p. 141-155), dans un article de « philosophie mathématique », Poncelet va plaider pour la géométrie pure (versus l'analyse, ou plutôt la méthode des coordonnées). L'exemple qu'il prend est le suivant : il s'agit d'inscrire à une section conique donnée un polygone dont les côtés passent respectivement par des points aussi donnés. Et sa solution repose sur ... l'hexagramme de Pascal. C'est aussi dans cet article qu'il énonce son célèbre problème :

PROBLÈME. Deux sections coniques étant tracées sur un même plan, construire un polygone de tant de côtés qu'on voudra qui soit à la fois inscrit à l'une d'elles et circonscrit à l'autre en ne faisant usage que de la règle seulement.

Gergonne répond, bien sûr, et immédiatement. Sans beaucoup d'aménité :

On ne peut donc que faire des vœux pour que l'auteur, après avoir aussi vivement piqué la curiosité des lecteurs veuille bien enfin la satisfaire complètement, en faisant connaître les théories sur lesquelles reposent ses ingénieuses et élégantes constructions. On doit désirer, en outre, que M. Poncelet ne borne point là ses recherches ; et qu'il pousse aussi avant qu'elles en seront susceptibles des spéculations desquelles il a déjà obtenu un succès aussi remarquable.

C'est le début d'une série d'articles, (VIII, p.201-232, sur la transformation par polaires réciproques, XI, en duo avec Brianchon, XII (p. 109-112), sur le théorème de Newton), dans lesquels Poncelet réaffirme sa prédilection pour la géométrie pure, tandis que Gergonne, souvent par le biais de notes se présente en héros de la géométrie analytique (cf., par exemple, la définition du foyer). Les thèmes sont variés : hyperboles équilatères, famille de coniques passant par quatre points, pôles et polaires, et Poncelet utilise malgré tout beaucoup de géométrie analytique.

Suit à une interruption de 5 ans, et, en 1826, Poncelet envoie à Gergonne une lettre où il exprime ses idées sur la dualité : c'est de la « philosophie mathématique » (XVII, p. 265-272). Gergonne répond de façon un peu ironique : il se targue d'avoir lui-même vraiment mis en avant cette dualité, mieux que Poncelet lui-même. Dans le tome XVIII, p. 125-149, la querelle éclate au grand jour, Poncelet envoie à Gergonne une réclamation ; celui-ci la publie (sous le chapeau « Polémique mathématique »), et il submerge le texte de Poncelet de notes assassines[368]... On ne lira plus guère Poncelet

---

[368] On pourra consulter à ce propos : Christian Gerini [10-b]

dans les colonnes des *Annales de Gergonne* mais on en parlera mlgré tout ainsi, dans le XIXème volume :

> M. Poncelet observe, avec beaucoup de raison (Bulletin des sciences mathématiques, mai 1828, p. 301), que c'est par erreur que M. Bobillier et nous, avons attribué ce théorème à M. Vallès, attendu qu'il se trouve clairement indiqué à la page 215 de notre VIIème volume. Du reste, l'erreur de M. Bobillier sur ce point est fort excusable,[...] et quant à nous, si M. Poncelet veut bien prendre la peine d'ouvrir notre XVème volume, à la page 132, il y verra proposé à démontrer, comme nouveau, un théorème que nous avions nous-même démontré à la page 282 de notre IXème volume , et il ne saurait raisonnablement exiger de nous que nous ayons plus de mémoire de ses œuvres que des nôtres. Puisse-t-il vivre assez long-temps pour apprendre, par sa propre expérience, qu'avec l'âge la mémoire se perd tout aussi bien que les cheveux.

Dandelin apparaît dans le volume XV (p. 387) : c'est une adaptation par Gergonne des fameux résultats du mathématicien belge. Plücker (né en 1801, il séjourne à Paris en 1823) dans le tome XVII (1826, p. 37-59) rédige un article entièrement sur deux colonnes, à la manière de Gergonne. (C'est une suite de problèmes de construction, qui concernent de façon sous-jacente, les faisceaux de coniques. Plücker s'appuie sur le couple Pascal-Brianchon.) Dans le même volume, un autre court article concerne le centre de courbure. Son article du tome XIX (p. 97-106) est plus innovant, il traite de géométrie algébrique (des surfaces).

Terminons par Chasles : c'est dans le tome XVIII (p. 269-320) qu'on trouve un tir groupé de trois articles, le jeune géomètre se réclame de Poncelet et traite entre autres, de système de deux coniques. On trouvera encore trois articles de Chasles dans les tomes suivants. Dans les mêmes années, Steiner est mis à contribution, en trois articles (dans le tome XIX traite de « géométrie de situation »en deux colonnes, et Gergonne exprime, dans une note finale, sa confiance en la sagacité du géomètre.)

Bilan

Les *Annales de Gergonne* sont le lieu d'importantes discussions sur la géométrie. Dans la période de 22 ans où paraît la revue, le rédacteur, par ses propres articles, par les publications qu'il met en avant mais aussi par les nombreuses notes et remarques, il semble organiser la discussion autour de la Géométrie. Les nouvelles approches (géométrie perspective, dualité...) sont très rapidement mises à la disposition du publ ic savant. Tous les géomètres importants sont présents dans sa revue. Si certaines polémiques peuvent paraître stériles, (comme celle qui oppose la géométrie analytique et la géométrie synthétique) elles montrent la richesse d'une période où la géométrie « supérieure »va prendre son essor.

LES CONIQUES DANS LES *NOUVELLES ANNALES*

Terquem et la géométrie analytique

Le premier article de géométrie (I, p. 21) dans les *Nouvelles annales* concerne... les théorèmes de Pascal et Brianchon. Son auteur est C.E. Page, professeur dans une école militaire, et sa méthode est purement analytique. Il étudie l'intersection de deux droites soumises à différentes conditions[369]. Le lieu des points d'intersection est une conique passant par cinq points fixes, il en déduit le théorème de Pascal (ou plutôt sa réciproque), ce qui n'est pas novateur : on trouve des méthodes analogues dans les travaux bien antérieurs de Maclaurin.

Les autres articles de cette première année sont variés : comment trouver les foyers d'une conique à partir de son équation ? Quel est l'ensemble des pôles des tangentes à une conique *A* par rapport à une autre conique *B* ? Cette dernière question est résolue (de manière analytique) par le jeune Hermite (p. 263), alors élève au collège Louis-Le-Grand. le lieu est une conique et Terquem remarque dans une note que le résultat est déjà énoncé par Poncelet, dans les *Annales de Gergonne* (XII, p. 201).

À la fin du pr emier volume, Terquem commence un l ong, très long « feuilleton » : *Relations d'identité et équations fondamentales relatives aux lignes du second degré* (NAM, I, p.489-496)

Cet article est le premier de dix, distillés jusqu'en 1848 : le tome 2 en contient par exemple cinq. La série complète forme une sorte de manuel de géométrie analytique concernant les coniques. Par exemple, le premier article part de l'équation générale d'une conique

$$Ay^2 + Bxy + Cx^2 + Dy + Ex + F = 0$$ et introduit, entre

autres notations, $m = B^2 + 4AC, \mathrm{L} = 2\mathrm{AE} - \mathrm{BDE} + \mathrm{CD}^2 + F(B^2 - 4AC)$ (il faut lire AE^2 au lieu de $2AE$; le formulaire contient d'autres erreurs, qui seront corrigées dans les errata du t ome suivant). Ces deux grandeurs (qui sont des déterminants) servent à discriminer les coniques. Terquem donne également les coordonnées du centre, traite des diamètres conjugués, et ce sans beaucoup de démonstrations. Dans les articles ultérieurs, Terquem donne d'innombrables résultats sur les coniques, retrouvant par des méthodes analytiques des théorèmes connus (le théorème de Newton (NAM

---

[369] Qui font que ces deux droites sont en homographie, pour employer un langage moderne

II, p. 110). Il retrouve la définition monofocale des coniques, introduisant sous le nom de rapport focal ce que nous appelons l'excentricité (NAM II, p. 428).

Le dixième et dernier article commence par : LXXXV Problème. *Étant données l'équation d'une courbe plane algébrique et celle de la conique directrice, trouver l'équation de la polaire réciproque.*

Cette série d'article montre à quel point la géométrie analytique est mise en valeur dans les *Nouvelles annales*, elle constitue une sorte de manuel mis à la disposition des élèves, mais va bien au-delà des programmes officiels. Pour finir avec Terquem, et monter l'efficacité (?) de ses méthodes, voici le titre d'un de ses articles : *SOIXANTE THÉORÈMES sur les coniques inscrites dans un quadrilatère et autant sur les coniques circonscrites à un quadrilatère.*(NAM, IV, p. 384) Cet article est plus intéressant que le suggère son titre : Terquem s'y éloigne de la géométrie analytique est y montre son intérêt pour les méthodes de Poncelet. « Doublant nos richesses et économisant la moitié du travail, cette brillante invention de M. Poncelet, géomètre français, n'est pas admise dans l'enseignement français, dans ce qu'on appelle l'instruction classique » dit-il à propos de la théorie des polaires réciproques.

La géométrie moderne dans les *Nouvelles annales*

Au cours de l'année 1844, la géométrie dite moderne fait son apparition dans les *Nouvelles annales* : un article de Finck (professeur de mathématiques) présente la méthode de Plücker sous le titre « Note sur une méthode nouvelle de géométrie analytique ».

> Notre Descartes, en créant sa géométrie, n'a pas entendu poser des bornes à la science : cependant, dans tous nos traités absolument neufs, je ne vois que sa méthode. [...] Mais déjà le grand Euler, qui n'a touché à rien en vain, a fait un pas de plus : il est vrai que ce n'est qu'un germe. Ce germe est actuellement développé ; j'ai fait connaître un de ses fruits dans le journal de M. Liouville, il y a quelques années. Le développement en question est le nouveau système de géométrie analytique du docteur Plücker, Bonn, 1835.

(NAM, III, p. 147) Finck développe un exemple. Toute conique a une équation de la forme $pq + a^2 = 0$ où p, q, a sont des équations de droites, $p = 0$ et $q = 0$ sont des tangentes, $a = 0$ est la corde de contact.. Si la même conique est aussi représentée par $rs + b^2 = 0$ alors :

$$pq + a^2 = rs + b^2 \Rightarrow pq - rs = (a+b)(a-b) \quad \textbf{(E)}$$

Donc les points vérifiant $p = 0$ et $r = 0$, $p = 0$ et $s = 0$ etc. sont aussi soit sur la droite $a + b = 0$, soit sur $a - b = 0$, qui sont deux droites passant par le point d'intersection de $a = 0$ et $b = 0$. O n retrouve la propriété étudiée précédemment :

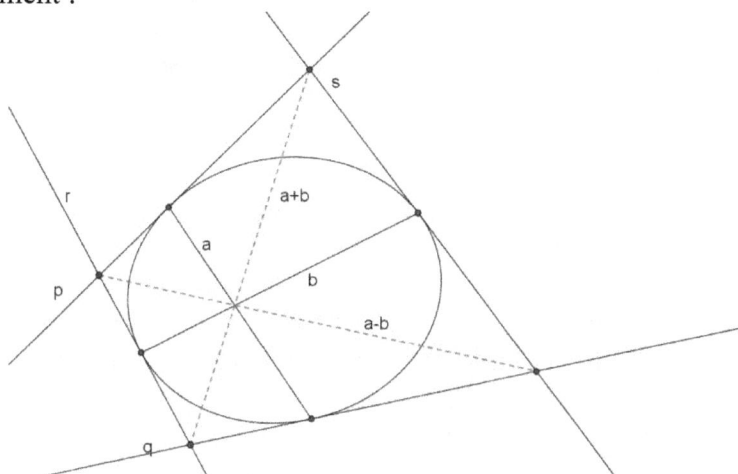

Figure 5. Illustration de la propriété (E) :
$$pq + a^2 = rs + b^2 \Rightarrow pq - rs = (a+b)(a-b)$$

En note, Terquem exprime un certain scepticisme :

> En admettant ce genre d'équations à priori sans démonstration, il me semble qu'on esquive les calculs : on ne les évite pas. Les résultats sont connus d'avance et on s'arrange de manière à les obtenir. Tm. (NAM, II, p. 149).

La discussion entre Finck et Terquem se poursuivra un pe u plus loin (NAM, II, p. 400) : comme Gergonne des années plus tôt, Terquem est ouvert à la modernité, il lui donne la parole, mais continue néanmoins à faire confiance et à promouvoir la bonne vieille méthode analytique.

De même, en 1846, Terquem va présenter des exemples de géométrie projective (mais il in titule ses articles « Théorie analytique de la méthode perspective »). Dans cet article, Terquem reprend un travail de Jacobi, explicite les notions de « corde idéale » de Poncelet et répond à la question : deux coniques étant données dans un plan, peut-on trouver une projection de sorte qu'elles deviennent deux cercles. (NAM, V, p. 419)

Dans, le même tome, Terquem s'intéresse à c e qu'on appelle désormais la théorie des transformations : « Sur les méthodes métamorphiques ». « « Cet océan de théorèmes que nous devons aux doctrines métamorphiques » écrit-il au vol. V, p. 507.

Dernier exemple, en 1848 (NAM, VII, p. 308), dans son feuilleton, Terquem présente la transformation par polaires réciproques, il en indique l'origine historique et l'étudie analytiquement..

Les élèves-auteurs

La place des élèves est très importante, notamment dans les années qui nous occupent. Bien sûr, ce sont surtout eux qui résolvent les problèmes. Leur nom, l'établissement auquel ils appartiennent, parfois leur institution[370] ou leur professeur. Ainsi se créait une émulation propice à la popularité de la revue. Mais les élèves, en tout cas certains d'entre eux, proposent également soit des questions, soit des articles. Considérons par exemple Paul Serret, d'abord lycéen en Avignon, puis élève du lycée Saint-Louis :

- En 1845, il publie deux articles.
- En 1847, i l étudie à nouveau les quadrilatères inscrits dans une conique (sept articles au total).
- En 1848, il obtient le premier prix au concours général, il publie huit articles (sur le problème de Möbius lié à la nature de la conique qui passe par cinq points, sur un pr oblème de Poncelet, etc.). Il entre l'année suivante à l'École normale et continuera par la suite, comme professeur, à collaborer aux *Nouvelles annales*.
- et, en 1852, c'est le célèbre article du très jeune Laguerre qui fait le lien entre les angles de droites et un bi rapport : $[OI, OJ, D, D'] = e^{-2i\theta}$ où $D \cap D' = \{O\}$ et $(D,D') = \theta$.

Une citation de Terquem, datant de 1846, nous montre déjà les qualités que l'on notait chez l' « élève Serret » :

> MM. Cabussi, élève de l'institution Barbet, et Serret, élève très-studieux, fort distingué d'Avignon, et d'autres encore nous ont transmis des solutions qui seront insérées prochainement. Nous saisissons cette occasion pour remercier les élèves de leur utile et instructive collaboration. Le feu sacré de la science brûle pur dans les cœurs jeunes. (NAM, Vol. V, p. 704)

De même, en 1847, S erret est-il encore mis en valeur par le même Terquem :

> Voici enfin un élève [Serret] qui étudie la géométrie du XIXe siècle. (NAM, Vol. VI, p. 46)

CONCLUSION

Contrairement à la revue de Gergonne, les *Nouvelles annales* comptent peu d'articles de géomètres « professionnels », sinon des traductions ou adaptations (par Terquem) d'articles parus à l'étranger. Les *Nouvelles annales* sont, beaucoup plus que les *Annales de Gergonne*, destinées à u n

---

[370] Cours privé et internat dont faisait partie nombre des élèves de lycée préparant les concours.

public d'enseignants et d'élèves. Cependant, de même que Gergonne est un passeur, qui met en valeur les principes et méthodes de la géométrie moderne (tout en apportant son grain de sel), le rédacteur principal des *Nouvelles annales* s'efforce d'initier son public scolaire à ces mêmes méthodes, vingt ans plus tard : la préoccupation de Terquem est constante, à propos de la commission en charge des programmes scolaire il déclare :

> Il faudrait améliorer les modes d'enseignement, et c'est ce qu'on ne fera pas. Tout pour la forme, rien pour le fond, c'est notre devise.

Et ailleurs :

> Encore une Commission polychrome d'organisation. On dit que dans le genre Aphidien les femelles viennent au monde toutes fécondées. De même, chez nous, une Commission naît toujours grosse d'une autre aussi ne voyons-nous que de fausses couches. Je m'assure que si Dieu avait confié la formation des mondes à une Commission, le chaos serait encore à débrouiller. L'immutabilité et l'ordre admirable qu'on rencontre partout sont la preuve la plus irréfragable de l'existence d'une intelligence unique, d'une volonté unique.

Notre étude comparée de ces deux revues nous a permis d'observer de nombreuses similitudes, ne serait-ce que dans les sujets abordés, la façon dont se mêlent des articles d'exposition, de recherche et des « Questions posées » ou « questions résolues ». Le rôle des rédacteurs est également très important et semblable dans les deux revues, tous deux sont des hommes de passion, défendant chèrement leur point de vue (qui n'est pas toujours celui porté par l'innovation). Par contre, les publics visés et les objectifs sont différents : public savant dans le premier cas même s'il comporte nombre d'enseignants, public plus scolaire et universitaire dans le second. Ces deux revues témoignent à leur manière d'une vitalité des mathématiques dans un siècle où l'enseignement secondaire et supérieur prend un essor prodigieux.

REFERENCES

[1] Charles Brianchon. Mémoire sur les surfaces courbes du second degré. *Journal de l'École polytechnique*, 6 :p. 297–411, 1806.
[2] Charles Brianchon. *Mémoire sur les lignes du second ordre*. Bachelier, Paris, 1817.
[3] Lazare Carnot. *De la corrélation des figures en géométrie*. Paris, 1801.
[4] Lazare Carnot. *Géométrie de position*. Paris, 1803.

[5] Lazare Carnot. *Mémoire sur la relation qui existe entre les distances respectives de cinq points quelconques pris dans l'espace, suivi d'un essai sur la théorie des transversales.* Paris, 1806.

[6] Michel Chasles. *Aperçu Historique sur l'origine et le développement des Méthodes en Géométrie.* M.Hayez, Bruxelles, 1837.

[7] Michel Chasles. *Traité de Géométrie Supérieure.* Paris, 1852.

[8] Michel Chasles. *Rapport sur les progrès de la géométrie en France.* Ministère de l'Instruction publique, Paris, 1870.

[9] Julian Lowell Collidge. *A History of geometrical Methods.* Oxford University Press, 1940.

[10-a] Christian Gerini. *Les Annales de Gergonne, apport scientifique et épistémologique dans l'histoire des mathématiques.* Editions du Septentrion, Villeneuve d'Ascq, 2002.

[10-b] Christian Gerini, « Pour un bicentenaire : polémiques et émulation dans *Les Annales de mathématiques pures et appliquées* de Gergonne, premier grand journal de l'histoire des mathématiques (1810-1832) », in : *Circulation, Transmission, Héritage, Actes du 18è colloque inter-IREM Histoire et épistémologie des mathématiques, mai 2010* (Commision Inter-IREM, ed.), Editions de l'IREM de Basse Normandie – université de Caen, Caen, 2011, p. 241-254.

[11] Morris Kline. *Mathematical Thought from Ancient to Modern Times.* Oxford University Press, 1972.

[12] Joseph Liouville. Mémoire sur la théorie analytique de la chaleur. *Annales de mathématiques pures et appliquées*, 21 : p. 133-181, 1830

[12] Jesper Lützen. *Joseph Liouville, 1809-1882, Master of Pure and Applied Mathematics.* Springer, 1990.

[13] Julius Plücker. Note sur une théorie générale et nouvelle des surfaces courbes. *Journal für die reine und angewandte Mathematik*, 9 :124–134, 1831.

[14] Joseph-Victor Poncelet. *Traité des propriétés projectives des figures.* Bachelier, Paris, 1822.

[15] Norbert Verdier. *Le Journal de Liouville et la presse de son temps : une entreprise d'édition et de circulation des mathématiques au XIXe siècle (1824-1885).* Université Paris-Sud, 2009.

CHAPTER 8

La circulation des savoirs dans les journaux et les publications périodiques à la fin du XIXe siècle. Le cas de la nouvelle géométrie du triangle.

Pauline ROMERA-LEBRET

Ce chapitre a pour objet l'étude de la circulation des savoirs dans les journaux et les publications mathématiques intermédiaires à la fin du XIXe siècle, à t ravers le prisme de la nouvelle géométrie du triangle. Cette nouvelle théorie, ainsi qu'elle est nommée par Vigarié [1887a, p.35] ou encore Lemoine [1885b, p. 43], connaît un développement rapide et efficace grâce à ces revues à partir de 1873. Devenu un nouveau chapitre de géométrie, elle apparaît, à partir des années 1880, da ns des ouvrages scolaires français et irlandais destinés à la fin de l'enseignement secondaire[371].

Dans une première partie nous problématiserons notre propos en proposant une historisation de la définition de la nouvelle géométrie du triangle, et en évoquant les conséquences épistémologiques que cela induit.

Dans un de uxième temps, l'analyse historiographique d'un nombre limité d'articles fondamentaux nous permettra d'expliciter l'évolution de la définition du point de Lemoine ainsi que la mise à jour du lien géométrique et analytique qui relie le point de Lemoine et les points de Brocard dons nous donnerons les définitions plus loin (§ « problématisation »).

L'objectif de cette analyse, présenté dans la troisième partie, est de pointer les problèmes rencontrés par les auteurs au niveau de la circulation des connaissances et de présenter les moyens mis en œuvre pour y remédier.

---

[371] Dans un premier temps, seuls certains objets remarquables de la nouvelle géométrie du triangle sont utilisés dans le cadre de l'enseignement de la géométrie analytique comme dans [Koehler 1886]. Dans un deuxième temps, la nouvelle géométrie du triangle est intégrée dans des manuels de géométrie en tant que théorie propre, exposée dans un chapitre ou une partie indépendante comme dans [Casey 1888], [Rouché et De Comberousse 1891] ou encore l'ouvrage du Frère Gabriel-Marie (F.G.-M.) publié en 1896 et réimprimé en 1991 [F.G.-M 1991]. Derrière le sigle F.G.-M. se trouve le Frère Gabriel-Marie, de l'Institut des Frères des Écoles Chrétiennes. Comme la coutume le veut, les nombreux manuels scolaires rédigés par F.G.-M. paraîtront sous les initiales du Frère Supérieur de l'époque, c'est-à-dire le Frère Irlide (F. I.-C.) puis le Frère Joseph (F. J.). Lorsque F.G.-M. deviendra le Frère Supérieur, en 1897, ses nouveaux ouvrages et les nouvelles éditions de ces ouvrages antérieurs, comme la réimpression de 1991 que nous avons utilisée, seront enfin publiés sous ses initiales.

Enfin, nous examinerons les modalités de fonctionnement de cette communauté d'auteurs qui passent par les congrès de l'Association Française pour l'Avancement des Sciences (A.F.A.S.) et par l'implication multiple des auteurs des recherches dans ces revues mathématiques intermédiaires. Ces revues sont ainsi qualifiées en référence au niveau mathématique des articles qu'elles contiennent comme au public auxquelles elles sont destinées et en complémentarité aux publications académiques tels que les *Comptes-Rendus de l'Académie des Sciences* (1835) ou encore le *Bulletin de la Société Mathématique de France* (1873). Pour schématiser, ces nouvelles revues s'occupent « de la partie supérieure des mathématiques élémentaires et de la partie élémentaire des mathématiques supérieures » [Godeaux 1943, p. 27]. Elles sont donc destinées aux élèves de la classe de mathématiques élémentaires, dernière année de l'enseignement secondaire qui prépare au baccalauréat, ainsi qu'à la classe de mathématiques spéciales, qui prépare au concours d'entrée aux Grandes Écoles[372].

PROBLEMATISATION

À partir de 1873, les français Émile Lemoine (1840-1912) et Henri Brocard (1845-1922), tous deux anciens élèves de l'École polytechnique, étudient de nouvelles propriétés du triangle. La recherche mathématique n'est en aucun cas leur activité principale puisque Lemoine est ingénieur civil alors que Brocard est météorologue dans l'armée. Lemoine et Brocard mettent à jour, chacun de leur côté, de nouveaux points et de nouvelles droites remarquables. Plus de la moitié des travaux[373] est produit pas une communauté d'une dizaine d'auteurs parmi lesquels on peut citer, outre les protagonistes déjà présentés, Longchamps et Neuberg, professeurs dans l'enseignement secondaire respectivement en France et en Belgique, D'Ocagne, alors étudiant à l'École polytechnique, ou encore Vigarié, alors élève à l'École des Mines.

L'ensemble combiné de leurs découvertes prend le nom de « nouvelle géométrie du triangle » ou plus simplement « géométrie du triangle ». Les contenus de cette théorie, avant d'être fixés en tant que nouveau chapitre de géométrie, sont circonscrits par quatre bibliographies[374] rédigées entre 1885 et 1905 par les auteurs des recherches eux-mêmes. L'évolution des

---

[372] Pour plus de précision sur le rôle et le fonctionnement de ces classes préparatoires, on peut consulter [Belhoste 2001] ou encore [Belhoste 2002].

[373] Sept cent articles sont référencés dans la bibliographie de la nouvelle géométrie du triangle.

[374] Les quatre bibliographies, [Lemoine 1885b], [Vigarié 1889b], [Vigarié 1895] et [Brocard 1906], sont présentées lors des Congrès de l'A.F.A.S.

orientations que prennent les recherches sur la géométrie du triangle pousse les auteurs de ces bibliographies à compléter celles établies précédemment et font donc de ces quatre catalogues un objet historique à interroger.

Aperçu mathématique et historique succinct

Dans les années 1870, l es premiers travaux identifiés dans la bibliographie portent sur de nouveaux objets remarquables du triangle dont les plus connus sont le point de Lemoine et les points de Brocard. Si nous reprenons les définitions premières [Lemoine 1873a], le point de Lemoine (K) est l'intersection des trois symédiane du triangle de référence ABC (fig. 1). Une symédiane étant le lieu des milieux des antiparallèles[375] au côté opposé (fig. 2). Les points de Brocard (O et O') sont les points desquels les angles OAB, OBC, OCA d'une part et O'AC O'CB, O'BA d'autre part sont égaux [Brocard 1877]. L'angle commun (α) prend le nom d'angle de Brocard (fig. 3)[376].

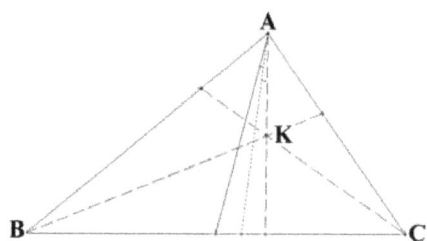

Figure 1

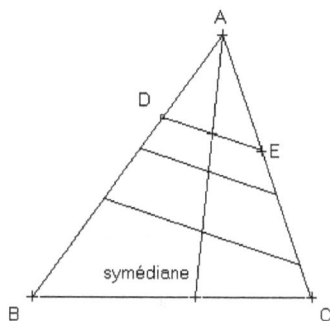

Figure 2

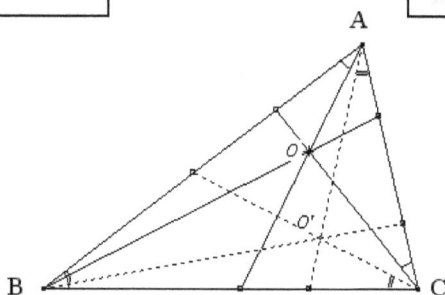

Figure 3

---

[375] Considérons un triangle ABC dont les côtés AB et AC sont coupés par la droite DE. Si le quadrilatère BCED est inscriptible à un cercle alors la droite DE est une antiparallèle à BC par rapport aux côtés de l'angle BAC.

[376] Des cercles et droites remarquables appartiennent aussi au corpus d'objets de la nouvelle géométrie du triangle. Voir [Romera-Lebret 2011c].

Les points de Lemoine et Brocard apparaissent de façon ponctuelle, sous d'autres appellations, dans des travaux allemands et français antérieurs à 1873. Comme le rappelle Lemoine [1885b], Lhuilier, Gauss, Grebe, Hossard, Catalan, Schlömilch et Mathieu ont rencontré à l'occasion de divers travaux le point dont la somme des carrés des distances aux trois côtés d'un triangle est minimum, point qui est confondu avec le point de Lemoine. Le travail de Grebe est celui qui se rapproche le plus de celui de Lemoine puisqu'il est question de transformation (homothétie) entre le triangle de référence et un triangle annexe construit autour du point de Lemoine. Ce dernier indique que « c'est à ce propos que les géomètres allemands ont quelquefois appelé point de Grebe le point [de Lemoine] » [Lemoine 1885b, p. 45]. Concernant l'angle de Brocard, il vérifie des relations trigonométriques particulières dont cot α = cot A + cot B + cot C. Vigarié, dans son « Esquisse historique sur la marche et le développement de la géométrie du triangle » [1889b], énumère les géomètres ayant rencontré les points de Brocard grâce aux relations trigonométriques particulières qu'ils vérifient : Grünert (1833), Nagel (1836), Stubbs (1846), Clarke (1849), Marqfoy (1851), Reuschle (1853), Emsmann (1854), Wiegand (1854), Helwig (1855)...

Jacobi (1834), dans la traduction allemande de la géométrie de J. H. Van Swinden (Grundbeginsel der Meetkunde, Groningue, 1833), donna les mêmes expressions et aussi plusieurs propriétés se rapportant aux points de Brocard. [Vigarié 1889b, p. 119]

La différence entre ces travaux et les recherchent qui voient le jour à partir de 1873 réside dans leur caractère isolé et ponctuel, ainsi que dans l'absence de vision globale.

Historisation de la définition de la nouvelle géométrie du triangle

L'évolution de la définition de la nouvelle géométrie du triangle reflète non seulement celle des contenus mais aussi, et surtout, celle de la perception que les chercheurs de cette période ont de l'objet « nouvelle géométrie du triangle ».

À partir de la fin des années 1880, les auteurs utilisent les expressions « nouvelle géométrie du triangle » et « géométrie du triangle ». Cette période correspond au moment où les chercheurs rendent ces résultats cohérents grâce au développement d'une géométrie des correspondances, s'appuyant sur l'utilisation des coordonnées trilinéaires[377], qui relie entre

---

[377] L'expression « coordonnées trilinéaires » est un terme générique qui regroupe les coordonnées normales ainsi que les coordonnées barycentriques. Les coordonnées normales d'un point M sont définies par les longueurs *(x,y,z)* des perpendiculaires abaissées à partir de M sur les côtés du triangle de référence. Quant aux coordonnées barycentriques (α, β, γ), elles correspondent aux aires des triangles BMC, CMA et AMB. On différencie les

eux les différents points et droites remarquables. Ces méthodes nouvelles empruntent la vision de la géométrie des transformations, qui foisonne au XIXe siècle, où l es propriétés des liens entres les objets sont plus importantes que les propriétés des objets eux-mêmes. Dans un premier temps, les auteurs utilisent des correspondances préexistantes, comme la théorie des conjugués isogonaux[378]. La symédiane et la médiane issues du même sommet sont des droites isogonales par rapport à l'angle du triangle dont elles sont originaires. Par extension, le centre du c ercle circonscrit au triangle et le point de Lemoine sont donc des conjugués isogonaux, comme le sont aussi les deux points de Brocard. Dans un second temps, les auteurs développent de nouvelles correspondances à partir de cas particuliers. Partant du f ait que les points de Brocard peuvent être déduit du poi nt de Lemoine d'une manière géométrique aussi bien que d'une manière analytique [Lemoine 1885a], Lemoine généralise le procédé et définit les points « brocardiens ». Les points de Brocard sont alors les points « brocardiens » du poi nt de Lemoine, mais ce n'est qu'un exemple de triplets de cette correspondance.

Ainsi, à partir des années 1880 l 'expression « nouvelle géométrie du triangle » ne désigne plus seulement les nouveaux objets remarquables du triangle, mais elle inclut désormais des méthodes géométriques récentes développées pour l'étude et la classification de ces objets. Pourtant, cette nouvelle théorie est considérée comme de la géométrie élémentaire. Catalan, professeur d'analyse à l'Université de Liège et membre de l'Académie royale de Belgique, en sa qualité de rédacteur de la *Nouvelle Correspondance Mathématique*, s'étonne que le sujet d'agrégation de 1873 utilise, bien que sans le nommer, les propriétés du poi nt de Lemoine[379]. Selon lui la place d'un tel sujet serait plutôt dans « une composition en Mathématiques élémentaires » [Catalan 1874, p. 53]. Enfin, la disciplinarisation de la nouvelle géométrie du triangle est tangible par son apparition, en tant que chapitre, dans des manuels scolaires de géométrie élémentaire[380].

---

coordonnées barycentriques absolues (ce sont les aires qui sont considérées) des coordonnées barycentriques relatives (ce sont des grandeurs proportionnelles aux aires qui sont considérées).

[378] L'inversion isogonale est basée sur la théorie des points et droites isogonaux. Deux droites issues du même sommet d'un triangle sont isogonales si elles font le même angle avec la bissectrice de cet angle. Par extension deux groupes de trois droites concourantes isogonales deux à deux définissent des points isogonaux.

[379] Cette note de Catalan fait suite à un article de Joseph Neuberg dans lequel il propose une correction de ce sujet d'agrégation.

[380] À partir de 1880 une vingtaine d'ouvrages en France mais aussi dans le reste de l'Europe intègrent ponctuellement ou da ns une partie indépendante des éléments de nouvelle géométrie. Parmi ces derniers citons [Casey 1888], [Longchamps 1893], [Rouché

Trois périodes induites par l'historisation

L'historisation de la nouvelle géométrie du triangle permet de dégager trois périodes principales dans la constitution de ce nouveau savoir : les premières années correspondent à l'époque des recherches indépendantes. Il vient ensuite l'époque de la confrontation des résultats durant laquelle la circulation des connaissances et la reprise de résultats antérieurs permettent de développer de nouveaux outils géométriques. Enfin, les auteurs rendent les résultats cohérents en reliant les différents points et droites remarquables grâce à l a géométrie des correspondances. La synthèse de cette mise en cohérence est établie par plusieurs articles de compilations, les principaux étant rédigés par Longchamps [1886] et Vigarié [1887a, 1888, 1889a]. Nous avons choisi de définir ces trois périodes par la tendance globale de la recherche qu'elles portent plutôt que d'expliciter des bornes chronologiques précises qui lisseraient la réalité.

MISE EN PLACE ET DESCRIPTION DU CORPUS

Notre corpus se résume ici à seize articles publiés entre 1873 et 1889 par huit auteurs. Ces mémoires nous permettront de suivre l'évolution de la définition du poi nt de Lemoine grâce à une ancienne théorie : l'inversion isogonale, parfois aussi appelée conjugaison des points réciproques. La définition du point de Lemoine a d'abord consisté à dire qu'il était le centre des médianes antiparallèles [Lemoine 1873a]. La définition définitive le présente comme le point inverse du centre du cercle circonscrit au triangle de référence [Longchamps 1886]. Cette première évolution conceptuelle croise celle du lien d'abord géométrique puis analytique qui unit le point de Lemoine et les points de Brocard ainsi que la mise en œuvre de la généralisation des travaux.

Afin d'appuyer notre propos, nous utilisons la pluralité des appellations dédiées au point de Lemoine ainsi qu'aux points inverses tout en mettant entre parenthèse l'expression consacrée afin de faciliter la compréhension de la description factuelle qui suit.

L'époque des recherches indépendantes

L'époque des recherches indépendantes débute en 1873 a vec la conférence donnée par Lemoine au deuxième congrès de l'Association Française pour l'Avancement des Sciences (A.F.A.S.), qui se tient cette année-là à Lyon. Dans cette conférence et dans l'article qui en est tiré

---

et Comberousse 1891] et [F.G.-M.1991]. Pour plus de détails sur ce sujet on pourra consulter [Romera-Lebret 2009].

[Lemoine 1873a], l'auteur propose une étude du c entre des médianes antiparallèles (le futur point de Lemoine) et en donne les principales propriétés.

Quatre ans plus tard, Brocard présente une étude sur les points segmentaires (points de Brocard) dans la *Nouvelle Correspondance Mathématique* [Brocard 1877].

En 1880, M aurice D'Ocagne, alors étudiant à l'École polytechnique, publie un a rticle [D'Ocagne 1880] dans le *Journal de Mathématiques Élémentaires* dans lequel il étudie l'intersection des droites symétriques aux médianes par rapport aux bissectrices d'un triangle. De façon évidente, les droites considérées sont les médianes antiparallèles et leur intersection est le point de Lemoine mais pour autant, l'auteur ne fait pas référence au travail de Lemoine.

En 1883, da ns un écrit publié dans un autre journal, les *Nouvelles Annales de Mathématiques* [D'Ocagne 1883], il propose l'appellation « symédiane » pour remplacer celle de « médiane antiparallèle », cette dénomination rappelant la symétrie de cette droite particulière avec la médiane. Lemoine fait alors parvenir à ce j eune auteur encore étudiant ses premiers mémoires [Lemoine 1873a et 1874], travaux que ce dernier présentera en 1884 d ans les *Nouvelles Annales de Mathématiques*. D'Ocagne explique qu'il croit « être agréable aux lecteurs des *Nouvelles Annales* en leur faisant connaître les élégants théorèmes de M. Lemoine, antérieurs [à ses] recherches personnelles » [D'Ocagne 1884, p. 26] alors même que Lemoine avait présenté ses travaux dans les pages de cette revue en 1873 [Lemoine 1873b].

L'époque de la confrontation

Lors de la deuxième période, le temps de la confrontation, Neuberg publie un article dans le nouvellement créé *Mathesis* dans lequel il propose non seulement de nombreuses appellations mais où i l fait surtout la connexion entre les points de Lemoine et Brocard : le point de Lemoine se situe sur le cercle de Brocard[381]. Cette information est reprise par un certain Morel en 1883 dans un a utre journal, le *Journal de Mathématiques Élémentaires*. Il se propose « de faire connaître [aux] lecteurs quelques-unes des intéressantes propriétés qui ont été exposées par M. Brocard, capitaine de Génie, dans la *Nouvelle Correspondance* d'abord, puis dans Mathesis. » [Morel 1883, p. 10]. Dans l'étude détaillée du cercle de Brocard qu'il

---

[381] Le cercle de Brocard passe par les deux points de Brocard, par les sommets des triangles isocèles ayant un des côtés du triangle ABC comme base et α comme angle à la base, mais il passe aussi par c, le centre du cercle circonscrit à ABC et par le point de Lemoine K. Le centre du cercle de Brocard est le milieu de [cK].

présente, Morel insert une étude du point de Lemoine. De plus, Morel insert la première référence aux travaux de 1865 du capitaine Mathieu sur l'idée d'une « géométrie comparée », qui préfigure ce que pourra devenir la géométrie des correspondances. Dans ce mémoire, rédigé vingt ans avant les travaux qui nous intéressent, l'auteur introduit l'inversion trilinéaire (inversion isogonale) et propose l'appellation de « points inverses » pour les points qui en découlent.

La théorie des points réciproques (points inverses) est de nouveau utilisée par Brocard dans un article publié dans le *Journal de Mathématiques Élémentaires* [Brocard 1883]. Il liste des paires de points réciproques remarquables : le point de Grebe (Lemoine) et le centre du cercle circonscrit par exemple. Lors du congrès 1883 de l'A.F.A.S qui se tient à Rouen, Lemoine lit une conférence rédigée par Brocard, tenu éloigné par son activité de militaire (il est alors en poste à Montpellier), dans laquelle il change d'expression et utilise « points arguésiens », en référence à l'appellation de Neuberg [1881]. En 1885, dans la *Nouvelle Correspondance Mathématique*, Lemoine propose une généralisation de son précédent travail à l'aide des points inverses et fait référence au travail de Mathieu.

Ainsi, à partir de 1883 certains auteurs font le lien entre les travaux de la nouvelle géométrie du triangle et ceux, de 20 ans antérieurs[382], de Mathieu. Mais ce n'est pas le cas de tous les auteurs puisque dans le même journal, D'Ocagne utilise l'inversion isogonale sans s'y référer entraînant alors une lettre de Matthieu à l'intention de la rédaction afin de porter à la connaissance de tous, et en particulier de ce jeune étudiant, son mémoire de 1865.

L'époque de la mise en cohérence

La mise en cohérence des résultats est par exemple exprimée avec la mise au point par Lemoine d'une correspondance géométrique qui unit les points de Lemoine et Brocard : les points « brocardiens » [Lemoine 1885]. Dans cet article publié dans les *Nouvelles Annales de Mathématiques*, Lemoine présente le cercle de Brocard comme le cas particulier d'une conique définie autour d'un certain point K lorsque K est le point de Lemoine[383].

À ce stade du développement de la nouvelle géométrie du triangle en tant que théorie propre, quelques auteurs, principalement Longchamps et

---

[382] Précisons que le mathématicien allemand Magnus présente en 1932 un article fondamental sur les méthodes de transformations, article repris par les auteurs de la nouvelle géométrie du triangle en même temps que les travaux de Mathieu.
[383] Pour plus de détails sur les points « brocardiens », voir [Romera-Lebret 2011a].

Vigarié, rédigent des compilations. La nouvelle géométrie du triangle est alors organisée à p artir de la géométrie des correspondances et des coordonnées trilinéaires, en particulier à partir de l'inversion isogonale. Les points et droites remarquables étudiées lors de l'époque des recherches indépendantes ne sont plus présentés que comme des exemples de ces correspondances. Le point de Lemoine est ainsi présenté dans un contexte plus général. Longchamps [1886] le définit comme un e xemple de points inverse remarquables et ceux-ci sont présentés eux-mêmes comme des points réciproques particuliers, en l'occurrence d'ordre 2 [Longchamps 1886]. Il existe une petite variante chez Vigarié [1887-1889] puisqu'il définit d'abord les points inverses, puis les points réciproques d'ordre quelconque, puis les points réciproques d'ordre particulier avant de conclure par l'analogie entre les points inverses et les points réciproques d'ordre 2.

Recherches indépendantes	Lemoine, *A.F.A.S.*, 1873a, 1874, *N.A.M.* 1873b. **Point de Lemoine = Centre des médianes antiparallèles.**
	Brocard, *N.C.M.*, 1877. **Points de Brocard (points segmentaires).**
	D'Ocagne, *J.E.*, 1880. **Intersection des droites symétriques des médianes.**
	D'Ocagne, *M.*, 1883 **Appellation *symédiane* (rappelle la symétrie avec la médiane).**
	D'Ocagne, *N.A.M.*, 1884. **Présente les travaux de Lemoine.**
Confrontation	Neuberg, *M.*, 1881. **Rapprochement des travaux de Brocard et Lemoine.** Point de Lemoine sur le cercle de Brocard. Appellation « points de Brocard ».
	Morel, *J.E*, 1883. **Étude détaillée du cercle de Brocard.** Intègre l'étude du point de Lemoine.
	Brocard, *J.E.*, 1883. **Utilisation des points réciproques dans une démonstration. Exemples de points réciproques. Point de Grebe. Référence au mémoire de Mathieu (1865).** → Brocard, *A.F.A.S.*, 1883. **Reprend travail *J.E.* Utilise « points arguésiens » en référence à Neuberg Références aux travaux de Lemoine (A.F.A.S. 1873 1874).**
	Lemoine, *N.A.M.*, 1885. **Généralisation à l'aide des points inverses.** **Référence aux travaux de Mathieu (1865).**
	D'Ocagne, *N.A.M.*, 1885. **Conjugaison isogonale. Référence à Lemoine.** ← **Lettre de Mathieu.**
Mise en cohérence	Longchamps, *J.E.*, 1886. « Généralités sur la géométrie du triangle ». **Généralisation : points inverses = points réciproques d'ordre 2.**
	Vigarié, 1887-1889, *J.E.* « Étude bibliographique et historique ». **Points inverses définis d'abord puis analogie avec les points réciproques d'ordre 2.**

Tableau 1 – Schématisation des faits

ANALYSE DE LA CIRCULATION DES CONNAISSANCES

L'analyse de ces faits, schématisés par le tableau 1, nous révèlent le cheminement de la résolution de deux problèmes : le problème de la multiplicité des appellations et celui des lacunes des références bibliographiques.

Le problème de la multiplicité des appellations

Le premier problème soulevé est la multiplicité des appellations utilisées par les auteurs pour un même objet. Les points inverses sont parfois appelés points réciproques, points arguésiens ou e ncore points correspondants ; le point de Lemoine est aussi appelé point de Grebe. Comme l'explique Vigarié, les causes sont la simultanéité des travaux à p artir de 1873 ainsi que l'ignorance, dans les premiers temps, des travaux de Mathieu et Magnus, privant les auteurs d'un socle historique commun :

> « Les recherches des géomètres qui se sont occupés du triangle, ayant été faites le plus souvent simultanément, ou sans connaître les travaux antérieurs, il en est résulté plusieurs noms pour désigner le même point ou la même ligne, et quelquefois le même terme a désigné des éléments entièrement différents : d'où la confusion ou l'ambiguïté. » [Vigarié 1887a, p. 36]

Il est donc nécessaire de mettre en place une terminologie commune destinée « à tous ceux qui veulent écrire sur [la nouvelle géométrie du triangle] ou seulement la comprendre » [De Longchamps 1887a, p. 35]. Dans l'introduction au travail de compilation de Vigarié, Longchamps souligne même l'urgence d'une telle entreprise :

> « Il n'y a pas lieu d'être surpris de la confusion qui règne dans le langage de la nouvelle Géométrie ; cette confusion des termes était, malheureusement, inévitable dans une science créée par des auteurs si nombreux, écrivant en des lieux si divers. Mais, c'est le devoir de ceux qui s'y intéressent de proposer, pendant qu'il en est temps encore, les meilleures réformes pour dissiper ou, tout au moins, diminuer l'obscurité et l'ambiguïté de certaines expressions. » [Longchamps 1887b, p. 18]

La comparaison des différentes approches des auteurs des mémoires originaux permet aux rédacteurs des articles de compilation de fixer cette terminologie commune ainsi que les définitions. Les liens entre les objets sont alors particulièrement mis en avant. Vigarié justifie sa démarche en introduction de son mémoire :

> « Nous avons essayé de trouver parmi les différents termes proposés pour un même point ou pour une même ligne, celui qu'il serait préférable d'employer, en conservant un nom particulier aux éléments remarquables et en donnant à ceux qui en dérivent des noms rappelant

leur liaison avec les précédents. Pour arriver à ce but, nous nous sommes reportés aux mémoires originaux et nous avons consulté MM. Brocard, Lemoine, de Longchamps, Neuberg, qui ont particulièrement attaché leur nom à cette nouvelle théorie, et dont la part dans le succès de la géométrie du triangle est si grande. Autant que possible, devant des avis quelquefois différents, nous avons adopté le mot qui paraissait le plus généralement proposé. » [Vigarié 1887a, pp. 36-37]

La réponse à ce problème consiste donc pour les auteurs à compiler et à organiser les connaissances provenant des recherches effectuées pendant la période des travaux indépendants, travail réalisé dans cinq articles de compilation. Longchamps [1886] publie dans le *Journal de Mathématiques Élémentaires* des « généralités sur la géométrie du triangle » qui abordent les points réciproques et les potentiels d'ordre p. La même année, au quinzième Congrès de l'A.F.A.S., Lemoine [1886] donne une conférence sur des « questions diverses sur la géométrie du triangle». Dans un premier temps, il présente deux modes de correspondances particulières, les droites « brocardiennes » et les points associés, qu'il applique ensuite à l'étude des droites et points remarquables du triangle. Même s'il ne les a pas présentés de façon explicite, Lemoine utilise les autres modes de correspondances mis à jour par la nouvelle géométrie du triangle, comme les points inverses par exemple. L'année suivante, toujours au Congrès de l'A.F.A.S., Lemoine poursuit son travail de 1886 [Lemoine 1887]. En 1887 Vigarié publie deux articles de ce type : la première partie de son « étude bibliographique et terminologique » de la géométrie du triangle dans le *Journal de Mathématiques Spéciales* [Vigarié 1887a] et son « premier inventaire de la géométrie du triangle » au *Compte rendu des séances des sessions de l'A.F.A.S.* [Vigarié 1887b]. Signalons d'ailleurs que c'est en 1888 et 1889 que Vigarié poursuivra son « étude bibliographie et terminologique » avec l'exposition des points, droites et coniques remarquables du triangle. Il a choisi de présenter dans un premier temps les outils utiles à la géométrie du triangle, à savoir la géométrie des transformations pour présenter, dans un second temps seulement, les objets remarquables du triangle.

Ces travaux de compilations sont effectués par des chercheurs de premier ordre de la nouvelle géométrie du triangle : Lemoine, Longchamps et Vigarié. De plus, les choix des publications permettent d'atteindre un public hétéroclite : les étudiants et professeurs des classes de mathématiques élémentaires et spéciales[384] lecteurs des revues de mathématiques

---

[384] La classe de mathématique élémentaire est la dernière année de l'enseignement secondaire. La classe de mathématiques spéciales prépare aux concours d'admission au Grandes Écoles. Sur ce sujet, on pourra consulter [Belhoste 1989], [Belhoste 2001], [Belhoste 2002] ou encore [Belhoste & al 1996]

intermédiaires auxquels s'ajoutent les ingénieurs avec les congrès de l'A.F.A.S.[385]. Cette entreprise de mutualisation des connaissances est poursuivie par Vigarié en 1891, 1892 et 1893 avec la rédaction annuelle des « progrès de la géométrie du triangle » publiés dans le *Journal de Mathématiques Élémentaires*[386]. La bibliographie que Vigarié présente à l'A.F.A.S. au congrès de Bordeaux (1895) sera la dernière d'une longue liste de contributions fondatrices. Celui qui était considéré comme « l'historiographe des recherches relatives à l a géométrie du triangle » [F.G.-M. 1991, p. XVII] s'investit désormais de façon locale dans la commune où il vient d'être nommé expert géomètre : Laissac (Aveyron). Il en sera maire de 1901 à 1920 et met son talent d'historien au service de sa nouvelle région en rédigeant deux ouvrages[387].

Le problème des références bibliographiques

En 1884, D'Ocagne avoue qu'il ne connait des travaux de Brocard et Neuberg « que ce que [lui a] appris une très gracieuse lettre de ce dernier » [D'Ocagne 1884, p. 29]. L'ignorance de D'Ocagne quant aux travaux respectifs de Lemoine, Brocard ou N euberg sur l'intersection des symédianes tout comme la connaissance en deux temps des travaux de Mathieu dans l'ensemble de la communauté des auteurs permet de pointer le deuxième problème : la difficulté de faire circuler les références bibliographiques.

La place centrale de la géométrie des correspondances dans les travaux sur la nouvelle géométrie du triangle change le regard des auteurs sur les travaux antérieurs à 1873. Les travaux de l'Allemand Magnus et du Français Mathieu de la première moitié du siècle sur la géométrie des transformations sont alors intégrés à la bibliographie de la nouvelle géométrie du triangle. Cette reconnaissance se fait en deux temps : cités comme simple contributeur dans un premier temps, leur rôle fondateur est reconnu dans un second. En 1883, dans un travail sur les points inverses, Brocard précise en note de bas de page « que ces points avaient été signalés d'abord par le capitaine Mathieu » en 1865 [Brocard 1883, p. 248]. Dans les

---

[385] H. Gispert précise que « les ingénieurs et les professeurs constituent des couches politiquement nouvelles, liées à l'ascension de la Troisième République. Elles forment une grande partie du public des congrès de l'A.F.A.S. et fournissent les intervenants les plus actifs des sections [de mathématiques, astronomie, géodésie et de mécanique» [Gispert 2002, p. 343].

[386] L'article de 1891 est également paru dans le *Progreso Matematico* de Saragosse (*Cf.* Chapter 4).

[387] Il rédige en deux tomes (1927 et 1930) une *Esquisse générale du dé partement de l'Aveyron* puis il réalise à partir de 1922 dix tomes d'un *Livre d'or de l'Aveyron : guerre de 1914-1918* dans lequel il compile les notices biographiques des soldats disparus ou morts pendant la grande guerre.

renseignements historiques qu'il fournit en 1885, Lemoine reconnait l'intérêt du travail de Mathieu et la rencontre du point de Lemoine en tant que point inverse du centre de gravité, mais, selon Lemoine, Mathieu « ne s'y arrête pas d'avantage » [Lemoine 1885b, p. 42]. Le rappel de Mathieu sur ses travaux évoqué plus haut change les mentalités puisqu'en 1887, au contraire de Lemoine, Vigarié considèrent que Mathieu et Magnus ont autant apporté à la nouvelle géométrie du triangle que Lemoine, Brocard, Neuberg, d'Ocagne et leurs contemporains [Vigarié 1887a, p. 36 et 1887b, p. 87]. Comme indiqué dans l'analyse du corpus de texte, c'est d'ailleurs l'appellation de « points inverses » due à Mathieu qui est conservée [Vigarié 1887a, p. 58] face aux autres dénominations qui ont pu être utilisées.

Le point commun à ces exemples de problèmes de références bibliographiques est que les articles de la nouvelle géométrie du triangle sont publiés dans différents journaux et publications périodiques, chaque auteur publiant dans différents endroits. Il apparaît donc un besoin : celui de collecter et surtout de partager l'ensemble des connaissances présentées dans l'ensemble de ces mémoires. Nous avons déjà évoqué la solution choisie par les auteurs : l'écriture et la publication des quatre bibliographies. Elles sont présentées de façon régulière lors des congrès de l'A.F.A.S. respectivement en 1885, 1889, 1895 et 1906. Le choix d'un congrès de l'A.F.A.S. n'est pas un hasard puisque c'est « au Congrès de Toulouse [que] la géométrie du triangle a p ris corps » [Vigarié 1889b, p. 11] . Ces bibliographies manifestent la volonté des auteurs d'ordonner et de partager les connaissances ; leur arrêt indique qu'un tel travail de compilation n'était plus ni attendu ni demandé. Cela correspond aussi à la mort des auteurs historiques et marquants de la nouvelle géométrie du t riangle qui continuaient à produire des recherches sur le sujet.

LES MODALITES DE FONCTIONNEMENT DU RESEAU

Les Congrès annuels de l'AFAS

Afin de faire circuler les connaissances publiées dans divers journaux de mathématiques intermédiaires, les auteurs choisissent de publier des bibliographies, des articles historiographiques et des articles de compilation dans la publication liée à une association pluridisciplinaire et représentative de l'état d'esprit général du monde scientifique de la fin du XIXᵉ siècle, l'Association Française pour l'Avancement des Sciences (AFAS). Après[388] la défaite de 1871, la prise de conscience collective quant à la nécessité de moderniser le milieu scientifique français passe par l'amélioration de la

---

[388] Ce qui suit est tiré de [Romera-Lebret 2011b].

diffusion des sciences[389]. À partir de 1872, d e nombreuses sociétés scientifiques sont créées ainsi que de nombreuses revues. La Société Mathématique de France (S.M.F.), comme l'AFAS., est fondée en 1872. La France passe de 470 sociétés savantes en 1870 à 7 85 au début du siècle [Hazebrouck 2002, p. 189]. La devise de l'AFAS., « Par la Science, pour la Patrie », résume la volonté de ses créateurs de participer, par l'avancement et la diffusion des sciences, au rétablissement du niveau scientifique français mais aussi à l a grandeur de la France sur un plan plus général. L'impact de l'Association sur le milieu scientifique français voire européen et la notoriété rapide qu'elle obtient viennent du f ait que c'est la « science officielle » qui s'est investie dans ce projet.

Les auteurs de la Section mathématiques, astronomie et géodésie sont principalement des ingénieurs et des professeurs pour qui la recherche mathématique n'est pas l'activité principale. Les mathématiciens français de renom sont le plus souvent absents des Congrès même s'ils étaient présents pour soutenir la création de l'AFAS car ils se reconnaissaient dans le projet scientifique et politique qu'elle défend. Malgré tout, la grande majorité des communicants de cette section sont des mathématiciens amateurs. Ce sont donc les recherches mathématiques d'amateurs plutôt que les recherches mathématiques académiques qui sont présentées à l 'AFAS [Décaillot in Gispert 2002, p. 212].

Créer et faire fonctionner le réseau

La particularité de la nouvelle géométrie du triangle est d'avoir été développée par des mathématiciens qui n'ont pas de position académique, ni de lieux pour se rencontrer. L'analyse de ces articles montre la nécessité de créer un réseau pour permettre aux connaissances de circuler. Cela passe d'une part, pour la nouvelle géométrie du triangle, par l'AFAS Les congrès annuels sont d'abord un lieu de socialisation pour ces auteurs éloignés géographiquement le reste de l'année. Brocard, qui est militaire, a successivement ét é en poste à M ontpellier, en Algérie, à G renoble, à Marseille ou encore à Bordeaux. Il passera ensuite sa retraite à Bar-le-Duc. Il ne résidera à Paris que pour des missions de quelques jours seulement. Catalan et Neuberg vivent en Belgique, Longchamps enseigne de longues années dans des Lycées de province avant d'enseigner au lycée Saint Louis de Paris. Seuls Lemoine et D'Ocagne habitent Paris. Cet éloignement géographique aggrave, de fait, les problèmes de socialisation de ces individus puisqu'ils sont tenus éloignés géographiquement de la science officielle parisienne. Cela explique sans doute que les principaux articles

---

[389] Pour plus de détails on pourra consulter [Gispert 1991], [Gispert 1993] ou encore [Gispert 2002].

fondamentaux mais aussi les bibliographies sont présentés lors des Congrès, lieux idéal pour faire circuler les connaissances. La plupart des auteurs sont membres de la Société mathématique de France mais ne publient pas dans le *Bulletin* sur la nouvelle géométrie du triangle[390]. Cette théorie est (déjà) vue comme une mathématique d'amateurs alors que la SMF s'occupe de mathématique académique.

La naissance de cette « branche distincte des sciences mathématiques » [Vigarié 1889b, p.41] est indissociable des congrès de l'AFAS Lors du Congrès de 1889, V igarié rappelle l'origine française de la nouvelle géométrie du triangle et l'importance de la conférence de 1873 faite par Lemoine puisque « avant 1873 l a géométrie du t riangle n'existait pas » [Vigarié 1889b, p. 41] . Il démontre que l'essor et le succès de la nouvelle géométrie du triangle sont une application de la devise de l'AFAS :

> « C'est une science toute française qui a pris naissance dans nos Congrès. L'Association française doit être doublement heureuse de ce résultat : c'est une large application de sa devise : Par la Science, pour la Patrie ! » [Vigarié 1889b, p. 41].

Sociabilisation virtuelle autour des revues mathématiques intermédiaires

Les congrès de l'AFAS se révèlent être des lieux de circulation des savoirs précieux pour la nouvelle géométrie du triangle mais la création d'un réseau vient des journaux et des publications périodiques eux-mêmes. Dans un premier temps, les auteurs utilisent des publications déjà existantes. La plupart des revues (les *Nouvelles Annales* faisant exception) sont des publications relativement jeunes. Elles reflètent parfaitement la mentalité de l'époque de retour à la science. Le *Journal de Mathématiques Élémentaires* de Bourget, fondé en 1877[391], La *Nouvelle Correspondance Mathématique* fondée en 1874 et partiellement continuée par Mathesis, fondé en 1881, sont des publications de niveau intermédiaires, loin des publications académiques.

Les publications périodiques représentent une socialisation virtuelle pour les auteurs puisque chacun suit et commente les évolutions des travaux des autres. En témoignent les lettres parfois insérées dans les journaux et

---

[390] Lemoine est le seul à publier dans le *B.S.M.F.* trois mémoires sur la nouvelle géométrie du triangle en 1884, 1886 et 1891.

[391] Ce journal devient le *Journal de Mathématiques Élémentaires et Spéciales* en 1880 puis se scindent en deux entités en 1882 : la *Journal de mathématiques élémentaires* destiné aux candidats aux écoles du gouvernement et aux aspirants au baccalauréat ès sciences d'une part et la *Journal de mathématiques spéciales* à l'usage des candidats aux écoles polytechnique, normale et centrale d'autre part. E n 1882, Longchamps devient un des rédacteurs puis il prend la direction des deux journaux en 1888.

référencées dans la bibliographie[392] ou plus directement les commentaires de certains auteurs. Citons Lemoine, qui, en conclusion de sa conférence présentée au Congrès de l'AFAS de 1887 « remercie M. Neuberg qui a bien voulu relire ce petit travail et [lui] donner d'utiles conseils dont [il a] largement profité » [Lemoine 1887, p. 42].

Les journaux peuvent aussi jouer, à l'occasion, le rôle d'intermédiaires entre les chercheurs. Les journaux en tant qu'entité ou pl us précisément leurs rédacteurs participent alors non seulement à l a circulation des connaissances mais aussi à l eur édification. C'est en particulier le cas pour Longchamps, rédacteur du *Journal de Mathématiques Spéciales* et du *Journal de Mathématiques Élémentaires*. En 1885, Brocard y présente un mémoire sur les propriétés d'une hyperbole remarquable qu'il nomme « hyperbole des neuf points[393] ». En 1886, N euberg fait le rapprochement entre les travaux de Kiepert et ceux de Brocard [Neuberg 1886, p. 73]. Un extrait d'une lettre de Brocard est inséré dans le *Journal de Mathématiques Spéciales* [Brocard 1886] dans laquelle il remercie Longchamps de lui avoir transmis la remarque de Neuberg et avoue que « l'identité de la conique de Kiepert avec l'hyperbole équilatère[394] des neufs points [lui] avait entièrement échappé » [Brocard 1886, p. 91]. L'appellation « hyperbole de Kiepert », proposée par Neuberg, est alors adoptée. Ces lettres insérées dans les journaux et les réponses du (ou des) rédacteur(s) peuvent aussi être le lieu de débat. Lemoine et Longchamps, par exemple, ne s'accordent pas sur l'appellation et la différenciation des points de Brocard. Lemoine préfère « point direct et point rétrograde de Brocard » alors que Longchamps penche pour « premier et second points de Brocard »[395].

Enfin, les rédacteurs peuvent aussi orienter la rédaction des articles. C'est le cas de Longchamps quand Vigarié lui propose de publier une monographie du poi nt de Lemoine. Le rédacteur du *Journal de mathématiques spéciales* explique que « c'était un m émoire bien ordonné, très complet, et clairement rédigé [...] Mais [qu'il songeait] déjà, à cette époque, à la nécessité d'un travail d'un ordre plus général, embrassant le rappel de l'ensemble des propriétés les plus saillantes de la nouvelle géométrie du triangle » [Longchamps 1887a, p. 34]. Suivant cette remarque, Vigarié se lance alors dans la rédaction de son « Étude bibliographique et terminologique » de la géométrie du triangle [Vigarié 1887a].

---

[392] On peut citer celle de Mathieu [1885] afin de rappeler son travail de 1865.
[393] Il la présente comme la transformée isogonale de OK qui est un diamètre du cercle de Brocard.
[394] Dont les deux asymptotes sont perpendiculaires.
[395] Pour leurs arguments respectifs voir [Lemoine 1889].

La création de l'*Intermédiaire des mathématiciens*

Ce réseau se dote d'un outil adapté et performant en 1894, à la toute fin de la période de mise en cohérence, avec la création par Lemoine et Laisant de L'*Intermédiaire des Mathématiciens*[396]. Brocard prend part au projet comme correspondant permanent, s'occupant en particulier des références bibliographiques. L'objectif de ce journal, explicité dans son nom propre, est de servir d'intermédiaires entre les mathématiciens qui rencontrent des problèmes et ceux qui ont des réponses à fournir. Lemoine et Laisant expliquent ainsi dans le premier éditorial :

> « Dans presque tous les journaux mathématiques, on trouve des questions proposées ; habituellement, celui qui les pose en possède une solution. Ici, l'ordre d'idées est tout à fait différent. En général, celui qui posera une question ne la posera précisément que parce que la solution lui manque, et dans le but d'obtenir, soit cette solution, soit des indications y relatives. » [Laisant et Lemoine, 1894, p. VI]

Dès 1900, l'*Intermédiaire des Mathématiciens* est utilisé comme un outil performant pour aider les mathématiciens dans leurs recherches sur la nouvelle géométrie du triangle. Ce journal a le monopole dans le procédé des questions/réponses[397] pour ce qui concerne ce sujet.

CONCLUSION

Ce ne sont pas les auteurs qui ont décidé du réseau à mettre en place mais le sujet lui-même. Les lieux de savoirs sont choisis pour permettre au réseau d'être le plus efficace possible afin de permettre à la géométrie du triangle d'atteindre le statut de nouvelle théorie. Pour faire circuler les connaissances, il a fallut l'implication intégrale d'un nombre limité d'auteurs fondamentaux (Lemoine, Brocard, Longchamps, Vigarié, Neuberg). Ils ont alors acquis un double statut de chercheur d'une part et compilateur/historiographe d'autre part. De plus, la performance du réseau a été accrue par le fait que chacun était investi dans des organes de diffusion différents. Longchamps est rédacteur du *Journal de Mathématiques Élémentaires* et de son homologue pour les mathématiques spéciales tandis que Lemoine est le deuxième plus grand communicant de l'A.F.A.S. [Gispert 2002, p. 343]. Cette pluralité des lieux de transmission des

---

[396] L'*Intermédiaire des mathématiciens* a été étudiée à différent niveau par Pineau [2006] et Auvinet [2013].
[397] Pour la pratique des questions/réponses dans les revues, on pourra consulter [Despeaux 2014].

connaissances est alors devenue un atout grâce à l'entreprise de compilation mise en œuvre par les chercheurs.

REFERENCES

Sources primaires
Brocard, Henri
[1877]Propriétés du t riangle, *Nouvelle Correspondance Mathématique*, 3 (1877), p. 65-69, 106-110, 187-192.
[1883] Nouvelles propriétés du t riangle, *Journal de Mathématiques Élémentaires* (2), 2 (1883), p. 248-252, 272-281.
[1885] Propriétés de l'hyperbole des neuf points et de six paraboles remarquables, *Journal de mathématiques Spéciales* (2), 4 (1885), p. 12-15, 30-33, 58-64, 76-80, 104-112, 123-131.
[1886]Lettre au sujet de la conique de Kiepert, *Journal de Mathématiques Spéciales* (2), 5 (1886), p. 91-92.
[1906]La bibliographie de la géométrie du triangle, *Compte rendu des séances des sessions de l'Association Française pour l'Avancement des Sciences*, 35 (1906), p. 53-66.
Casey, John
[1888]*A sequel to Euclid*, 5ᵉ édition, Dublin, University Press, London, Hodges, Figgis and Co, 1888.
Catalan, Eugène
[1874]Note de la rédaction, *Nouvelle Correspondance Mathématique*, 1 (1874), p. 53-54.
D'Ocagne, Maurice
[1880] Note sur une ligne considérée dans le triangle rectiligne », *Journal de Mathématiques Élémentaires*, 4 (1880), p. 539-542.
[1883] Sur un é lément du t riangle rectiligne, symédiane, *Nouvelle Annales de Mathématiques* (3), 2 (1883), p. 450-464.
[1884] Note sur le symédianes, *Nouvelle Annales de Mathématiques* (3), 3 (1884), p. 25-29.
F.G.-M.
[1991]*Exercices de géométrie comprenant l'exposé des méthodes géométriques et 2000 q uestions résolues*, 6ᵉ édition, 1920, r eprint, Paris, Éditions Jacques Gabay, 1991.
Godeaux, Lucien
[1943]*Esquisse d'une histoire des sciences mathématiques en Belgique*, Bruxelles, Collection nationale, Office de publicité, 1943.
Koehler, Joseph

[1886]*Exercices de géométrie analytique et de géométrie supérieure à l'usage des candidats aux Écoles polytechnique et normales et à l'agrégation*, première partie, Paris, Gauthier-Villars et fils, 1886.

Laisant, Charles-Ange et Lemoine, Émile

[1864]Préface, *Intermédiaires des Mathématiciens*, 1 (1894), p. V-VIII.

Lemoine, Émile

[1873a] Sur quelques propriétés d'un point remarquable du plan d'un triangle, *Compte rendu des séances des sessions de l'Association Française pour l'Avancement des Sciences*, 2 (1873), p. 90-95.

[1873b] Note sur un point remarquable du plan du triangle, *Nouvelles Annales de Mathématiques* (3), 12 (1873), p. 364-366.

[1874]Note sur les propriétés du centre des médianes antiparallèles dans un t riangle (suite), *Compte rendu des séances des sessions de l'Association Française pour l'Avancement des Sciences*, 3 (1874), p. 1165-1168.

[1885a]Sur une généralisation des propriétés relatives au cercle de Brocard et au point de Lemoine, *Nouvelles Annales de Mathématiques* (3), 4 (1885), p. 201-223.

[1885b] Propriétés relatives à deux points ω, ω' du plan d'un triangle ABC qui se déduisent d'un point K quelconque du pl an comme les points de Brocard se déduisent du poi nt de Lemoine, *Compte rendu des séances des sessions de l'Association Française pour l'Avancement des Sciences*, 14 (1885), p. 23-49.

[1886]Questions diverses sur la géométrie du triangle, *Compte rendu des séances des sessions de l'Association Française pour l'Avancement des Sciences*, 15 (1886), p. 83-100.

[1887]Questions diverses sur la nouvelle géométrie du t riangle, *Compte rendu des séances des sessions de l'Association Française pour l'Avancement des Sciences*, 16 (1887), p. 13-42.

[1889]Lettre à M. de Longchamps sur les points de Brocard, *Journal de Mathématiques élémentaires* (3), 3 (1889), p. 17-18.

De Longchamps, Gaston

[1886]Généralités sur la géométrie du triangle, *Journal de mathématiques élémentaires* (2), 5 (1886), p. 109-114, 127-133, 154-154, 177-179, 198-206, 229-232, 243-250, 270-278.

[1887a]Introduction à l'article d'Émile Vigarié, *Journal de Mathématiques Spéciales* (3), 1 (1887), p. 34-36.

[1887b] Note de la rédaction, *Journal de Mathématiques Élémentaires* (3), 1 (1887), p. 18.

[1893]Supplément au Cours de mathématiques spéciales, 3e édition, Paris, Delagrave, 1893.

Magnus, L.J.

[1832]Nouvelle méthode pour découvrir des théorèmes de géométries, *Journal für die reine und angewandte Mathematik,* 8 (1832), p. 51-63.

Mathieu, J.-J.-A.

[1865]Étude de géométrie comparée, avec applications aux sections coniques », *Nouvelles Annales de Mathématiques* (2), 4 (1865), p. 393-407, 481-493, 529-537.

[1885] Remarque sur l'article de M. D'Ocagne, *Nouvelles Annales de Mathématiques* (3), 4 (1885), p. 471-472.

Morel, A.

[1883]Étude sur le cercle de Brocard », *Journal de Mathématiques Élémentaires* (2), 3 (1883), p. 10-15, 33-37, 62-66, 97-108, 169-176, 195-201

Neuberg, Joseph

[1881]Sur le centre des médianes antiparallèles, *Mathesis*, 1 (1881), pp. 153-154, 173-176, 185-190.

[1886] Sur le point de Steiner, *Journal de Mathématiques Spéciales* (2), 5 (1886), pp. 6-9, 28-30, 51-53, 73-77.

Rouché, Eugène et De Comberousse, Charles

[1891]*Traité de géométrie*, 6ᵉ édition, Paris, Gauthier-Villars, 1891.

Vigarié, Émile

[1887a] Géométrie du t riangle, Étude bibliographique et terminologique, *Journal de mathématiques spéciales* (3), 1 (1887), p. 34-45, 58-62, 77-82, 127-132, 154-157, 175-177, 199-203, 217-219, 248-250.

[1887b] Premier inventaire de la géométrie du triangle, *Compte rendu des séances des sessions de l'Association Française pour l'Avancement des Sciences*, 16 (1887), p. 87-112.

[1888] Géométrie du t riangle, Étude bibliographique et terminologique, *Journal de mathématiques spéciales* (5), 2 (1889), p. 9-13, 57-61, 102-104, 127-137, 182-185, 199-202, 242-244, 276-279.

[1889a] Géométrie du t riangle, Étude bibliographique et terminologique, *Journal de mathématiques spéciales* (5), 3 (1889), p. 18-19, 27-30, 55, 83-86.

[1889b] Esquisse historique sur la marche et le développement de la géométrie du triangle, *Compte rendu des séances des sessions de l'Association Française pour l'Avancement des Sciences*, 18 (1889), p. 117-141.

[1891]Les progrès de la géométrie du t riangle en 1890, *Journal de mathématiques élémentaires* (3), 5 (1891), p. 8-12, 28-32, 56-59, 80-82.

[1892]Les progrès de la géométrie du triangle en 1891, *Journal de mathématiques élémentaires* (4), 1 (1892), p. 7-10, 34-37.

[1893]Les progrès de la géométrie du t riangle en 1892, *Journal de mathématiques élémentaires* (4), 2 (1893), p. 61-63, 85-88.

[1895]Bibliographie de la géométrie du triangle », *Compte rendu des séances des sessions de l'Association Française pour l'Avancement des Sciences*, 24 (1895), p. 50-63.

Sources secondaires

Ausejo, Elena & Hormigon, Mariano (eds)

[1993] *Messengers of Mathematics : European mathematical journals 1800-1946*, Madrid : Siglo XXI de Espana Editores, 1993.

Auvinet, Jérôme

[2013] *Itinéraires et engagements d'un mathématicien de la Troisième République,* Paris, Hermann, 2013.

Belhoste, Bruno, Gispert, Hélène et Hulin, Nicole (sous la direction de)

[1996] *Les sciences au lycée. Un siècle de réformes des mathématiques et de la physique en France et à l'étranger*, Paris, Vuibert et INRP, 1996.

Belhoste, Bruno

[1989]Les caractères généraux de l'enseignement secondaire scientifique de la fin de l'Ancien Régime à la Première Guerre mondiale, *Histoire de l'éducation*, 41 (1989), p. 3-46.

[2001]La préparation aux grandes Écoles scientifiques au XIXe siècle : Établissements publics et institutions privées, *Histoire de l'éducation*, 90 (2001), p. 101-130.

[2002]Anatomie d'un concours, l'organisation de l'examen d'admission à l'École polytechnique de la Révolution à nos jours, *Histoire de l'éducation*, 94 (2002), p. 141-175.

Décaillot, Anne-Marie

[2002] « L'originalité d'une démarche scientifique », in Gispert H. (sous la direction de), « *Par la science, pour la patrie », l'Association Française pour l'Avancement des Sciences (1872-1914), un projet politique pour une société savante*, Rennes, PUR, 2002, pp. 205-214.

Despeaux, Sloan E.

[2014] "Mathematical Questions: A Convergence of Mathematical Practices in British Journals of the Eighteenth and Nineteenth Centuries", *Revue d'Histoire des Mathématiques*, à paraître.

Gispert, Hélène

[1991]La France mathématique, La S.M.F. (1870-1914), *Cahiers d'histoire et de philosophie des Sciences*, 34 (1991).

[1993] « Le milieu mathématique français et ses journaux en France et en Europe (1879-1914) », in [Ausejo & Hormison (eds), 1993], pp. 132-158]

[2002]« *Par la science, pour la partie », l'Association française pour l'Avancement des Sciences (1872-1914), un projet politique pour une société savante*, Rennes, PUR, 2002.

Hazebrouck, D.

[2002]in Gispert Hélène (sous la direction de), « *Par la science, pour la partie », l'Association française pour l'Avancement des Sciences (18721914), un projet politique pour une société savante*, Rennes, PUR, 2002.

Pineau, François

[2006] *L'Intermédiaire des Mathématiciens : un forum de mathématiciens au XIXe siècle*, Mémoire de Master 2 Épistémologie, Histoire des sciences et des techniques, sous la direction d'Évelyne Barbin, Centre François Viète : Université de Nantes, 2006.

Romera-Lebret, Pauline

[2009]Teaching new geometrical methods with an ancient figure in the nineteenth and twentieth centuries : the new triangle geometry in textbooks in Europe and Usa (1888-1952) in Bjarnadóttir (Kristín), Furinghetti (Fulvia), Schubring (Gert) (EDs.), *Dig where you stand, proceedings of a conference on on-going research in the history of mathematics education*, (Garðabær, Iceland, June 21–23, 2009), Reykjavík, University of Iceland, School of Education, 2009, p. 167-180.

[2011a] Le triangle à la fin du XIXe siècle : une figure ancienne pour des méthodes nouvelles in Barbin (Évelyne) et Lombard (Philippe) (coord), *La figure et la lettre*, actes du 17e colloque Inter-IREM Histoire et Épistémologie des Mathématiques, Collection Histoires de géométries, presses Universitaires de Nancy, 2011, p. 59-72.

[2011b] Servir la patrie et servir les mathématiques : l'Association française pour l'avancement des sciences in Mollé (Frédéric (coord), *Servir, engagement, dévouement, asservissement... les ambiguïtés d'un lien social, Journée de la Maison des sciences de l'homme Ange-Guépin (18-19 mai 2009)*, Logiques sociales, L'Harmattan, 2011, p. 197-214.

[2012]Die neue Dreiecksgeometrie : des Übergang von de r Mathematik der Amateure zur unterrichteten Mathematik, (traduit par K. VOLKERT), *Mathematische Semesterberichte*, 9 (2012), n°1, p. 75-102.

CONCLUSION GENERALE

CONCLUSION

Dans son article intitulé « The *ingénieur savant*, 1800-1830. A Neglected Figure in the History of French Mathematics and Science », Ivor Grattan-Guiness[398] parle à propos de la figure de l'ingénieur savant – figure centrale non seulement du premier tiers, mais plus largement d'une grande partie du XIXe siècle – d'un aspect « négligé » : la place des mathématiques. Il déplore le manque d'études dans le texte car, selon lui, les historiens des sciences font preuve d'une certaine aversion face aux mathématiques. Il écrit : « As far as the history of science is concerned, the mean reason is mathsphobia, which affects its historians as it does society in general » [*ibid.*]. La critique de Grattan-Guiness peut encore s'appliquer à tout un pan des recherches en histoire, toutes celles relatives à l'étude de la presse et citées dans notre introduction générale. Les historiens de la presse ont largement négligé – et négligent encore – la place des sciences et des mathématiques. En revanche, depuis l'article de Grattan-Guiness, tout un courant d'historiens initialement formés aux mathématiques – et dont tous les auteurs de cet ouvrage se revendiquent, étudie la presse mathématique et les mathématiques dans la presse.

Ce champ d'études s'est considérablement développé depuis une vingtaine d'années par de nombreuses productions écrites ou orales. *Rivista di storia della Scienza* a publié en 1994 et en 1996 un groupe d'articles sur le sujet. L'article de Jean Dhombres intitulé « Le journal professionnel au XXème siècle : enjeux généraux d'une enquête en cours » pointe et synthétise les éléments essentiels qui montrent la pertinence qu'il y a à étudier un journal[399]. Il fait référence à une série d'études consacrées à certains journaux pris séparément comme des entités ou abordés selon un angle thématique. Jean Dhombres propose un panorama synthétique et également de nature programmatique. Certaines pistes évoquées n'ont pas été poursuivies ; d'autres se sont révélées, au contraire, très productrices. Notre livre s'inscrit dans cette désormais longue historiographie consacrée aux circulations des mathématiques via la presse. Nos corpus sont constitués

---

[398] Voir Grattan-Guiness, Ivor, « The *ingénieur savant*, 1800-1830. A Neglected Figure in the History of French Mathematics and Science », *Science in context*, 6, 2 (1993), pp. 405-433.

[399] Dhombres, Jean, « Le journal professionnel au XIX° siècle. Enjeux généraux d'une enquête en cours », *Rivista di storia della scienza*, II, **2 (2)** 1994, p. 99-136.

de journaux spécialisés, intermédiaires, institutionnels (voire généralistes, même si nous ne les évoquons pas dans cet ouvrage) et mérite d'autres études.

Plusieurs groupes de recherches – par les problématiques annoncées – promettent des résultats à venir et montrent la diversité des approches en histoire des mathématiques. Le projet Cirmath (Circulations des mathématiques dans et par les journaux: histoire, territoires et publics) – continuateur du projet "Les sources du savoir mathématique au début du XXème siècle" évoqué dans notre introduction générale -- est ainsi présenté par les porteurs (Hélène Gispert (université Paris-Sud), Jeanne Peiffer (centre Alexandre Koyré) et Philippe Nabonnand (université de Lorraine) :

> « Le projet Cirmath s'appuiera sur une base de données des journaux mathématiques qu'il élaborera et à partir de laquelle il produira des résultats statistiques et des cartes géographiques avec les principaux centres éditoriaux. La notion de centre éditorial sera au coeur de notre analyse puisqu'elle permet à l a fois de rendre compte de la production matérielle des périodiques (imprimeurs, libraires, éditeurs) que des contextes scientifiques et académiques (lieux d'enseignements, sociétés savantes et professionnelles, milieux intéressés par des mathématiques…). Des études de cas seront consacrées à d es *centres éditoriaux* choisis à p artir de l'analyse des cartes et à la circulation mathématique observée à des échelles différentes (locales, régionales et nationales). En particulier, on s'attachera à étudier la circulation de sujets mathématiques parmi les journaux, les communautés et les disciplines (à travers les reprises, traductions, etc.). Seront également abordées les questions concernant les rapports entre les journaux et leurs *publics*, notamment pour la catégorie des journaux spécialisés en mathématiques ou ayant « mathématiques » dans leur titre, mais aussi pour celle des journaux destinés à des publics d'utilisateurs comme les ingénieurs, les militaires et les enseignants. Enfin, des études centrées sur les différentes *formes périodiques*, la structure des journaux, leurs rubriques, la typographie, les publicités, la bibliographie, les index… rendront compte de ce qu'un journal mathématique est aussi un objet matériel inscrit dans le champ de l'édition. »

D'autres projets éclaireront la notion de « centre éditorial » à une échelle institutionnelle, locale, voire individuelle en se focalisant sur les productions d'un acteur.

Ainsi le programme « Maths in Metz : approches sociohistoriques de l'enseignement et de la recherche en mathématiques à Metz entre 1750 et 1870 » piloté par Olivier Bruneau (Université de Lorraine) ambitionne d'étudier la recherche et l'enseignement mathématique dans une cité provinciale sur la longue durée en prenant en considération les diverses institutions locales, régionales et nationales impliquées dans la circulation des mathématiques dans ses multiples aspects. En identifiant précisément à la fois ces lieux mais aussi les acteurs et les endroits de diffusions tels que les éditeurs (locaux ou na tionaux), les fabricants d'instruments mathématiques, les chercheurs dresseront dans un pr emier temps un panorama mathématique de Metz puis proposeront une approche prosopographique des divers acteurs de la science mathématique à M etz entre 1750 et 1850, enfin montreront comment les mathématiques s'impliquent tant localement que nationalement voire internationalement.

Toujours à l'échelle d'un territoire mais d'un pays cette fois, signalons l'entreprise lancée il a quelques mois par Yolima Alvarez Polo (Universidad Distrital F. J. Caldas à Bogota); avec un groupe réunissant historiens et mathématiciens, elle précise ainsi le projet :

> « In 1887, was created the *Sociedad Colombiana de Ingeniería* (Colombian Society of Engineering) and the same year was published the first issue of its journal: *Anales de Ingeniería* (*Annals of Engineering*). Through this publication we can read the desire of the Colombian engineers to promote sciences in the country and at the same time their necessity to gather to give more weight to their corporation. The *Anales* were orientated towards both "Pure Science" and "Applied Science". The aim of this work is to show a g eneral outline of the *Anales* and extract some publications related to Physics and Mathematics from the first eleven volumes 1887-1898, and analyse them by taking into account technical details and their impact on the scientific Colombian community. We will also consider works related with educational issues. »

Le projet « Bureau des longitudes (1795-1932) » piloté par Martina Sciavon & Laurent Rollet (Université de Lorraine) est – initialement tout au moins – centré s ur de l'histoire institutionnelle en se consacrant à l'étude d'une institution scientifique centrale mais méconnue dans son organisation et dans ses pratiques: le Bureau des longitudes. Créé par l'abbé Grégoire en 1795, cette académie est un lieu de sociabilité savante mais aussi de production scientifique liée à la résolution de problèmes astronomiques comme la détermination de la longitude d'où son nom. L'étude systématique de la *Connaissance des temps* (organe de diffusion des calculs d'éphémérides), des procès-verbaux et des archives de la société dépassera le cadre institutionnel pour épouser des cadres sociétal (le Bureau des longitudes en société), scientifique (relations entre technologie et science) et comparatiste (à l'échelle nationale et internationale).

L'ambition de Dominique Tournès (Université de la Réunion) – dans son groupe de travail autour de la figure de Maurice d'Ocagne – est d'examiner les diverses facettes de la personnalité d'un de ces ingénieurs savants, « négligés » selon Grattan-Guiness. L'une des facettes étudiée consistera à é clairer le rôle crucial de d'Ocagne dans la presse mathématique spécialisée et intermédiaire grâce au très important fonds d'archives mis à jour à l'École des ponts et chaussées.

Ces diverses entreprises, faisant collaborer plus d'une centaine de chercheurs à l'échelle internationale, seront autant de regards croisés et affinés sur des microcosmes (étude monographique et contextualisée d'un journal, Metz, d'Ocagne, Bureau des longitudes, et émergence de la presse mathématique en Colombie) ; ils produiront des travaux individuels et collectifs faisant progresser la connaissance de notre principal objet d'études qu'est la presse mathématique au XIXe siècle et, au-delà et en filigrane, les processus de circulations des mathématiques mis en jeux à diverses échelles allant du microcosme au macrocosme.

Il est à noter enfin que les nouvelles technologies ont permis aux historiens des sciences la mise en commun de multiples ressources – et plus particulièrement des mathématiques et des périodiques, pour ce qui nous occupe ici – : mise en ligne en « archives ouvertes » ou « open access » des documents imprimés[400] et des archives publiques ou privées[401], sites dédiés à des champs scientifiques ou à des hommes de science du passé[402], etc. La consultation des documents en a évidemment été immensément facilitée, les échanges entre chercheurs de la planète entière ont été facilités, les collaborations et écritures à distance sont devenues possibles et rapides, la constitution d'équipes internationales a cru, l'édition de revues et d'ouvrages collectifs (en ligne et/ou papier) a pu se concrétiser beaucoup plus rapidement et en lien avec des éditeurs souvent distants des auteurs (cet

---

[400] En France, nombre des journaux dont il a été question dans cet ouvrage sont depuis longtemps accessibles gratuitement sur Internet sur des sites tels que http://gallica.bnf.fr/ ou http://www.numdam.org/

[401] Comme par exemple sur la page « Fonds et archives » du site http://poincare.univ-lorraine.fr/

[402] Voir le site sur Henri Poincaré (note précédente) mais bien d'autres encore. Pour n'en citer qu'un : http://www.ampere.cnrs.fr/amp-corr305.html

ouvrage en est un exemple), etc. Cette nouvelle dimension de la modernité a été intégrée aux pratiques des chercheurs en histoire des sciences et a déjà souvent modifié celles-ci, même si des progrès restent à faire : les auteurs ici représentés espèrent que cet ouvrage, dont la réalisation s'est inscrite dans ces nouveaux schémas, participera ne serait-ce que modestement à la prise de conscience de cette incontournable évolution.

Christian Gerini & Norbert Verdier

INDEX DES JOURNAUX CITES / INDEX OF QUOTED JOURNALS

Acta Eruditorum : ch. 1.

Acta Mathematica : ch. 3, 6.

Allgemeine deutsche Bibliothek : ch. 1.

Allgemeine Literatur-Zeitung : ch. 1.

Annaes das Sciencias e Lettras : ch.3.

Annales de chimie et physique : ch. II.

Annali delle Scienze del Regno Lombardo Veneto : ch. 5.

Annales de la société des sciences de Bruxelles : ch.3.

Annales de mathématiques pures et appliquées (dites *Annales de Gergonne*): ch. 1, 2, 3, 4, 5, 6, 7, 8.

Annali di fisica chimica e matematiche : ch. 5.

Annali di matematica pura e applicata : ch. 5.

Analectes, ou mémoires et notes sur les diverses parties des mathématiques: ch. 5.

Annales de chimie et de physique : ch. 4.

Annali di matematica pura e applicata: ch. 5.

Annali di scienze matematiche e fisiche (dites *Annali di Tortolini*) : ch. 5, 6.

Annalen der Physik: ch. 5.

Annali della Scuola Normale Superiore di Pisa : ch. 5.

Annali delle Università Toscane : ch. 5.

Archiv der Mathematik und Physik : ch. 5.

El Aspirante :ch.4.

Atti della Accademia Nazionale dei Lincei : ch. 5.

Archives Néerlandaises des Sciences Exactes et Naturelles : ch. 5.

Archivo de Matemáticas Puras y Aplicadas : ch.4.

El Aspirante : ch.4.

Atti dell'I. R. Istituto Veneto di Scienze, Lettere ed Arti : ch. 5.

Atti del Reale Istituto Veneto di Scienze, Lettere ed Arti : ch. 5.

Atti del Reale Istituto d'Incoraggiamento di Napoli : ch. 5.

Atti della Società Reale di Napoli (Atti delle Reale Accademia delle Scienze Fisiche e Matematiche di Napoli) : ch. 5.

Atti della Reale Accademia delle Scienze (e Belle-Lettere) : ch. 5.

Atti dell' Accademia Gioenia di Scienze Naturali : ch. 5.

Atti dell'Istituto Lombardo: ch. 5.

Atti dell' Istituto Veneto di Scienze, Lettere ed Arti : ch. 5.

Atti della Reale Accademia delle Scienze di Torino : ch. 5.

Atti del Reale Istituto Lombardo di Scienze, Lettere ed Arti : ch. 5.

Beyträge zur Aufnahme der theoretischen Mathematik : ch. 2.

Memorias da Academia Real das Sciencias de Lisboa : ch.3.
Memorie della Accademia delle Scienze dell'Istituto di Bologna : ch. 5.
Memorie della Società degli Spettroscopisti Italiani : ch. 5.
Memorie di Matematica e di Scienze Fisiche e Naturali della Società Italiana delle Scienze : ch. 5.
Memorie Accademia delle Scienze di Torino : ch. 5.
Memorie della Reale Accademia delle Scienze Napoli: ch. 5.
Memorie della Società Astronomica Italiana : ch. 5.
Messenger of Mathematic s: ch. 5.
Monthly Notices of the Royal Astronomical Society : ch. 5.
Neue Bibliothek der Schönen Wissenschaften : ch. 1.
Nouvelles annales de mathématiques ou *Journal des candidats aux Écoles polytechnique et normale* : ch. 1, 2, 5, 7, 8.
Nouvelle Correspondance Mathématique : ch.8.
Nuovo Cimento : ch. 5.
O Instituto : ch.3. Became *Annaes Scientificos da Academia Polytechnica do Porto*: ch.3. And then *Anais da Faculdade de Ciencias do Porto* : ch.3.
Organon : ch. 5.
Periódico Mensual de Matemáticas y Física, ch.4.
Philosophical Magazine : ch. 5.
Philosophical Transactions of the Royal society of London : ch. 5, 6.
Il Politecnico - Repertorio mensile di studj applicati alla prosperità e coltura sociale : ch. 5.
Proceedings of the Royal Society : ch. 5.
El Progreso Matemático, ch.4.
The Quarterly journal of pure and applied mathematics : ch. 5, 6.
Rendiconti Acc. Istit. Bologna: ch. 5.
Rendic. e Mem. Accad. Sci. Fis. Mat. Napoli : ch. 5.
Revista del Centro de Estudios Históricos: ch.4.
Rendiconti del Circolo mathematico di Palermo : ch.6.
Rendiconti della Real Accademia dei Lincei : ch.3.
Revista de la SME: ch.4.
Revista de los Progresos de las Ciencias Exactas, Físicas y Naturales, ch. 4.
Revista Trimestral de Matemáticas: ch.4.
Revista Matemática Hispano-Americana, ch.4.
Rivista di Giornal i: ch. 5.
Sitzungsberichte der königl. böhmischen Gesellschaft der Wissenschaften in Prag : ch. 5.
Transactions of the Cambridge Philosophical Society : ch. 5.
Memorie della Società Astronomica Italiana : ch. 5.

www.ingramcontent.com/pod-product-compliance
Lightning Source LLC
Chambersburg PA
CBHW070307200326
41518CB00010B/1921